中国石榴研究进展（二）

The research progress of pomegranate（II）

曹尚银　李好先　主编

中国林业出版社

图书在版编目(CIP)数据

中国石榴研究进展. 2 / 曹尚银, 李好先主编. --北京 : 中国林业出版社, 2015.4
ISBN 978-7-5038-7872-5

Ⅰ. ①中… Ⅱ. ①曹… ②李… Ⅲ. ①石榴－研究－中国 Ⅳ. ①S665.4

中国版本图书馆CIP数据核字(2015)第041565号

出版发行 中国林业出版社（100009 北京西城区德内大街刘海胡同 7 号）
E-mail：shula5@163.com 电话：(010) 83143566
http://www.lycb.forestry.gov.cn

印　　刷 北京卡乐富印刷有限公司

版　　次 2015 年 9 月第 1 版

印　　次 2015 年 9 月第 1 次

开　　本 787mm × 1092mm 1/16

印　　张 12.5 彩插 16 面

字　　数 358 千字

定　　价 120.00 元

第二届中国园艺学会石榴分会会员代表大会暨第五届全国石榴生产与科研研讨大会实况

第二届代表大会全体代表合影

中国园艺学会石榴分会第一届第五次常务理事会

中国园艺学会石榴分会开幕式

会员代表审议第二届理事会组织机构名单

中国园艺学会第二届理事会

中国园艺学会石榴分会第二届石榴优秀论文评审会

中国园艺学会石榴分会第四次全国石榴优质产品评审会

中国园艺学会副秘书长张彦讲话

中国农业科学院郑州果树所所长刘君璞讲话

中共淮北市副市长谌伟致词

中国园艺学会石榴分会第二届理事会理事长曹尚银博士讲话

意大利专家 Ferdinando Cossio 做学术报告

安徽产区代表发言

云南产区代表发言

河南产区代表发言

湖南产区代表发言

郑晓慧教授做学术报告

张春芬助理研究员做学术报告

俞飞飞副研究员做学术报告

谢小波副研究员做学术报告

司鹏助理研究员做学术报告

车凤斌教授做学术报告

陈延慧教授做学术报告

李好先助理研究员做学术报告

牛娟博士做学术报告

淮北石榴博物馆揭牌仪式

淮北石榴博物馆揭牌仪式

代表参观石榴博物馆

代表参观石榴园

淮北市第五届石榴文化旅游节

石榴文化展示

中国园艺学会石榴分会第二届理事会主要成员简介

名誉理事长　张彦
（中国园艺学会）

名誉理事长　刘君璞
（中国农业科学院郑州果树研究所）

理事长　曹尚银
（中国农业科学院郑州果树研究所）

副理事长　尹燕雷
（山东省果树研究所）

副理事长　车凤斌
（新疆农业科学院农产品贮藏加工所）

副理事长　孙其宝
（安徽省农业科学院园艺所）

副理事长　李文祥
（云南农业大学园林园艺学院）

副理事长　张华荣
（四川省会理县农业局）

副理事长　陈延惠
（河南农业大学园艺学院）

副理事长　严潇
（陕西省西安市果业推广中心）

副理事长　汪良驹
（南京农业大学）

副理事长　苑兆和
（南京林业大学林学院）

副理事长　侯乐峰
（山东省枣庄市石榴研究中心）

副理事长　徐小彪
（江西农业大学）

副理事长　曹秋芬
（山西省农业科学院生物技术中心）

副理事长　谢深喜
（湖南农业大学）

秘书长　李好先
（中国农业科学院郑州果树研究所）

常务副秘书长　郝兆祥
（山东省枣庄市石榴研究中心）

副秘书长　王家春
（安徽省淮北市农委）

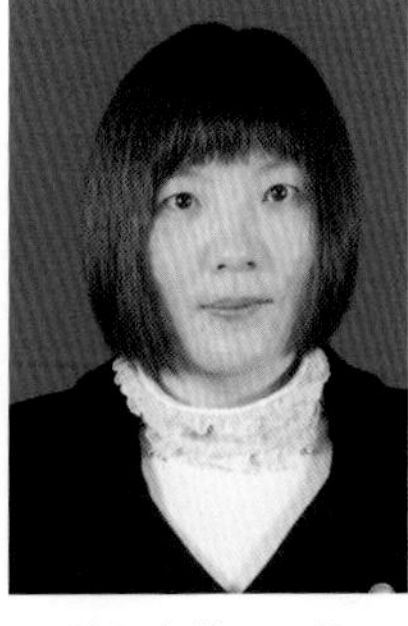
副秘书长　王晨
（南京农业大学）

副秘书长　冯玉增
（开封市农林科学研究院）

副秘书长　司鹏
（中国农业科学院郑州果树研究所）

副秘书长　张全军
（四川省农业科学院园艺研究所）

副秘书长　吴国良
（河南农业大学）

副秘书长　俞飞飞
（安徽省农业科学院园艺研究所）

副秘书长　郭晓成
（陕西省西安市果业技术推广中心）

常务理事　马贯羊
（洛阳市农林科学研究院）

常务理事　冯立娟
（山东省果树研究所）

常务理事　刘永忠
（陕西省西安市临潼区秦岭石榴研究所）

常务理事　刘廷元
（徐州月亮湾生态农林发展有限公司）

常务理事　孙蕾
（山东林业科学院）

常务理事　李贵利
（四川省攀枝花市农林科学研究员）

常务理事　李占国
（河南省荥阳市
高村乡党委书记）

常务理事　张立华
（山东省枣庄学院）

常务理事　张莹
（云南省蒙自市
果蔬技术推广站）

常务理事　张迎军
（陕西省西安市
临潼区园艺站）

常务理事　辛长永
（河南省焦作市农林
科学研究员园艺所）

常务理事　杨荣萍
（云南农业大学）

常务理事　房经贵
（南京农业大学
园艺学院）

常务理事　孟玉平
（山西省农业科学院
果树所）

常务理事　赵艳莉
（开封市农林科学
研究院）

常务理事　赵勇
（云南省红河州
建水县园艺站）

常务理事　胡青霞
（河南农业大学
园艺学院）

常务理事　姚方
（河南省林业
职业学院）

常务理事　查养良
（陕西省咸阳市
园艺站）

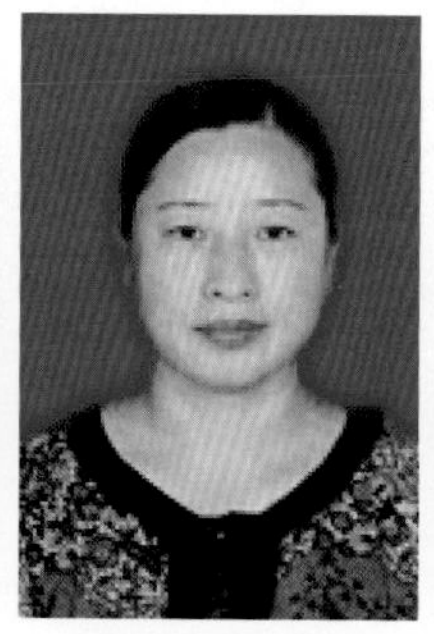
常务理事　郭磊
（河南省济源市
林业科学研究所）

常务理事　龚向东
（四川省会理县
农业局）

常务理事　康林峰
（湖南人文科技学院）

常务理事　黄云
（四川省攀枝花市
农林科学研究院）

常务理事　童晓利
（南京林科所）

常务理事　谢小波
（浙江省农业科学院
园艺研究所）

常务理事　薛茂盛
（济源市林业科学
研究所）

中国石榴品种资源和国家石榴种质资源圃

山东峄城国家石榴种质资源圃一角（侯乐峰 提供）

中国农业科学院郑州果树研究所石榴农家品种资源圃（李好先 提供）

‘中农红’石榴结果状（曹尚银 提供）

‘中农红软籽’石榴（曹尚银 提供）

‘白玉石籽’（郝兆祥 提供）

‘怀远玉石籽’（郝兆祥 提供）

‘淮北青皮软籽’（侯乐峰 提供）

‘中农黑籽’甜石榴（曹尚银 提供）

‘中农红玉’石榴（李好先 提供）

‘超大籽’石榴果实（曹尚银 提供）

‘银勇’石榴果实（李好先 提供）

‘叶城大籽甜’（郝庆 提供）

花石榴（曹尚银 提供）

‘莱州大籽’（侯乐峰 提供）

‘皮亚曼’（郝庆 提供）

‘突尼斯软籽’石榴果实（曹尚银 提供）

‘御石榴’（郝兆祥 提供）

‘峄城大红皮甜’（侯乐峰 提供）

‘峄城三白甜’（侯乐峰 提供）

‘峄城青皮马牙甜’（侯乐峰 提供）

峄城复瓣粉红月季石榴（侯乐峰 提供）

峄城单瓣玛瑙石榴（郝兆祥 提供）

峄城单瓣粉红花石榴（侯乐峰 提供）

石榴科研与生产

《中国果树志·石榴卷》第一次编委会在山东峄城召开（郝兆祥 提供）

《中国果树志·石榴卷》定稿会在河南济源召开（郝兆祥 提供）

曹尚银博士考察美国加州石榴种质资源圃（曹尚银 提供）

孟加拉国专家考察四川会理石榴生产（曹尚银 提供）

曹尚银博士访问加州大学戴维斯分校（曹尚银 提供）

■ 科研人员传授石榴套袋技术（孙启路 提供）

■ 意大利石榴育种专家Ferdinano Cossio来所访问(李好先 提供)

■ 外国专家考察山东峄城中华石榴文化博览园（峄城区委宣传部 提供）

■ 石榴冬季防寒（李好先 提供）

■ 以色列专家考察陕西临潼石榴（曹尚银 提供）

■ 石榴杂交选育（李好先 提供）

■ 山东峄城第一届世界石榴大会暨第三届国际石榴及地中海小气候水果学术研讨会嘉宾参观石榴书画摄影展（李剑 提供）

■ 意大利标准化育苗（Ferdinano Cossio 提供）

■ 石榴遗传多样性分析试验（郝兆祥 提供）

■ 石榴胚培养组培苗（牛娟 提供）

■ 石榴转基因组培苗（牛娟 提供）

■ 石榴扦插育苗（李好先 提供）

■ 石榴授粉杂交（李好先 提供）

■ 意大利石榴标准种植园（Ferdinano Cossio 提供）

■ 石榴物候期芽萌发观测（李好先 提供）

■ 新疆石榴匍匐栽培（车凤斌 提供）

石榴套袋栽培（曹尚银 提供）

石榴娃（孙启路 提供）

石榴树改接（李好先 提供）

石榴丰收季节（邵泽选 提供）

山东峄城石榴盆景园一角（褚衍超 提供）

■ 新疆叶城石榴园（郝庆 提供）

■ 云南建水石榴园（赵方坤 提供）

■ 山区石榴园蓄水工程（曹尚银 提供）

■ 四川会理‘青皮软籽’石榴标准树形结果状（龚向东 提供）

■ 会理山区石榴基地（曹尚银 提供）

《中国石榴研究进展（二）》编撰委员会

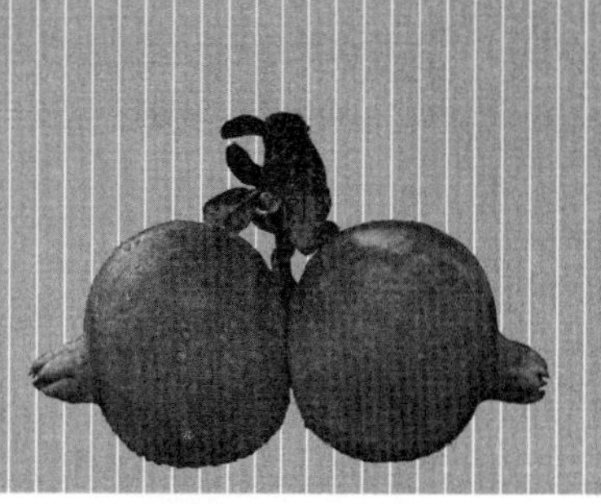

前　言

石榴（*Punica granatum* L.），属于石榴科（Punicaceae）石榴属（*Punica* L.）果树，原产伊朗、阿富汗和高加索等中亚地区，向东传播到印度和中国，向西传播到地中海周边国家及世界其他各适生地。在果树栽培上只石榴一种，即 *Punica granatum*，作花木观赏用的尚有花石榴、小石榴等变种。是一种集生态效益、经济效益、社会效益、观赏价值与保健功能于一身的优良树种。

石榴是我国引进较早的外来果树之一，栽培历史悠久，种质资源丰富，分布广泛，形成了新疆、陕西、四川、云南、河南、山东、安徽等主要产区。20 世纪 80 年代以来，我国石榴产业进入快速发展时期，发展规模日益壮大，质量也日趋提高，石榴产业已经成为主产地农民增收和促进经济、社会发展的重要支柱。我国石榴产业之所以取得显著成效，既得益于政策、体制的全力促进，也有赖于科技和文化的强力支撑。多年来，中国农业科学院郑州果树研究所及有关科研院所、学校、单位，以支撑石榴产业发展为己任，普遍加强了石榴基础理论、种质资源的保存与创新利用，以及标准化、无公害化栽培等方面的研究。

为顺应我国石榴产业逐步现代化、高端化、国际化态势，更好地带领广大石榴产业科研、生产工作者，共同携起手来，进一步做大、做强、做精石榴产业，中国园艺学会石榴分会应运而生。2010 年 9 月，“第一届中国园艺学会石榴分会会员代表大会暨首届全国石榴生产与科研研讨会”在山东省枣庄市峄城区召开。同时，中国园艺学会石榴分会主编出版了《中国石榴研究进展（一）》。2014 年 9 月，“第二届中国园艺学会石榴分会会员代表大会暨第五届全国石榴生产与科研研讨会”在安徽省淮北市召开。会议决定，为反映中国园艺学会石榴分会近几年来的石榴科研最新成果，总结石榴产业发展的新典型、新经验，汇集业内精英智慧，共同探讨石榴产业中面临的科技问题，为我国石榴产业可持续发展把脉导航，决定编辑出版《中国石榴研究进展（二）》。

中国园艺学会石榴分会成立四年来，在科研与推广、学术交流、编辑出版科技专著、参与产业建设等方面做了大量卓有成效的工作，为促进我国石榴领域的产、学、研结合，推动石榴产业可持续发展等方面发挥了积极作用。在石榴科研方面，围绕石榴植物学分类、种质资源保存和评价、品种创新、丰产栽培创新、遗传特性、加工、药用、分子生物学等领域，开展了广泛而深入的研究和探讨，取得丰厚成果，建成了山东省枣庄市峄城区国家石榴种质资源圃。在学术交流方面，主办或参与主办了“第三届国际石榴及地中海气候小水果学术研讨会”、“中国石榴产业高层论坛”等学术交流活动 5 次。在编辑出版科技专著方面，由中国园艺学会石榴分会牵头，中国农业科学院郑州果树研究所和山东省枣庄市石榴研究中心主持，组织全国 30 多家单位、80 多位专家合作编辑出版了《中国果树志 · 石榴卷》。在参与产业建设方面，坚持学术活动与产业活动相结合，相继参与了“四川会理第二届国际石榴节”、“山东峄城第一届世界石榴大会”、“安徽淮北第五届石榴文化旅游节”等在国内外较有影响的石榴节会活动。节会结合，会是平台、节是促进，达到了提升石榴产业科研和生产水平、扩大石榴产业知名度和影响力的双赢效果。

《中国石榴研究进展（二）》收录了28篇石榴研究领域的最新论文，既有石榴分子生物学、遗传多样性等基础理论研究，也有石榴品种创新、丰产栽培等生产技术领域研究，还有石榴产业发展领域的研究等。这些金玉之论，无疑会为今后中国石榴产业可持续健康发展提供颇具价值的科学依据。

今天，我们正处在一个崇尚生活品质、期盼健康长寿、渴望愉悦幸福的时代。可以预见，随着人类对石榴医疗、保健、养生等功能的科学诠释以及石榴文化的广泛传播，将吸引更多的研究者、生产者、经销者、消费者关注石榴、热爱石榴、研究石榴，并投身到石榴产业建设中来。我们相信，中国园艺学会石榴分会的队伍也会越来越壮大，研究、推广和生产水平也会越来越高，影响会越来越大，势必会为中国石榴产业的可持续健康发展和人类健康做出新的更大的贡献！

在此，对中国农业科学院、中国园艺学会、中国林业出版社给予的大力支持及中国农业科学院科技创新工程（CAAS－ASTIP）、国家科技基础性工作专项重点项目“我国优势产区落叶果树农家品种资源调查与收集”（项目编号：2012 FY110100）、国家林业局引进国际先进林业科学技术项目（项目编号：2011－4－55）给予的资助，表示深深的谢意。

因时间仓促和编写者水平所限，本书有遗漏和不足之处敬请读者及专家给予指正。

编者

2014年11月

中国园艺学会石榴分会第一届理事会工作报告

（2014 年 9 月 28 日）

尊敬的各位领导，各位嘉宾，各位会员代表：

我受中国园艺学会石榴分会第一届理事会的委托，向大会报告过去四年来的工作，请审议。

石榴分会第一届理事会在中国农业科学院、中国园艺学会等单位的正确领导下，在中国农业科学院郑州果树研究所等单位的大力支持下，经过全体理事、会员的共同努力，在学术交流、编辑出版科技专著、参与产业建设、科研和推广、自身组织建设等方面做了大量卓有成效的工作，均取得了较大的成绩，为繁荣我国石榴产业，促进石榴科技与产业的结合，推动石榴产业可持续发展等方面发挥了积极作用。

一、大力开展学术交流活动

开展学术交流活动是石榴分会的中心工作。四年来，以分会名义主办或参与主办的国内外大型学术交流活动 5 次。

一是第一届中国园艺学会石榴分会会员代表大会暨首届全国石榴生产与科研研讨会。2010 年 9 月 17 ~ 19 日在山东省枣庄市峄城区举办；中国园艺学会石榴分会主办，中国农业科学院郑州果树研究所、山东省枣庄市峄城区政府承办，山东省枣庄市石榴研究中心协办。出席这次会议的有来自全国 14 个省、市、自治区的科研、教学、生产、销售及业务主管部门的代表共 131 个人。石榴分会理事长刘君璞同志致开幕词，中国园艺学会名誉理事长朱德蔚同志、中国园艺学会办公室主任张彦同志到会作重要讲话。研讨会上，陈延惠教授、孙其宝研究员等 16 位会员代表作了专题报告，就我国石榴产业现状、生产形势、存在问题、解决途径、新品种选育、种质资源研究、石榴基因克隆、石榴加工产业进展、产业管理经营及网站建设运营等方面进行了充分认真的交流讨论。会议还评选表彰了 31 篇优秀论文，会议论文集《中国石榴研究进展（一）》由中国农业出版社出版发行。

二是 2011 年中国园艺学会石榴分会年会暨第二届全国石榴生产与科研研讨会。2011 年 10 月 11 ~ 12 日在陕西省西安市举办。出席这次会议有来自全国 12 个省（自治区、直辖市）的科研、教学、生产、销售及业务主管部门的代表共 90 余人，另有从事石榴研究的以色列 Doron Holland 教授参加本次会议。石榴分会常务副理事长曹尚银同志主持开幕式，中国农业科学院郑州果树研究所副所长李松章同志致开幕词，中国园艺学会荣誉理事长朱德蔚同志作了重要讲话。研讨会上，以色列 Doron Holland 教授、李文祥教授等 8 位专家、学者作了专题报告。

三是 2012 年中国园艺学会石榴分会年会暨第三届全国石榴生产与科研研讨会。2012 年 9 月 15～16 日在四川省凉山彝族自治州会理县举办；中国园艺学会石榴分会主办，四川省会理县人民政府承办。共有 109 名代表参加本次会议，另有孟加拉国穆吉布·拉赫曼农业大学 Emrul Kayesh 副教授出席本次会议。石榴分会常务副理事长曹尚银同志主持开幕式，石榴分会理事长刘君璞同志致开幕辞，中国园艺学会荣誉理事长朱德蔚同志作了重要讲话。研讨会上，苑兆和研究员、房经贵教授等 11 位代表作了专题报告。

四是中国石榴产业高层论坛暨第四届全国石榴生产与科研研讨会。2013 年 9 月 24 日在山东省枣庄市峄城区举办；中国园艺学会石榴分会、枣庄市峄城区人民政府共同主办；石榴分会常务副理事长曹尚银同志主持。美国、意大利及我国 13 个省（自治区、直辖市）的专家、学者，中国园艺学会石榴分会和中国果品流通协会石榴分会部分代表等 120 位嘉宾参加了研讨会。研讨会上，车凤斌研究员、童晓红高级农艺师等 12 位专家、学者做了专题报告，诠释了国内外石榴科研与产业现状、问题和前景。会议研讨的 32 篇论文统一收录到《中国石榴产业高层论坛论文集》，由中国林业出版社出版发行。

五是第一届世界石榴大会暨第三届国际石榴及地中海气候小水果学术研讨会。2013 年 9 月 20～24 日在山东省泰安市和山东省枣庄市峄城区举办；国际园艺学会、中国园艺学会等举办；山东省外国专家局、山东省林业厅、山东省农业科学院等承办；中国园艺学会石榴分会协办。共有来自国外 17 个国家的石榴专家 60 人、国内石榴专家学者 150 余人参加了会议；国际园艺学会干果分会主席达米亚诺·阿瓦扎多博士、中国工程院院士束怀瑞教授等专家出席会议，中国园艺学会理事长、中国工程院院士方智远代表中国园艺学会向大会发来贺信。会议主要围绕石榴的起源与分布、生理与生化、遗传资源与育种、栽培技术、生物技术与分子生物学、病虫害综合防控、次生代谢与保健、贮藏与加工、市场与经济等专题进行了深入的交流与研讨。会议期间，国内外专家还在山东省枣庄市峄城区的中华石榴文化博览园参加了栽植纪念树活动。

二、编辑出版《中国果树志·石榴卷》

《中国果树志·石榴卷》是在《中国果树志》总编辑委员会的指导下，由中国园艺学会石榴分会牵头，中国农业科学院郑州果树研究所和山东省枣庄市石榴研究中心主持，组织全国 30 多家单位、80 多位专家合作编写而成。

20 世纪 80 年代初期，《中国果树志》总编辑委员会曾委托山东农学院为《中国果树志·石榴卷》主编单位，但因多种原因，未能组建编委会，未能启动编撰工作。2010 年 9 月，第一届中国园艺学会石榴分会会员代表大会在山东省枣庄市峄城区召开，会议选举产生了中国园艺学会石榴分会第一届理事会。此后，《中国果树志·石榴卷》编撰工作被列入中国园艺学会石榴分会重要议程。鉴于 30 多年来《中国果树志》总编辑委员会原编委和原主编单位人员变迁较大，总编辑委员会原编委中不少已退（离）休或去世，经与中国林业出版社、《中国果树志》编辑部等有关单位和有关人员反复磋商同意，确定《中国果树志·石榴卷》编写工作由中国园艺学会石榴分会牵头，中国农业科学院郑州果树研究所和山东省枣庄市石榴研究中心共同主持。2010 年 11 月开始，启动了《中国果树志·石榴卷》的编纂

工作。组织有关人员，起草编纂大纲、开展外业品种资源调查、内业有关资料的收集整理等前期准备工作，并开始着手撰写部分章节内容。2012 年 2 月，中国园艺学会石榴分会在山东省枣庄市峄城区召开了第一次编委会，曹尚银、李文祥、吴国良、苑兆和、侯立群、房经贵、侯乐峰、冯玉增、严潇、孙其宝、曹秋芬、陈延惠、李贵利等来自全国各地的 20 余位专家、学者参加会议，研究、讨论、确定了编纂大纲，明确了编写格式、编写任务、编写时间和具体分工。2012 年 9 月，在四川省凉山彝族自治州会理县召开了第二次编委会。2012 年 11 月，在山东省枣庄市峄城区召开了第三次编委会。2013 年 5 月，在河南省济源市召开了定稿会。最后，邀请有关专家审定并最终定稿。

《中国果树志·石榴卷》是首次对中国石榴种质资源进行了比较全面、系统调查研究的阶段性总结，为研究石榴的起源、演化、分类及石榴资源的开发利用提供较完整的资料，将对促进我国石榴产业发展和科学研究产生重要的作用。其内容重点放在石榴种质资源上，也就是种、变种和品种资源的描述。全卷 90 万字，共分为九章，概述了石榴栽培历史、地理分布与栽培区划、生产及科研概况、生物学特征特性及其农业栽培技术特点、经济价值、种质资源、营销、文化等，并重点介绍了 330 多个石榴品种（类型）的形态特征及经济性状，为生产利用提供参考。《中国果树志·石榴卷》的出版发行，必将对我国石榴产业发展、石榴科学研究产生长远和深远的影响。

三、积极促进石榴产业发展

中国园艺学会石榴分会的会员来自科研院所、高等院校、石榴产区的业务主管部门和石榴相关加工企业，主要从事石榴科研和生产工作，直接或者间接为当地的石榴产业服务。成立四年来，石榴分会的影响力逐年扩大，石榴分会会员作为石榴科研和推广的中坚力量，为促进我国石榴产业可持续发展做出了应有的贡献。

一是加强科研和推广，推进合作。四年来，石榴分会紧紧围绕石榴植物学分类研究、种质资源鉴定评价、品种选育及遗传特性、加工研究、分子生物学研究等技术领域，开展了广泛而深入的研究和探讨，都取得了显著成效，发挥了探讨中国石榴产业发展中面临的科技与文化问题，为中国石榴产业发展把脉导航，进一步加快石榴产业现代化、高端化、国际化进程。四年来，通过石榴分会这一平台，科研机构、学校、有关主管部门、石榴加工企业等进一步紧密联系，在石榴种质资源保存及创新利用等关键研究领域，充分发挥各自优势，通力合作，起到了以石榴为媒，增进友谊、加强交流、合作共赢的效果。国家发改委、国家林业局批复建设的山东省枣庄市峄城区中国石榴种质资源圃，保存的石榴种质已经达到 282 个，是唯一的国家级石榴种质资源圃，也是保存数量最多的种质资源圃，使我国的石榴种质保存工作跃入国际先进行列，成为国内外重要的石榴科研基地。第一届世界石榴大会期间，与会的 17 个国家 200 余名专家、学者给予高度评价。国际园艺学会 2014 第 1 辑《园艺年鉴》对中国石榴种质资源圃作了介绍。2013 年 10 月，中国园艺学会石榴分会常务副理事长曹尚银博士受邀到美国加州大学戴维斯学院进行学术交流，并参观了位于 UC Davis 的国家种质资源圃。受到了资源圃负责人 John Preece 博士的热烈欢迎，John Preece 博士介绍了加州种质资源圃保存的果树树种和数量，同意向中国提供石榴品种资源进行科学研究。这对于丰富我国的石榴种质资源，促进我国石榴科研工作具有十分重要的意义。

二是学术活动与石榴产业活动相结合。在这方面，四川会理、山东峄城、安徽怀远等地

办会与办节相结合的做法值得各地学习、借鉴。2012 年 9 月中国会理第二届国际石榴节期间，同时举办了中国果品流通协会石榴分会第一次代表大会、2012 年中国园艺学会石榴分会暨第三届全国石榴生产与科研研讨会。2013 年 9 月，山东省枣庄市峄城区以承办第三届国际石榴及地中海气候小水果学术研讨会、中国石榴产业高层论坛暨第四届全国石榴生产与科研研讨会为契机，举办了第一届世界石榴大会。这次石榴分会会员代表大会也是安徽省淮北市第五届石榴文化旅游节的主要内容之一。节会结合，会是平台、节是促进，达到了提升石榴产业科研和生产水平、扩大举办地石榴产业知名度和影响力的双重效果。

三是通过产品评奖活动促进产业发展。四年来，石榴分会举办了三届全国石榴果品及石榴加工品评比活动。第一届评选表彰了石榴果品金、银奖 12 项，石榴加工品金、银奖 4 项；第二届评选表彰了石榴果王奖 3 个、金奖 4 个、银奖 6 个、优秀奖 14 个，石榴加工品评出金奖 2 个、银奖 3 个、优秀奖 4 个；第三届评选表彰了金奖 4 个、银奖 8 个、优秀奖 21 个。同时，对石榴产业做出贡献的有关单位给予表彰，授予四川省攀枝花市仁和区为“中国优质石榴生产基地”的荣誉称号，授予山东省枣庄市峄城区为“中国石榴种质资源库”和“世界石榴博览园”的荣誉称号。

四、不断加强自身组织建设

四年来，石榴分会坚持民主办会原则，继续加强学会的组织建设与制度管理。初步拟定了《常务理事会议事规则》、《经费使用管理办法》、《办事机构工作细则》等规章制度；坚持常务理事会每年召开 1 次以上的原则，召开了 4 次常务理事会。重大活动安排和重要事项，经过理事会或常务理事会研究决定，建立了秘书处会议—理事会议—会员大会三级议事机制，使分会工作有章可循。加强与会员单位和会员的联系，平常注意采取多种形式和会员沟通、交流，传达学会的工作事宜和学术信息，收集会员的研究成果和有关信息，增强了学会的亲和力、凝聚力和影响力。创办会刊《中国石榴通讯》和石榴分会网站，内容和形式紧密结合，信息跟进，图文并茂，为促进学会会员之间、学会与外界之间的交流起到了重要的平台作用和桥梁作用。

四年来，石榴分会工作取得了较大的成绩，但是我们的工作也有许多不足之处，分会管理在某些方面还不够完善，分会的学术活动与石榴产业发展的联系还需进一步加强。我国是世界石榴生产大国，在现代园艺和现代园艺科技中，石榴产业和石榴科技的地位日益重要。在中国石榴产业和石榴科技发展的关键时刻，中国园艺学会石榴分会要进一步团结广大会员，加大科技创新，密切石榴科技与产业的联系，吸收更多的单位参加学会活动，要更进一步加强组织建设，更广泛地吸收会员，扩大会员队伍，规范分会的管理，要进一步加强学术活动，加快我国石榴产业现代化、高端化、国际化进程。

报告完毕，请大会审议。谢谢各位领导，各位嘉宾，各位会员代表！

第二届中国园艺学会石榴分会会员代表大会暨第五届全国石榴生产与科研研讨会会议纪要

"第二届中国园艺学会石榴分会会员代表大会暨第五届全国石榴生产与科研研讨会"于2014年9月26~28日在安徽省淮北市烈山区隆重召开。本次大会由中国园艺学会石榴分会主办，安徽省淮北市烈山区人民政府、中国农业科学院郑州果树研究所承办，安徽省农业科学院园艺研究所协办。出席这次会议的代表有156人，他们来自全国11个省、市、自治区的科研、教学、生产、销售及业务主管部门。在开幕式上，安徽省淮北市人民政府副市长谌伟同志致欢迎词，中国农业科学院郑州果树研究所所长刘君璞同志致词，中国园艺学会副秘书长张彦同志作了重要讲话。

会议期间召开了中国园艺学会石榴分会第一届第五次常务理事会，并选举产生了第二届中国园艺学会石榴分会理事会，曹尚银当选为理事长，李好先当选为秘书长，曹秋芬、车凤斌、陈延惠、侯乐峰、李文祥、孙其宝、汪良驹、谢深喜、徐小彪、严潇、苑兆和、尹燕雷、张华荣等13位同志当选为副理事长，郝兆祥当选为常务副秘书长；郭晓成、司鹏、吴国良、俞飞飞、郭晓成、王晨、冯玉增、张全军、王家春等9位同志当选为副秘书长，中国园艺学会石榴分会第二届理事会共选举出常务理事58名，理事131名。

研讨会上，西昌学院郑晓慧教授等10位代表作了内容丰富的专题报告，与会代表就我国石榴产业现状、生产形势、存在问题、解决途径、新品种选育、种质资源研究、基因克隆、石榴加工产业进展、产业管理经营等方面进行了充分认真的交流讨论。

本次大会还开展了第四届全国石榴果品及系列加工品评比活动，共评出16篇优秀论文，金奖13个，银奖15个，并进行了表彰。会议决定编辑出版《中国石榴研究进展（二）》论文集。会议还开展了中国园艺学会石榴分会优质石榴基地挂牌及淮北市烈山区"石榴博物馆"揭牌仪式。

与会代表参观了石榴博物馆、石榴丰产园及石榴加工厂，代表们对淮北市烈山区石榴产业的发展给予高度评价，并表示要把先进的经验带回去，为自己当地的石榴产业发展提供服务。

这次会议的胜利召开，促进了全国石榴行业的交流，加强了我国石榴生产、教学、科研等环节的联系，有力地推动了生产、贮藏、加工、运输、营销等环节的发展，极大地提升了石榴产业在全国的影响。

最后，会议决定2015年中国园艺学会石榴分会年会在河南省荥阳市举办。

中国园艺学会石榴分会

2014年9月27日

目 录

第三篇 石榴栽培与贮藏加工

第一篇

石榴科研与生产动态

我国石榴品种分类

王晨　王保菊　刘丹　冷翔鹏

(南京农业大学园艺学院，南京　210095)

摘要：石榴(*Punica granatum* L.)是我国广泛种植的果树和观赏园林植物，原产于伊朗、阿富汗等中亚地区，在我国已经有2000多年的栽培历史，品种资源十分丰富，但其品种分类尚不系统，存在同物异名或同名异物的品种混乱现象，给不同地区间的石榴育种、引种和品种交流带来极大的不便。为此，本研究综合我国不同地区石榴品种分类情况结合本人前期研究分别按照石榴的产地、用途、株型、风味、果皮颜色、籽粒颜色、籽粒软硬、果实成熟期、花瓣、花色、花萼、花期等园艺学性状进行分类，以期为石榴引种与新品种培育及其种质资源的合理开发利用提供依据，也为我国不同地区的石榴品种交流提供重要参考。

关键词：石榴；品种；分类

Calassification of Pomegranate Cultivar in China

WANG Chen, WANG Bao-ju, LIU Dan, LENG Xiang-peng

(*College of Horticulture*, *Nanjing Agricultural University*, *Nanjing* 210095, *China*)

Abstract: Pomegranate(*Punica granatum* L.) is widely cultivated as fruit tree and decorative plant in China, which is native to Iran, Afghanistan in Central Asia. So far, pomegranate has more 2000 years of cultivated history, and its cultivars is rich in resources, but there is still no cultivar classification system, and there exist the varieties confusion phenomenon of synonym or homonym, which brought some difficulties to pomegranate breeding, introduction and cultivar exchange between the diverse regions. For this, we systematically carried out the research on pomegranate cultivar classifications according to the origin, purpose, plant type, flavor, fruit color, grain color, grain hardness, fruit mature period, petal, calyx, flower color, flowering and other horticultural characteristics together with the pomegranate cultivar classification situations from the various regions in China and my previous works. This aims are to provide a basis for reasonable exploitation and utilization of pomegranate introduction and cultivation of new va-

基金项目：中央高校青年自主创新重点专项(KYZ201411)。

作者简介：王晨，女，副教授，研究方向为石榴栽培育种与葡萄分子生物学。E-mail：wangchen@njau. edu. cn。

rieties and germplasm resources, but also provide an important reference for the exchange of pomegranate cultivars in different regions in China.

Key words: Pomegranate(*Punica granatum* L.); Cultivar; Classification

石榴(*Punica granatum* L.)为石榴科(Punicaceae)石榴属(*Punica*)落叶灌木或小乔木植物，又名若榴、丹若、天浆、金罂、狂花等。原产古代的波斯，即现在的伊朗、阿富汗、前苏联的高加索等中亚一带，从西汉张骞出使西域将涂林安石榴引入我国，至今已有超过2000年的栽培历史。经过长期天然杂交及基因突变，以及采用实生、分株、嫁接等多种繁殖方法，使其产生了复杂多样的品种和类型；并且，石榴是以异花授粉结果为主[1]，生产上主要采用无性繁殖，不同地域间经常交换品种，也容易带来品种间混杂；再有，在漫长的繁衍、传播、发展过程中，不断适应各地的环境和人文条件，也形成了众多各具地方特色的品种品系资源。这些原因使得我国的石榴品种资源十分丰富。

据不完全统计，我国现有石榴品种资源约200多个，分布南北各地20多个省(自治区、直辖市)[2,3]。但是，迄今为止，我国乃至国际上尚未建立统一的石榴品种的分类体系，各地研究者仅通过对某一地区的石榴种质资源进行调查，各自从不同的角度对石榴进行了种下分类，未进行全国石榴品种的普查比较，缺乏系统整理，导致同种异名、同名异种等品种混杂现象，极大地影响了石榴的生产以及国内、国际间的交流，同时给石榴的引种和育种也造成一定的困难。为此，笔者尝试分别按照石榴的产地、用途、风味、果皮颜色、籽粒颜色、籽粒软硬、果实大小、果实成熟期、花瓣、花色、花萼、花期等园艺学性状进行分类，以期为石榴引种、育种及种质资源的开发利用提供依据。

1　石榴品种的不同分类方法

1.1　根据石榴的产地分类

石榴在我国分布极为广泛，东经76°~121°、北纬20°~40°的范围内均有分布[2]，遍及全国20余省(自治区、直辖市)[3]。石榴产地的地理和气候条件的差异，势必引起不同地区石榴品种类型的较大不同。根据产地不同，我国石榴主要可分为八大类，分别是山东枣庄石榴(包括峄城、薛城等地，目前已成为世界最大的石榴产区，优良品种如'枣庄软籽')、陕南关中产区石榴(包括西安临潼、渭南、蓝田、乾县、宁强、千阳县等地，优良品种如'白皮甜'、'净皮甜'、'天红蛋')、河南石榴(包括洛阳、郑州、开封、封丘等市、县，主要分布在黄河两岸的平原上)、皖北石榴(包括怀远、濉溪、淮南、寿县等地，以安徽怀远石榴最为著名，优良品种如'白籽糖')、四川攀西石榴(包括攀枝花市的仁和、米易，西昌地区的会理、德昌、西昌等地，以会理石榴为典型代表，优良品种如'青壳石榴')、滇北石榴(包括云南东北部的东川、会泽、巧家等地，以'巧家石榴'为典型代表)、滇南石榴(包括蒙自和建水等地，这是中国最南部的石榴产区，优良品种如'青壳石榴')、新疆叶城石榴(包括叶城和疏附等地，这是中国最西部的石榴产区)。

1.2　根据石榴的结实性及其用途分类

石榴按照其结实性及其观赏或食用的用途不同可分为花石榴、果石榴、四季石榴和盆栽石榴4大类。其中花石榴只开花，不结果，专供观赏。按照花石榴的株形、花色及叶片的大

小可分为普通花石榴和矮生花石榴，普通花石榴植株较高大，主要根据花色或单、重瓣来分，而矮生花石榴植株矮小，花果也较小。普通花石榴常见的品种有：千瓣红石榴、牡丹花石榴、红石榴、殷红石榴、千瓣白石榴、银石榴、黄石榴、重台石榴、并蒂石榴等；而矮生花石榴如月季石榴、千瓣月季石榴、墨石榴等。果石榴既开花又结实，果实主要供食用，也可观赏，并且依据果石榴的用途又可分为果汁石榴和鲜食石榴；四季石榴又称小石榴，其可开花结实，既观花又观果，果实不能食用，花多单瓣，红色，一般5~9月份连续开花，9~10月份结果。盆栽石榴可制成树桩盆景，其花期特别长，从初夏到初冬，陈设居室妙趣横生。常见的盆栽石榴如月季石榴，其花小、果小，既可观花也可观果；还有墨石榴，枝细软、叶狭小、果实紫黑色、味不佳，主要也用于盆栽观赏。

1.3　根据石榴花瓣数量及瓣化程度分类

石榴花瓣数量是其分类的一个重要标准。石榴根据花瓣轮数、花瓣数、雄蕊瓣化程度将石榴品种分为4个品种群，即单瓣品种群(1轮，花瓣数为5~8枚)、复瓣品种群(5~7轮，花瓣35枚左右)、重瓣品种群(花为7轮以上，花瓣50枚以上，雄蕊瓣化程度高)和台阁品种群(花为7轮以上，花瓣50枚以上，雄蕊瓣化和萼化程度高)。结实性石榴品种以单瓣为主导，而台阁石榴则为非结实性品种。

1.4　根据石榴花的颜色分类

石榴根据花色可分为粉花的月季石榴、红花石榴、黄花石榴、白花石榴、银红石榴、彩花玛瑙石榴等6种类型。其中，花石榴花色主要有黄、白、大红、浅红等4种类型。另外，还有花纹色、嵌合色等过渡类型如红花白缘、白花红缘等，以及彩花石榴(玛瑙石榴)等。果石榴根据花色可分为红花果石榴和白花果石榴。一般红花品种生长势强，果型大，品质优于白花品种，栽培中的果石榴主要为红花品种。

1.5　根据石榴花萼形状分类

石榴的花萼形状主要分为钟状或葫芦状、筒状2类，而完全花为钟状或葫芦状花，不完全花为筒状花。花石榴一般雌性花退化形成花瓣或萼片，如台阁(重萼)石榴品种就是典型的花石榴，不具备结实能力；而果石榴一般两性花发育完全且结实丰富。顶生花多数为正常花，其子房肥大，萼筒壶肚状，花器官发育完全，具有结实能力；腋花多退化，子房瘦小，萎缩，萼筒钟状，虽开花但不能结果。石榴还有一类中间型花，其子房较大，萼筒圆桶状，花器官基本完全，这种花在营养充足时亦能结果。

1.6　根据石榴花期分类

石榴品种的花期一般可分为2种类型：5月开花和四季开花。绝大多数石榴品种的花期都在5月，也有少数品种是四季开花如月季石榴(*Puncia granatum* 'Nana')、重瓣月季石榴等。

1.7　根据石榴的风味分类

不同品种石榴的风味差异很大，按其风味可分为酸石榴和甜石榴。Onur 等[4]研究石榴不同品种在成熟期时可滴定酸 TA 的变化在0.13%~4.98%，并依此将石榴品种分为甜类(TA<1%)、甜酸类(1%<TA<2%)、酸类(TA>2%)。Melgarejo 等[5]对西班牙40个石榴品种的有机酸进行了测定，并依此把石榴品种分为3类，酸甜 SSWV(3.17mg/g<有机酸<27.25mg/g)、甜类 SWV(有机酸<3.17mg/g)、酸类 SV(有机酸>27.25mg/g)。徐凯等[6]在1988~1995年间对安徽石榴品种资源进行了系统调查，依据石榴风味将安徽省石榴

品种分为酸石榴、甜石榴两大类共计40余个品种。

1.8　根据石榴果皮颜色分类

石榴不仅花色艳丽，其果实颜色也比较丰富，按照其成熟时果皮的颜色主要分为红皮（又称红石榴，果皮紫红、红色）、青皮（果皮青绿色）、黄皮石榴（又称铜皮石榴，果皮黄白色、白皮（又称白石榴，果皮白黄色）4类。栽培石榴以红石榴栽培面积较大，且受市场欢迎。续九如等[7]根据果皮色泽和风味把陕西临潼的果石榴细分为红皮、青（绿）皮、白皮、黄皮、粉皮、紫皮及条纹等7种类型。

1.9　根据石榴籽粒颜色分类

果石榴食用部位是籽粒，不同品种石榴的籽粒颜色存在差异，根据石榴籽粒颜色可分为白籽石榴（如白籽冰糖石榴、白皮甜石榴等品种）、淡红籽石榴（如红酸石榴品种）、红籽（红石榴品种）、黑籽石榴（黑籽甜石榴品种）等四大类。

1.10　根据石榴籽粒软硬分类

石榴籽粒的软硬直接影响着石榴的口感，根据籽粒的软硬石榴可分为软籽石榴和硬籽石榴两大类。一般为硬籽石榴，少数为软籽石榴。安广池等[8]通过1996～2007年10年间，对枣庄石榴种子的感官判别标准和生产实际需要，将石榴按籽粒的软硬分为四级，一级为软籽石榴，籽粒硬度在0～4.5kg/cm^2；二级为半软籽石榴，籽粒硬度在4.6～7.5kg/cm^2；三级为普通石榴，籽粒硬度在7.6～10.5kg/cm^2；四级为硬籽石榴，籽粒硬度在10.6kg/cm^{2}以上。

1.11　根据石榴果实大小分类

按照石榴果实大小一般分为小果、中果、大果、特大果4类。Mars等[9]将石榴按照石榴果实质量和果径大小分为4个品种群，小果（150～200g，65～74mm）、中果（201～300g，75～84mm）、大果（301～400g，85～94mm）、特大果（401～500g，94～104mm）。

1.12　根据石榴果实成熟期分类

果实成熟期是石榴的一个重要的园艺性状，其成熟期长短直接影响果石榴品质，包括其鲜食风味和加工品质。根据石榴果实成熟期长短可分为早熟、中熟、晚熟3类。石榴大多数为8月份成熟，早熟品种7月份成熟如枣庄红石榴，晚熟品种9月份成熟甚至更晚如大籽晚石榴。

2　石榴品种分类工作的建议与展望

石榴既是营养价值高的果树，又是观赏价值好的园林树种，同时还是珍贵的蜜源、药用和化工产品原材料，应用十分广泛。在我国经过长期的栽培，品种资源十分丰富。但是，迄今为止，石榴品种分类尚未建立统一的、科学的、标准的体系，品种分类比较混乱，给生产应用带来极大的不便，严重影响了石榴品种资源的合理开发利用及品种改良，并阻碍了各地的石榴品种交流与发展。因此，建立全国统一的、科学的、标准的石榴品种分类体系已成为石榴研究的一项势在必行的工作。目前，尽管我国不同地区的石榴工作者，已按照各自对石榴资源的调查情况，从各自不同的角度对石榴品种进行分类，但也不乏存在分类方面的交叉重复，还需要在石榴品种分类研究中通过对比不同地区的石榴分类情况，剥冗去余避免交叉重复，提炼科学的、标准的石榴品种分类及资源保护体系。

目前，由于不同地区石榴资源普查工作存在一定的区域性、地方性的特点，缺乏全国统

一的标准，普查信息不全面，记载比较混乱、整理也不系统，并且不同的研究者大多孤立地研究一个地区的品种，未能对全国的石榴品种进行统一比较，在鉴定品种方面存在一定的片面性。因此，要对全国的石榴品种进行系统的分类，笔者建议通过以下流程建立全国性的石榴品种分类体系：

首先，需要制定全国统一的普查标准，统筹安排全国石榴品种资源的普查工作，查清生产上的栽培品种、地方老品种，并兼顾石榴的野生种，最大限度地收集石榴种质资源；

其次，各普查区域要依照标准详细记载品种信息，拍摄照片、采集标本，通过形态学观察与其生产应用，结合亲缘关系的细胞学、生物化学、分子水平的标记进行遗传关系分析，鉴定石榴品种及其遗传进化，按照新版《国际栽培植物命名法规》进行正确的命名，并创建石榴品种分类检索表；

再有，建立若干个国家级石榴品种种质资源圃，系统规范地保存石榴品种资源；

最后，要加强各区之间的合作交流，进一步促进石榴品种资源的引种、育种及品种资源的合理开发利用。

参考文献

[1]冯玉增，陈德均．石榴优良品种与高效栽培技术[M]．郑州：河南科学技术出版社，1999：1 – 10.

[2]冯玉增，宋梅亭，康宇静，等．中国石榴的生产科研现状及产业开发建议[J]．落叶果树，2006(1)：11 – 15.

[3]周光洁，袁永勇，曾凡哲，等．中国石榴生产现状及发展前景[J]．云南农业学报，1995(1)：111 – 115.

[4]Onur C. , Kaska N. Akdeniz bölgesi narlarlnln (*Punica granatum* L.) seleksiyonu (Selection of Pomegranate of Mediterranean region)[J]. Turkish J Agric For, 1985, 9(1): 25 – 33.

[5]Melgarejo P, Salaza D M. Organic acids and sugars composition of harvested pomegranate fruits [J]. Eur Food Res Technol, 2000, 211: 185 – 190.

[6]徐凯，钟家煌，杨军．安徽省优质石榴资源[J]．作物品种资源，1997，(3)：48 – 50.

[7]续九如，赵秉伦，王生民．临潼石榴遗传资源研究[J]．经济林研究，1993，11(1)：13 – 17.

[8]安广池，刘桂平，闫志佩，王亮．软籽石榴新品种选育初报[J]．中国园艺文摘，2010，7：1 – 8.

[9]Marsm M M. Conservation et valorisation des ressources genetiques du grenadier (*Punica granatum* L.) en Tunisie[J]. Plant Genetic Resources Newsletter, 1998, 114: 35 – 39.

会理石榴产业适度发展的思考

龚向东
（四川省会理县农业局，会理 615100）

摘要：简述会理石榴产业现状及存在问题，提出会理石榴产业适度发展的对策与措施。
关键词：石榴；产业；适度发展；会理

Reflect on Moderate Development of Pomegranate Industry in Huili

GONG Xiang-dong
(*Agricultural Bureau of Huili County*, *Sichuan*, *Huili* 615100, *China*)

Abstract: The paper briefly described huili pomegranate industry present situation and existing problems, then put forward countermeasures and measures of huili pomegranate industry moderate development.
Key words: Pomegranate; Industry; Moderate development; Huili

1 会理石榴产业发展现状

会理石榴是四川省会理县独具地方特色的名优水果，凭借果大、色鲜、皮薄、粒大、籽软、味甜、风味浓郁、品质特佳的优良特性荣获第二届中国农业博览会金奖，素有“籽粒透明似珍珠，果味浓甜似蜂蜜”的美誉，是四川省首批知名品牌。截至2013年，全县建成石榴产业基地29万亩*，石榴果品产量34万t，石榴果品产值13.12亿元，占种植业产值的42.1%，拉动第二、三产业产值8.5亿元。果农人均产值11699元，人均纯收入7019.4元。现已建成万亩以上集中连片标准化石榴生产示范园区7个，其中，2万亩以上集中连片石榴标准化生产示范园区3个，3万亩以上集中连片石榴标准化生产示范园区2个。

我县石榴种植面积占凉山州石榴种植面积的85%，占四川省石榴种植面积的91.8%，占全国石榴种植面积的25.5%，面积和产量位居陕西、山东、新疆、云南、安徽、河南、山西等全国八大主产区之首，也是世界知名的主要石榴种植区。

会理石榴在品牌打造和参加国内重大展示活动中，获得多项殊荣。2002年参加四川·

* 注：1亩 $=1/15hm^2$。

中国西部农业博览会被认定为“名优农产品”。2003 年经四川省农产品知名品牌评审委员会评定为“四川省农产品知名品牌”。2004 年在中国石榴主产区第四届科技交流协作会上被评为“优质石榴”。2005 年在第二届四川·中国西部国际农业博览会上被评为“金奖”。2006 年参加四川省第二届冬季旅游发展大会获“优质奖”。2006 年参加了第四届中国国际农产品交易会“一村一品”展示活动，获得第四届中国国际农产品交易会“畅销产品奖”，2007 年在第五届中国国际农产品交易会上获“消费者最喜爱产品奖”。2009 年被四川省农业厅、四川名牌农产品推进委员会评定为“第二届四川名牌农产品”；2009 年“会理石榴”商标荣获“四川省著名商标”；2012 年“会理石榴”商标荣获“中国驰名商标”。

2001 年我县被认定为“四川省第一批优质石榴基地县”和“四川省石榴特产之乡”；2004 年被国家农业部认定为农业部南亚热带作物名优基地。2002 年我县被认定为“中国特产之乡”；2004 年 1 月我县被国家农业部认定为“农业部南亚热作名优基地(石榴)”；2005 年至 2007 年我县获“国家级农业标准化优质石榴示范县”称号；2008 年我县被中国果品流通协会授予“全国兴果富农工程果业发展百强优质示范县”称号；2009 年我县被四川省农业厅命名为“四川省优质特色效益农业基地”；2010 年被省农业厅命名为首批 20 个“四川省现代农业产业基地强县”；2013 年被省农业厅命名为“四川省现代农业产业基地重点县”。

2 会理石榴产业发展的优势

2.1 品质极佳，为国内首屈一指

食口好、味甜清爽，籽粒大、籽粒重，汁多、汁浓，种子小、种子较软、风味浓郁，可食部分高达 55.7%，可溶性固形物含量比例为 15% ~17%。

2.2 生长快，结果早，产量高

一般栽植后第三年开花结果，进入盛果期的树，一般单株产量 50 ~ 100kg，高的 150 ~ 200kg，最高的达 250 ~ 300kg。

2.3 成熟期早

早熟产区比国内其他产区的成熟期早 30 ~ 50 天。早熟区 7 月底、8 月上旬成熟，中熟区 8 月中下旬成熟，晚熟区 9 月中下旬成熟。由于立体气候，自然形成早、中、晚熟产区。

2.4 果实大，居国内主产区之首

主栽品种‘青皮软籽’石榴果实，一般单果重 300 ~ 500g，大果重 600 ~ 800g，最大果重 900 ~ 1000g，特大果重 1580g，荣获上海大世界吉尼斯总部认证颁发的《大世界吉尼斯之最》证书。

2.5 种植规模、产量和质量居全国八大主产区之首

截至 2013 年，全县建成石榴产业基地 29 万亩，石榴果品产量 34 万 t，石榴果品产值 13.12 亿元。

2.6 具有广阔的发展前景

石榴果品远销北京、哈尔滨、上海、广州、杭州、深圳等 20 多个大中城市，并出口东南亚的越南、泰国、马来西亚、新加坡、印度尼西亚和欧洲的俄罗斯等国际市场，深受广大消费者喜爱。

2.7 科技服务体系配套、技术力量雄厚

会理县具有发展石榴生产的技术力量和技术服务体系，各乡(镇)均有农业技术推广服

务站，形成了科技推广服务体系，技术力量较强。

3　会理石榴产业发展存在的主要问题

3.1　部分产区缺乏科学的规划，盲目性大

部分区、乡在石榴的发展上缺乏科学的规划，未充分考虑气候、土壤、水源等因素，盲目扩大种植，过度开发，致使该地区在生产用水上出现紧张态势，对产业的后续发展带来一定的负面影响。据调研各石榴主产区得知，进入盛果期石榴树每年每株需水约 1t 才能保障树体的正常生长。由于我县气候干湿季分明，旱季用水相当紧张，石榴供水严重不足。要保证石榴连年丰产稳产，必须有充足的灌溉水源保障，但现在石榴产业发展迅速，而基础设施，特别是水利设施严重不配套，很大程度上限制了我县石榴产业的长足发展。干旱缺水严重影响和制约石榴的生长结果，造成低产园、“小老树”，进而造成严重的裂果和落果，有的地方因干旱缺水裂果、落果高达 80% 以上，严重影响我县石榴的产量和品质。“十二五”期末，我县石榴将发展到 30 万亩，2400 万株，每株需水 1t，才能保障我县石榴产业持续、稳定、健康的发展，现有的水资源已无法满足产业发展的需要。因此，保持我县现代农业石榴产业适度规模发展已是迫在眉睫之事。

3.2　果农对果园管理缺乏必要的投入，重栽轻管现象严重

部分果农对已建成的果园重栽轻管，特别是对挂果前的石榴管理缺乏必要的投入，既不灌水、翻土、施肥又不整形修剪，致使石榴生长缓慢，投产期推迟，导致大量低产果园的产生。

3.3　部分产区果农存在“采生”现象，严重损毁了我县优质石榴形象

由于部分果农缺乏品牌意识，只要客商上门买，农户就卖，导致大量的石榴未成熟就流入市场，致使先期上市的会理石榴内在品质和外观色泽差，损毁了会理石榴的声誉，影响了后期商品果的销售。

3.4　果品销售组织化程度差，商品果价格偏低

我县石榴的销售方式尽管已有部分果农和少量的石榴专业合作社组织外销，但仍然主要靠外地客商上门采购。由于缺乏销售组织和龙头企业的带动，广大果农在面对市场时组织化程度差，一家一户零星分散销售，有很多的担心和风险，面对中介商的压级压价显得束手无策，只好低价出售，使销售环节的效益难以真正得到实现。

3.5　交通、市场设施差，服务单一

部分产区交通设施差，县内批发市场设施简陋，服务功能单一，对石榴销售造成了一定的制约。在雨季，部分产区的路烂泥滑，甚至山体滑坡不通车，严重制约了果品外运。“会理石榴一条街”石榴销售批发市场尚处于摸索阶段，市场规模偏小，一些服务设施和功能的配套不够合理和完善，各相关职能部门间的配合不够协调，使批发市场的作用未得到充分发挥。

3.6　石榴外包装有待改进，内包装需加强整治

2013 年我县虽然确定了两个彩箱版面和一个普箱版面，但就其外包装质量，仍存在参差不齐的现象；包装未上档次；出口包装仍处于空白；果实包装还存在卫生纸包果，严重损毁形象，内包装问题需加强整治规范。

4 会理石榴产业适度发展的对策与措施

4.1 创新农业经营组织形式

加强县土地流转中心建设，鼓励农户以转包、出租、互换、转让、股份合作等方式，规范、有序流转农村土地承包经营权，推进适度规模发展，促进资金、技术、人才等要素向产业基地集聚。引导农户、专业大户、农业企业等多种市场主体开展多渠道、多领域的联合与合作，发展农民专业合作社，提高基地农民发展生产和进入市场的组织化程度。用机制、政策调动农民发展生产、增加投入的积极性，让农民成为基地建设的主体和增收的受益者。

4.2 加强基础设施管理

全面实施“现代农业千亿示范工程”和“创建园艺作物标准园”建设，把基地建成现代农业产业的第一车间。实施科学灌水，改变大水沟灌、漫灌等传统灌溉方式，大力推广运用滴灌、喷灌和果园覆盖、果园生草等节水增效措施和绿色防控技术。加大石榴区域规划、基础设施、技术服务体系、市场体系等建设和农资市场监管。抓好体制、机制、技术创新，继续抓好鹿厂镇铜矿村、彰冠乡兴垣村古桥村、富乐乡富乐村、富乐乡三岔河村、爱国乡黑涛河村、海潮乡石板沟村和竹箐乡金桂村等7个万亩现代农业产业核心示范基地的上档升级。同时，每年新增1个万亩现代农业产业核心示范基地，力争在“十二五”期间，建成10个以上园艺作物标准园区，全县石榴总面积控制在30万亩以内。

4.3 突出重点，科学规划

生产发展上应重点解决水系配套问题，尽量集中在土质、气候、水源较好的地方连片发展。按最佳适宜区与最优良品种相结合的要求，制定科学的发展规划，同时注意品种资源的保护和发展。与此同时，充分利用各类金融贷款，加快果园道路、水系配套等基础设施建设，进一步提高果园抗风险能力，实现经济作物产业持续健康发展及农户经济效益最大化。

4.4 加快石榴良种繁育体系建设

加强“会理县石榴研究所”能力建设，把现代石榴良种繁育基地建成攀西地区标准化程度最高的苗木繁育基地；开展群众性选种工作。由县财政安排良种选育专项资金，每年石榴成熟期，由农业部门组织相关专家开展优质果单株评选活动，对评选出的优良株系进行保护繁育，提纯复壮，确保“会理石榴”品种优良性状；建立“产学研”科技联盟。依托四川省农科院、西昌学院及其他大专院校、科研院所，签署科技合作协议，借助其人才、设备和技术密集的优势，开展生产课题攻关、品种选育和新技术研发。

4.5 丰富品种资源，合理调整结构

以市场为导向，以农村经济结构的战略性调整为重点，引导果农在加强地方优良品种资源的保护和繁育的同时，大力引进外地优良品种进行试验、示范、推广，确保在生产上形成鲜食与加工配套，早、中、晚熟配套的格局，为区域内品种结构调整打下良好的基础。水资源匮乏的地区改种需水量相对较少、耐旱、高产、高附加值的经济作物。

4.6 加强和完善石榴专业合作社建设

采取政策支持、项目拉动、各级财政扶持、信息支撑等，在政策、项目和资金方面给予合作社倾斜，帮助其解决办公设施设备和必要的运作经费，同时帮助合作社搭建融资平台，解决合作社运作资本金；建立奖励机制，抓好石榴专业合作社示范社建设。建立专业合作社奖励基金，抓好示范社建设引领，对优秀合作社采用“以奖代补”形式给予扶持；加强合作

社的交流提升，打造合作社品牌形象。组织合作社学习借鉴外地合作社管理经验、生产营销经验，组织合作社参加国内各类农产品博览会、交易会、农超对接会，提高合作社自身建设和打造合作社产品品牌形象。

4.7　加强石榴产业链建设

培育农业精深加工龙头企业，引进有实力、技术、资金和管理经验的农业企业，以企业为主体，科研院所为依托，研发生产石榴系列加工终端产品；大力发展石榴物流业；在政府宏观调控下，由业主自主建设相应规模的气调保鲜库；开发石榴观光旅游，利用区位优势，将石榴文化、红色文化、川滇文化有机融合，打造以石榴观花、采果为主题的观光休闲农业，研发石榴观光产品；鼓励支持业主开展石榴盆景研发，为打造会理石榴品牌增加创意元素。

峄城石榴盆景产业现状与发展对策

郝兆祥　侯乐峰　丁志强

(山东省枣庄市石榴研究中心，枣庄　277300)

摘要：简要介绍了峄城石榴盆景、盆栽栽培历史及产业现状，分析了产业发展中存在的突出问题，并提出了可持续发展思路及建议措施。

关键词：石榴盆景；产业现状；对策；山东峄城

Industry Present Situation and the Development Countermeasures of Pomegranate Bonsai in Yicheng District

HAO Zhao-xiang, HOU Le-feng, DING Zhi-qiang

(*The Pomegranate Research Center of Zaozhuang City*, *Shandong Province*, *Zaozhuang* 277300, *China*)

Abstract: The paper briefly introduces Yicheng pomegranate bonsai, potted cultivation history and industry present situation. It also analyzes the outstanding problems existing in the development of industry, and puts forward some sustainable development ideas and suggestions.

Key words: Pomegranate bonsai; Industry situation; Countermeasures; Yicheng district

随着经济和社会发展，山东省枣庄市峄城区石榴盆景、盆栽产业得到了长足的发展，无论是在生产规模上，还是在艺术水准上，均取得了令人瞩目的成就，形成了明显的经济优势和地方特色。据调查，峄城石榴盆景、盆栽年产量达到 5 万盆，在园盆景、盆栽达 30 余万盆，主要销往北京、天津、杭州、烟台等地，是国内生产规模最大、水平最高的石榴盆景产地、集散地。为进一步做大做强石榴盆景特色产业，现就峄城石榴盆景产业现状、存在问题、可持续发展思路以及建议对策等探讨如下。

1　峄城石榴盆景产业现状

1.1　产业基础

2000 多年前，汉元帝时期丞相匡衡将石榴从皇家上林苑引种到其家乡丞县(今山东省枣

作者简介：郝兆祥，男，高级工程师，研究方向为石榴种质资源收集、保存、创新利用。E-mail：6776168@163. com。

庄市峄城区)栽培，至明代逐渐成园，使峄城成为山东石榴的发源地、集中产地，也使其成为我国最古老的石榴产区之一。尤以资源丰富、古树众多而闻名国内外，存有百年以上石榴古树3万余株，是国内规模最大、树龄最古老、分布最集中的石榴古树群，被上海大世界吉尼斯总部认定为世界之最，称"冠世榴园"。目前，石榴种植规模已达1.2万hm^2，年均总产8万t。品种、类型60余个，'大青皮甜'、'秋艳'、'大红皮甜'、'青皮马牙甜'、'岗榴'为当家品种，约占栽培总量的95%。国家发改委、国家林业局2010年批准建设的中国石榴种质资源圃已收集、保存国内外石榴品种、种质291个，其中观赏品种、类型48个。全区每年出圃各种规格石榴苗木约300万株，丰富的资源为石榴盆景产业发展提供了充足的树桩和苗木。

1.2 栽培及产业历史

石榴盆景属于果树盆景，其历史起源的确切时间尚无定论。但据其自身特点推论，当与盆景起源于同一时期，应当是由一般盆栽植物中易于结果的种类，逐步发展而来，进而演化成为盆景中的一个大类。胡良民等的《盆景制作》载"西汉就出现盆栽石榴"，因而，彭春生等主编的《盆景学》一书把此作为中国盆景起源的"西汉起源说"。西汉以后，石榴盆景制作技艺逐步成熟。其原因是石榴寿命长，萌芽力强，耐蟠扎，树干苍劲古朴，根多盘曲，枝虬叶细，花果艳美。明清时期，石榴盆景兴盛。清康熙帝对石榴盆景情有独钟，他在《御制盆榴花》中吟道："小树枝头一点红，嫣然六月杂荷风。攒青叶里珊瑚朵，疑是移银金碧丛。"清嘉庆年间五溪苏灵著《盆景偶录》，把盆景植物分成四大家、七贤、十八学士和花草四雅，石榴被列为"十八学士"之一。历史以来，石榴是苏派、海派等树桩盆景流派的常用树种之一。时至今日，北京宋庆龄故居、上海植物园还珍藏着200年以上历史的石榴盆景遗存。

峄城石榴盆景起源何时尚无考证，应从石榴盆栽演变发展而来。明代兰陵笑笑生(即峄城籍贾三近)著《金瓶梅》中就有多处关于石榴盆景、盆栽的记叙。嘉庆年间，石榴盆景作为艺术品出现在县衙官府及绅士、富豪之家。峄城南郊曾出土刻有石榴盆景图案的清代墓石。民国时期，峄城和鲁南苏北集镇的商家、富户、文人雅士时兴用石榴盆景装点门面，彰显富贵。新中国成立后，特别是改革开放以后，峄城石榴栽培规模日趋扩大，为石榴盆景发展提供了丰富的物质基础。自20世纪80年代中期始，峄城部分盆景爱好者，以石榴古树为材料，开始制作石榴盆景。1997年4月，在上海举办的第四届中国花卉博览会上，峄城石榴盆景引领人杨大维创作的石榴盆景"枯木逢春"获金奖。至20世纪90年代中后期，峄城石榴盆景初具规模，大、中、小、微型石榴盆景达4万余盆，逐步形成商品生产，成为我国现代石榴盆景产业之开端。至21世纪，峄城石榴盆景、盆栽产业呈现蓬勃发展的态势。

1.3 产业规模

峄城是国内规模最大、影响最大的石榴盆景、石榴盆栽、石榴盆景半成品、石榴树桩、石榴苗木的产地、集散地，同时，也带动了青檀、木瓜等特色盆景、盆栽的生产。

1.3.1 生产规模

峄城年产石榴盆景、盆栽约5万盆，在园盆景、盆栽总量超过30万盆(包括未上盆的石榴树桩)，其中精品盆景近万盆。从事石榴盆景产业人员达3000余人，盆景、盆栽大户300余户，有的盆景大户现存盆景、盆栽逾万盆。峄城现有较大规模石榴盆景园4处：一是峄城区石榴盆景园，位于"206国道"东、峄城汽车站北，占地2hm^2，2000年建成，19户入园经营，融石榴盆景生产、展览、销售及旅游景点为一体，是国内第一个专题石榴盆景园；二是

峄城区生态园，位于“206 国道”、峄城区汽车站西，2002 年建成，其中，石榴盆景、盆栽经营户 16 户，面积约 $2hm^2$；三是峄城南外环路两侧盆景园，其中，位于枣庄市农业高新技术示范园区东侧的石榴盆景园，占地 $7.2hm^2$，21 户入园经营，主要是由原大沙河沿岸的经营户于 2010 年搬迁而来；位于榴园镇王庄村东侧的盆景园，占地 $3.2hm^2$，经营户 7 户；四是榴花路和榴园路两侧，是近两年新兴的石榴盆景、盆栽生产基地，目前约 50 户入住，由于地处“冠世榴园”旅游区的黄金地段，发展潜力大、前景好。

1.3.2 市场销售

石榴盆景、盆栽产业是峄城最早形成“买全国、卖全国”格局的石榴产业。买(石榴树桩资源)，主要来自陕西、安徽、江苏、河南、山西等外省，以及山东当地资源，其中来自陕西的树桩资源约占 50%，山东约占 20%，安徽、江苏、其他省份各约占 10%。卖(石榴盆景、盆栽)，主要是三大市场，一是北京、天津为代表的北方市场，辐射至沧州、大连、沈阳等城市。二是杭州、常州为代表的南方市场，辐射至上海、宁波、福州、温州、湖州、泉州等城市。三是以烟台、青岛、济南为代表的沿海市场，三大市场约占销售总量 90%。近年来，青海、兰州、西安、郑州、丽江等中西部城市销售份额也呈现稳定增长态势。销售价格从数百元到数万元，甚至 10 多万元不等。年销售额近 1 亿元，其中：年销售收入百万元以上有 10 余户，50 万～100 万元的有 20 余户，20 万～50 万元的有 100 余户，在园盆景、盆栽总产值预计 5 亿元。消费对象主要是经济发达地区的单位和个人。

1.4 产业水平

1.4.1 艺术水准

石榴是海派、苏派等盆景制作的主要树种之一。相比这些传统盆景流派，峄城石榴盆景异军突起，起步虽晚，但产业规模大，艺术水平高。历经 30 多年的发展，已经成为国内石榴盆景艺术最高水平的代表。在国际、国内各级花卉、园艺展览上获得金、银等大奖 300 余块。在 1990 年第十一届亚运会艺术节上，石榴盆景“苍龙探海”(杨大维创作)获二等奖。全国政协副主席程思远挥笔题下“峄城石榴盆景，春华秋实，风韵独特，宜大力发展”的题词。这是峄城石榴盆景首次参加重要展览并获奖。1997 年在第四届中国花卉博览会上，石榴盆景“枯木逢春”(杨大维创作)获金奖，这是峄城石榴盆景首获国家金奖，也是中国盆景发展史上首次将国家金奖授予石榴盆景。自此后，在中国花卉博览会、中国盆景展览会等专业展会上，峄城石榴盆景屡获金、银等大奖。在 99′昆明世界花卉博览会上，峄城石榴盆景获金奖 1 枚、银奖 3 枚、铜奖 4 枚。其中获金奖的作品“老当益壮”(张孝军创作)，是整个世博会唯一获金奖的石榴盆景，也是山东代表团获金奖的唯一盆景作品。2008 年萧元奎培育的“神州一号”、“东岳鼎翠”、“漫道雄关”等 29 盆石榴树桩盆景，被北京奥运组委会选中，安排在奥运主新闻中心陈列摆放、展示。2009 年在第七届中国花卉博览会上，石榴盆景“凤还巢”(萧元奎创作)、“擎天”(张永创作)均获金奖。2012 年在第八届中国盆景展览会上，石榴盆景“汉唐风韵”(张忠涛创作)获金奖。部分精品峄城石榴盆景还走进了全国农展馆、北京颐和园、上海世博会等。这些都标志着峄城石榴盆景艺术、管理水平达到了国际领先水平。2008 年，“峄城石榴盆景技艺”被列入枣庄市非物质文化遗产保护名录，杨大维被枣庄市人民政府确定为代表性传承人。2013 年，“峄城石榴盆景技艺”被山东省列入非物质文化遗产保护名录。

1.4.2 艺术特色

峄城石榴盆景造型奇特，风格迥异，其花、果、叶、干、根俱美，欣赏价值极高。初春，榴叶嫩紫，婀娜多姿；入夏，繁花似锦，鲜红似火；仲秋，硕果满枝，光彩诱人；隆冬，铁干虬枝，苍劲古朴。其造型，结合石榴的生态特性和开花结果的特点，既注意继承、传承，又不断实践总结和创新，自然、流畅、苍劲、古朴，枝叶分布不拘一格。其艺术风格主要有因材取势，老干虬枝、粗犷豪放、古朴清秀、花繁果丰，具有浓郁的鲁南地方特色。造型方法有蟠扎、修剪、提根、抹芽、除萌、摘心等，主要是采取蟠扎和修剪相结合，多用金属丝蟠扎后作弯，经过抹芽、摘心和精心修剪逐步成型。

1.5 科技现状

峄城石榴盆景是在盆景艺术大师、枣庄市非物质文化遗产"石榴盆景栽培技艺"代表性传承人杨大维的带动下，历经30余年，实现由零星生产到形成商品化，由低水平到代表国家最高水平的转变，同时也涌现出以肖元奎、张孝军、张忠涛、张勇等为代表的一大批在国内盆景界有一定知名度的盆景艺术工作者。萧元奎等13名石榴盆景艺术工作者获"山东省盆景艺术师"称号，钟文善等8名石榴盆景艺术工作者获得"枣庄市十佳花艺大师"称号。峄城区人民政府、林业、果树、园林等部门因势利导，通过花卉盆景协会，组织参加各级展览等平台，加强对外展览、展示、合作、交流、宣传，出台扶持措施推进石榴盆景商品化进程，促进了石榴盆景艺人技艺水平的共同提高。峄城果树科技工作者和石榴盆景工作者编著出版了《石榴盆景制作技艺》(王家福等主编)、《石榴盆景造型艺术》(陈纪周等主编)等专著，发表相关论文、文章100余篇。舍利干制作、花果精细管理、枝干扦插、老干接根等技术在生产中广泛推广、使用。

2 峄城石榴盆景产业存在的问题

2.1 市场建设滞后

现有市场规模小、分布过于分散、入园经营户数量不多、户均经营面积少，阻碍和限制了扩大生产空间。缺少规模较大、功能完备、生产与销售一体的专业市场，与峄城石榴盆景、盆栽的国内领先地位不相适应。石榴盆景经营基本要素是土地、道路、水源和电力等，而这些要素是一家一户难以解决的现实问题。绝大部分石榴盆景艺人迫切要求建设一个大型的专业市场，以利扩大再生产。

2.2 政策环境不配套

一是政策管得过严、过多，没有实行"放水养鱼"的宽松政策。地径大于7cm的石榴树一律不准进入市场的政策，造成买(石榴树桩)、卖(石榴盆栽)大多为"地下市场"，不敢放手大胆经营；同时，卖方将担心"被查处"的风险转移到价格上，造成价位虚高，也"吓跑了"不少客户。二是没有推行因类施策。对外地进入峄城市场的石榴树桩、大规格石榴树，对本地老化的、生产没有利用价值的、需要更新的石榴树木资源等，没有实施明确的分类对待政策。三是政策不稳。2012年规定允许地径15cm以下石榴资源进入市场，2014年改为地径7cm以下允许进入市场，政策的不稳定，让经营者无所适从。四是服务不够。在办理检疫、苗木生产经营许可、"绿色通道"运输等方面，服务不够主动。

2.3 产业结构不合理

现有的峄城石榴盆景、盆栽的规格基本为中型、大型，有些为特大型，只有借助大型动

力机械才能操作，小型、微型石榴盆景、盆栽很少。据调查，中型约占75%，大型和特大型约占20%，小型和微型不到5%。中大型盆景较多，制约了峄城石榴盆景产业的可持续发展。石榴盆景属于资源利用型生产，规格偏大，会导致对石榴古树、大树资源的掠夺开发，将造成一定的生态破坏，随时间推移，全国范围内古树、大树资源会愈来愈少，资源紧缺的矛盾将愈来愈突出。大中型盆景、盆栽价格高，消费对象多是经济发达地区的单位和个人，小型和微型盆景、盆栽易于搬迁、价格低，主要面向普通大众消费市场。目前，峄城石榴盆景、盆栽还没有进入到寻常百姓家庭。另外，石榴树桩和山水结合的盆景数量也很小。

2.4 生产方式单一

中高端石榴盆景的生产，不仅属于劳动密集型，创作者还须具备一定的艺术水平和管理水平，峄城目前以家庭经营型为主导的生产方式比较符合这一实际。低端石榴盆景、规则式石榴盆景和盆栽的生产、艺术和技术含量要求不高，适宜工厂化、标准化、规模化的生产方式，目前还仅仅处于摸索、试验阶段。

2.5 售后服务滞后

石榴受温度、光照等环境制约因素较多，售后的盆景整形、修剪、管理等技术要求较高，消费者管理水平不一，加上售后服务工作不到位等原因，售出的石榴盆景有的管理不善，有的树势衰弱，甚至出现死亡现象。“买了却不会养”，一定程度上影响了峄城石榴盆景产业的发展。

3 峄城石榴盆景产业可持续发展思路及建议对策

3.1 可持续发展思路

把石榴盆景、盆栽产业作为峄城“建设中国石榴城、打造石榴百亿产业”的重中之重，以促进石榴盆景产业可持续发展为目标，以新建较大规模的石榴盆景、盆栽市场为平台，以宽松的政策环境、积极的财政扶持政策、高效的管理和服务，大力实施精品和品牌战略，调整产业结构和生产方式，创建以峄城特色石榴盆景艺术风格为主流的“中国石榴盆景流派”，进一步做大做强石榴盆景、盆栽产业，努力打造国内外影响大、规模大、水平高的石榴盆景、盆栽产地、集散地，促进峄城石榴产业更快、更好发展。

3.2 建议对策

3.2.1 实施石榴盆景、盆栽市场建设工程

以拓宽石榴盆景、盆栽发展空间，进一步强化峄城石榴盆景、盆栽在国内外影响大、规模大、质量优的市场地位，规划、建设一处新的石榴盆景、盆栽市场。在规模上，面积在20hm^{2}以上、容量20万盆以上；位置上，须交通便利、土地资源和水利资源充足；在经营体制上，以家庭经营为主，户均经营规模0.67hm^{2}以上，对盆景大户不设上限，可根据发展需要和经营能力灵活确定经营规模；在建设方式上，政府负责统一规划、设计、流转土地、水电路等配套建设，入园经营户按照统一设计，负责投资建设管理房、高标准温室、生产经营等。新的盆景、盆栽市场建成后，将分散在各家各户、零散的石榴盆景、盆栽集中到市场经营，形成“三点一线”的石榴盆景、盆栽市场格局。“三点”即新建石榴盆景市场、峄城区石榴盆景园和峄城区生态园，“一线”即榴花路沿线。同时，积极完善石榴盆景、盆栽的营销体系，以石榴盆景、盆栽市场为平台，组建以企业、公司、合作组织、盆景生产者、产业经纪人、电子商务等结合的市场销售体系；改善交易环境，完善服务功能，加强市场信息网

络、电子结算网络等系统建设，提高市场检验、检疫、储运、配送能力；组织开展多种形式的产销对接活动，强化企业与市场对接。

3.2.2　实行积极和宽松的政策环境

积极和宽松的政策环境对促进产业发展至关重要。一是结合峄城实际，学习、借鉴山东郯城、江苏邳州发展银杏产业“放水养鱼”的做法，该管的管死、管住，该放开的一律放开经营。对石榴古树、名木，以及“冠世榴园”核心风景区内的石榴大树，实行严管政策，其他范围内石榴资源允许进入市场。二是因类施策。对由外地进入峄城市场且来源合法的石榴树桩和大规格石榴树，允许经营；对本地老化衰弱、品种低劣、没有生产利用价值的，且不属于严管范围的石榴资源，经有关部门批准，允许采挖和经营，进入盆景、盆栽市场。三是高效服务。有关部门要切实转变观念，主动、积极做好检疫、苗木生产许可、苗木经营许可等办证工作，必要的可开展上门服务、现场服务、24 小时服务，全力为石榴盆景、盆栽产业发展创造宽松的环境。四是实行“绿色通道”政策。凡是依法、依照规定，运输石榴盆景、盆栽及相关产品的，一律放行，任何部门不得查扣。五是促进相关服务业发展。采取措施，进一步加快物流、旅游、信息、制造等服务于石榴盆景、盆栽产业的发展。

3.2.3　加快产业结构调整

要通过产业结构的调整，促进峄城石榴盆景、盆栽产业可持续发展。在产品结构上，把目前中大型盆景多主，调整为大、中、小、微型全面发展，坚持以中型、小型、微型为主，大型为辅的发展方向，重点在价格低廉、易搬运、易管理的小型、微型盆景和盆栽发展上取得突破，扩大生产规模；在市场布局上，把目前面向沿海经济发达地区和个人为主，基本上靠“走上层路线”，调整为面向全国、面向普通百姓，高端盆景面向“阳春白雪”阶层，小型、微型盆景、盆栽面向普通百姓，这样才能真正赢得市场；在树桩来源上，把目前古桩、大树为主，调整为苗木、幼树、成龄树、古桩同步发展，在大树、古树资源越来越稀缺的情况下，利用小苗、小树培养盆景、盆栽，实现资源利用型生产转变到开发利用型转变，确保产业发展不以破坏生态环境为代价，确保产业的可持续发展；在品种布局上，把目前良莠不分，调整为优质品种、红皮石榴、观赏品种等受市场欢迎的石榴品种为主；在经营体制上，把目前家庭经营方式，调整为以家庭经营为主，企业经营、合作社经营等多种体制并存，探索“公司＋农户”的经营方式；在生产方式上，把目前一家一户作坊式的生产，调整为以作坊式生产为主，工厂化、标准化生产为辅，探索石榴盆栽、规则式盆景等工厂化生产的路子。

3.2.4　实施品牌、名牌战略

一是继续实施精品盆景工程。要突出峄城石榴盆景特色，就要充分发挥技术优势，努力培养精品、展品，用高端产品带动市场影响力、提高市场竞争力，带动产业发展。对于获得省级金奖、国家级银奖以上的创作者，给予资金扶持和荣誉奖励。二是组织全国性的石榴盆景精品展、石榴盆景和盆栽科研生产研讨会、石榴盆景现场制作观摩会等，展示石榴盆景精品，互相学习、交流，探讨制作技艺，同时起到宣传和提升峄城石榴盆景品牌的效果。三是鼓励、支持峄城石榴盆景精品，走出峄城，积极参加国内外相关博览会和产品交易会。四是争创省级、国家著名商标。五是强化宣传推介。利用各种传媒，加大宣传广告力度；通过举办盆景展、石榴节等活动，扩大影响力；鼓励、支持企业和个人开办石榴盆景网站，建立网络信息平台；鼓励、支持单位和个人出版、发表、制发石榴盆景相关书籍、文章、宣传册、

画册、邮册及视频影像资料，以全方位、多角度、多层次地宣传峄城石榴盆景，提升峄城石榴盆景的品牌效应。

3.2.5 以科技创新推动发展

一是创作技法创新。峄城石榴盆景利用老桩、古桩的技术比较成熟，因此，今后要在利用苗木培育盆景、盆栽和工厂化生产技术上寻找突破，建立一套利用高新技术快速培育盆景、盆栽的技术体系，使石榴盆景、盆栽生产符合标准化、商品化、规模化的需要，使峄城石榴盆景、盆栽产业走上可持续发展之路。二是品种创新。石榴寓意多子多福，文化内涵深厚，深受市场欢迎，尤其是红花、红皮、品质佳、抗裂果的品种，较一般品种市场价格平均高50%以上。要在充分开发利用中国石榴资源圃保存的优良盆景、盆栽品种的基础上，加快优质新品种的选育和推广步伐。三是售后管理技术集成创新。以消费者简单、方便、易学、能够解决售后实际问题为原则，加快售后管理技术的集成和创新，解决消费者“买来不会管理”的难题，为石榴盆景、盆栽进入千家万户提供技术支持。四是无土栽培技术创新。目前峄城石榴盆景、盆栽全部为泥土栽培，不适应国外市场不能“带土入关”的要求，这是峄城石榴盆景、盆栽出口还是空白的主要原因。今后，要研究探索无土栽培技术，用珍珠岩、蛭石或经消毒处理的河沙代替土壤，用营养液代替有机肥料，用“喷灌”或“滴灌”代替浇水等，改有土栽培为无土栽培。五是理论体系创新。峄城石榴盆景从默默无闻到闻名全国，靠的是资源特色，靠的是精品层出不穷，靠的是接连获得国际、国内大奖，做得多、做得也好，但总结的少，上升到理论层面的少。今后有关科研工作者、盆景创作者应该站在创建“中国石榴盆景流派”的高度，将实践上升到理论，用理论指导实践，构建石榴盆景理论体系，以此来推动石榴盆景产业的发展。建议定期召开专家研讨会，总结和探讨峄城石榴盆景理论体系。

3.3.6 加强政府宏观指导

要把石榴盆景、盆栽特色产业作为峄城“建设中国石榴城、打造石榴百亿产业”的重中之重，成立专门的领导组织机构。要组织专家调查、研究、编制峄城石榴盆景、盆栽产业的中长期可持续发展规划，建立健全产业法规、政策和措施。组织有关人员研究、制定盆景、盆栽管理技术规程。加大财政资金投入力度，各级财政资金主要用于盆景市场的公共基础设施建设、对外形象的宣传推介、参加各级展览的补助、科技创新的支持、花卉盆景协会的扶持、公共信息平台的建设，以及对产业发展有功人员的奖励等领域，逐步建立健全以财政资金为引导、相关企业和个人投入为主的多元的投入机制，为产业发展提供充足的资金保障。在产业政策方面，坚持把石榴盆景、盆栽作为重要产业加以扶持，着力提升产业化经营能力，争创发展新优势，确保国内外领先优势。要加大招商引资力度，鼓励多渠道、多形式投资开发石榴盆景、盆栽产业，积极保护石榴盆景生产者、经营者的合法权益，为其创造良好宽松的生产和经营环境。鼓励和支持与石榴盆景相关的制造、运输、物流、农资、旅游、信息等产业发展。进一步规范峄城盆景、盆栽产业及生产企业的对外形象，利用一切机会通过各种媒体对峄城石榴盆景、盆栽及其产业进行宣传、公关，引导盆景产业生产和消费，扩大峄城石榴盆景知名度，不断做大做强峄城石榴盆景、盆栽产业。

参考文献

[1]曹尚银，侯乐峰．中国果树志·石榴卷[M]．北京：中国林业出版社，2013.

[2]侯乐峰，郝兆祥．中国石榴产业高层论文集[M]．北京：中国林业出版社，2013.

[3]王家福，侯乐峰，程亚东，张立海．石榴盆景制作技艺[M]．北京：中国林业出版社，2005.

[4]陈纪周．石榴盆景造型艺术[M]．济南：泰山出版社，2005.

[5]彭春生，李淑萍．盆景学[M]．北京：中国林业出版社，1992.

[6]肖颖．川西盆景产业现状分析与发展对策研究[D]．四川农业大学，2007.

[7]郝兆祥，侯乐峰，王艳琴，蒋继鑫，等．山东石榴产业可持续发展对策[J]．农业科技通讯，2014(6).

[8]彭春生．北京花果盆景发展史考证[J]．北京林业大学学报(社会科学版)，1990(增刊).

[9]王桂莲，章必宏，戚惠珠．用特色创品牌以展会促发展——金华盆景产业的思考[J]．中国花卉园艺，2007(9).

[10]郑树芳．果树盆景发展现状、应用与展望[J]．广西热带农业，2007(3).

[11]薛兆希，刘翠兰，李静，黄宪怀，等．老枝接根制作石榴盆景技术[J]．山东林业科技，2005(1).

[12]安广池．石榴盆景制作技术[J]．林业科技开发，2006(2).

转录组技术在果树研究中的应用

薛辉　曹尚银*　牛娟　李好先　张富红　赵弟广
(中国农业科学院郑州果树研究所，郑州　450009)

摘要： 转录组研究是基因功能及结构研究的基础和出发点。随着功能基因组学研究的深入，转录组技术是目前研究基因表达的主要手段之一。转录组在果树研究中有不少成功的应用。本文主要介绍了转录组技术的概念及研究的技术手段，并重点综述了转录组在果树的品种鉴定、生长发育、逆境胁迫以及发现新基因等方面的研究进展，及其在果树上的应用前景。
关键词： 转录组；果树；研究进展

Application of Transcriptome Technology in Fruit Research

XUE Hui , CAO Shang-yin* , NIU Juan , LI Hao-xian , ZHANG Fu-hong , ZHAO Di-guang
(*Zhengzhou Fruit Research Institute*, *Chinese Academy of Agricultural Sciences*, *Zhengzhou* 450009, *China*)

Abstract: Transcriptome research is the foundation and starting point of the function and structure of genes。Along with in-depth study of functional genomics, transcriptomics technology is one of the main means of the present gene expression study。Transcriptome has many successful applications in fruit research。This paper introduces the concept of transcriptome technology and research, and focus on the research progress of the identification of fruit varieties , growth and development, Stress and found of new genes and other aspects of discovery, and its application in fruit。
Key words: Transcriptome; Fruit trees; Research progress

转录组学(transcriptomics)，是一门在整体水平上研究细胞中基因转录的情况及转录调控规律的学科，简而言之，转录组学是从RNA水平研究基因表达的情况。转录组是连接基因组遗传信息与生物功能的蛋白质组的必然纽带，转录水平的调控是目前研究最多的，也是生物体最重要的调控方式。全世界已知果树有2792种，分属于134科659属。自2007年葡

基金项目：科技基础性工作专项“我国优势产区落叶果树农家品种资源调查与收集”(2012FY110100)；中国农业科学院科技创新工程专项经费项目(CAAS－ASTIP－2015－ZFRI－03)。

作者简介：薛辉，女，在读硕士生，研究方向为果树遗传育种。E-mail：xhui9028@163.com。
*通讯作者 Author for correspondence. E-mail：s.y.cao@163.com。

萄(*Vitis vinifera*)基因组完成测序，包括葡萄、番木瓜、苹果、香蕉、梨、甜橙等10种果树的全基因组测序工作相继完成[1]。据我国著名植物学家俞德浚编著的《中国果树分类学附录中国原产及引种果树分科名录》，我国的水果品种有10000多种，再加上其他材料统计，共约21000个。与水果品种的总数相比，得到全基因组测序的水果太少。大多数果树的遗传背景不清楚、基因组信息缺乏，遗传信息和功能基因的研究较匮乏。而全基因组测序的过程成本较高，花费时间较长，而利用分子生物学及生物工程技术手段进行转录组学分析，可以在较短的时间里了解果树细胞中基因的转录情况及转录调控规律，为进一步解析果树各种性状提供良好的平台，同时也可以为培育高产、优质和抗逆的果树新品种奠定坚实基础。本文重点介绍转录组的技术及其在果树研究中的应用，同时对转录组学在果树中的应用前景进行了讨论。

1 转录组分析的研究方法

目前，用于转录组数据获得和分析的方法主要有表达序列标签测序 EST(expressed sequence tag , EST)、基因芯片技术(microarray)、基因表达系列分析 SAGE(serial analysis of gene expression，SAGE)、大规模平行信号测序 MPSS(massively parallel signature sequencing，MPSS)及最新的 RNA 测序技术 (RNA sequencing，RNA-seq)

1.1 表达序列标签测序(EST)

转录组学较早的分析方法之一就是表达序列标签测序(EST)。EST是从一个随机选择的cDNA克隆进行5′端和3′端单向一次测序获得的短的cDNA部分序列，代表一个完整基因的一小部分，在数据库中其长度一般从20~7000bp不等，平均长度为(360±120)bp。通过对cDNA文库EST分析可以揭示用以构建cDNA文库的相应组织或细胞中mRNA的真正水平。因此，可以通过大规模的EST分析研究表达图谱，以此得出特定组织类型在特定生理状态或是特定的发育阶段下基因表达情况。它是随着人类基因组计划而发展起来的一种前沿生物技术，其显著特点是高通量、高集成、微型化、平行化、多样化和自动化。目前，随着转录组技术的发展，基因芯片也在不断完善、成熟。基因芯片技术还不稳定，它需要大量的已测知的、准确的DNA、cDNA片段的信息，在这基础上基因芯片才成为大规模、集成化、整体获取生物信息的有效手段，而现在公开可得的、经证实准确的基因序列很少[2]。

孙亮先等[3]较早地综述了EST的技术原理、EST概念的最新进展及其在大规模快速的克隆基因和基因功能等几个方面的分析。表达序列标签(EST)已成为植物功能基因组学研究的重要手段，在揭示植物生长发育机制方面起着重要作用。近年来，果树EST研究与应用也得到快速发展，EST数据库中EST信息量超过5000条的果树已达37种。目前EST数据库中EST信息最丰富的果树是葡萄，达353706条，在所有生物中居第25位，在高等植物中居第10位，其次为苹果和柑橘，均超过20万条。桃等果树也有较多的EST信息[4]。

1.2 基因芯片技术(microarray)

该技术是指将大量探针分子固定于支持物上后与标记的样品分子进行杂交，通过检测每个探针分子的杂交信号强度进而获取样品分子的数量和序列信息，包括点阵列基因芯片和原位合成基因芯片。基因芯片以其可同时、快速、准确地分析数以千计基因组信息的本领而显示出了巨大的威力。在基因表达检测的研究上人们已比较成功地对多种生物包括拟南芥、酵母、人等的基因组表达情况进行了研究，并且用该技术一次性检测了酵母几种不同株间数千个基因表达谱的差异。郭晓琴[5]分析了基因芯片技术的基本原理及其在植物病原体检测、逆境基因表达、转基因农产品检测、检测基因突变和多态性分析等应用。

1.3 基因表达系列分析(SAGE)

基因表达系列分析是通过快速和详细分析成千上万个 EST 来寻找出表达丰富度不同的 SAGE 标签序列。在此方法中，通过限制性酶切可以产生非常短的 cDNA 标签，并通过 PCR 扩增和连接，随后对连接体进行测序。此技术应用较广泛，赵浩勤等[6]综述了这种技术的基本原理及其应用情况。SAGE 和 IPGI 是新近发展起来的用于全基因组基因表达频谱分析和寻找差异基因的新技术，可以同时反映正常或异常等不同功能状态下细胞整个基因组基因表达的全貌，特别是对低丰度表达基因有较高的检测结果，因而其具有重要的应用价值。

1.4 大规模平行信号测序(MPSS)

大规模平行测序技术是以 DNA 测序为基础的大规模高通量基因分析新技术，通过标签库的建立、微珠与标签的连接、酶切连接反应和生物信息分析等步骤，获得基因表达序列。MPSS 技术是对 SAGE 技术的改进，简化了测序过程，提高了精度。根据 MPSS 技术的原理可以知道，MPSS 一方面可提供某一 cDNA 在体内特定发育阶段的拷贝数，另一方面还可测定出相应 cDNA 的序列，所以，这就为在转录水平上进行基因表达分析提供了强有力的定性和定量手段，很明显，这一技术首先可以应用于不同丰度基因的差异表达分析，制作基因转录图谱。Nakano 等[7]创建了四个物种的一系列 MPSS 的数据库，其中对在一定条件下大部分基因的表达水平进行了测量，并提供了与潜在的新转录本有关的信息。

1.5 RNA 测序(RNA-seq)

RNA-seq 是利用高通量测序技术对组织或细胞中所有 RNA 反转录而成的 cDNA 文库进行测序，通过统计相关读段(reads)数计算出不同 RNA 的表达量，发现新的转录本。如果有基因组参考序列，可以把转录本映射回基因组，确定转录本位置、剪切情况等更为全面的遗传信息。RNA-seq 作为近年来新发展起来的高通量转录组测序技术，为大规模转录组学研究提供了一种全新、有效的方法。目前该技术已广泛用于转录组学多方面的研究[8]。RNA-seq 数据有助于开发 SSR 和 SNP 等分子标记，而这些标记在相关物种中有很高的通用性，在比较作图中有其不可替代的优势。新一代测序系统的应用显示了极大的潜力，被广泛应用于新基因的发现、SNP 及分子标记的挖掘、基因家族鉴定及进化分析、转录图谱绘制、代谢途径确定等方面[9]。李小白等[10]简要从 RNA-seq 的测序策略、测序平台和选择数据拼接软件等几个方面作了介绍。他们认为 RNA-seq 数据对于 SSR 和 SNP 等分子标记的开发是非常有用的，而这些标记往往在相关物种中有很高的通用性。祁云霞等[11]也对 RNA-seq 的技术及其应用进行了综述。周超平等[12]以单细胞转录为例，比较了不同 RNA-seq 技术的优缺点。具有成本低、速度快等优点的新一代测序技术得到的序列片段长度短、数据量大、错误率高。陈传艺[13]针对测序数据错误率高的特点，提出了一种能够有效修正序列片段中错误碱基的测序错误校正方法。王曦等[14]以 Illumina/Solexa 测序平台为例，尝试对新一代测序技术的 RNA-seq 数据处理和分析方法做了较为全面的梳理，并对各个环节上可用的软件进行了汇总。

1.6 几种转录组分析方法的比较

总的来说，上述转录组技术可以分为 3 类，基于杂交的技术，如 DNA 微阵列；基于直接测序的技术，如 ESTs 文库的直接测序及 RNA 测序(RNA-seq)；基于标签的技术，如基因表达系列分析技术和大规模平行测序技术[15]。几种转录组常用的分析方法各有特点，它们各自优缺点如表 1。

表1　几种转录组分析方法的优缺点比较

Table **1**　Advantages and disadvantages comparison of technologies used in transcriptome analysis

方法	优点	缺点
表达序列标签测序(EST)	能说明该组织中各基因的表达水平	ESTs不能被剪切为单列序列位点识读
基因芯片技术(microarray)	可同时、快速、准确地分析数以千计基因组信息	只限用于已知序列，无法检测新的RNA；而且杂交技术灵敏度有限，难以检测低丰度的目标(需要更多的样品量)和重复序列；也很难检测出融合基因转录、多顺反子转录等异常转录产物；费用较高
基因表达系列分析(SAGE)	能够快速、全范围提取生物体基因表达信息；对已知基因进行量化分析、寻找新基因；定量比较不同状态下的组织细胞的特异基因表达；接近完整地获得基因组表达信息；能够直接读出任何一种类型细胞或组织的基因表达信息	基于昂贵的Sanger测序，需要大量的测序工作，技术难度较大，而且涉及酶切、PCR扩增、克隆等可能会产生碱基偏向性的操作步骤
特征序列的大规模平行测序(MPSS)	用于不同丰度基因的差异表达分析，制作基因转录图谱	与SAGE类似，需要大量的测序工作，技术难度较大
RNA测序(RNA-Seq)	可以直接测定每个转录本片段序列，检测单个碱基差异、不存在传统基因芯片带来的交叉反应，能够检测到细胞中较少的稀有转录本，直接对任何物种进行转录组分析。通量高、灵敏度高、分辨率高、不受限制性等	此技术产生较庞大的数据，数据处理困难；解释和比对鉴定类似的同源基因、获得高质量的转录图谱不易

2　转录组在果树上的应用

近年来，转录组的分析已经在很多果树上的果实发育、抗性研究、品种鉴定等众多方面的研究上有进展，但是尚未得到系统的总结和回顾。本文对国内外的一些果树上的转录组技术做一些初步总结。

2.1　在品种鉴定上的研究

随着果树越来越多新品种的发现与培育，做好品种鉴定，分析其亲缘关系已经成为果树育种工作的重心之一。利用新兴的EST、RNA-seq测序等技术，可以快速地弄清其品种特性及其与其他品种的亲缘关系。

Ablett E等[16]发现最初的EST很少在木本植物中检测，因此，他们对葡萄叶子和浆果的所有基因谱进行了EST分析。Bellin D等[17]就葡萄构建了基于454测序的均一化和非均一化文库，并进行RNA-seq分析，分别获得了29627、34477个Unigenes，并且构建了含有19609个基因的芯片，并证明这比之前的葡萄基因芯片含有的信息量更丰富。他们将新一代测序和基因芯片相结合来研究非模式生物基因大规模表达。于华平[18]利用EST和生物信息学技术的方法，从NCBI数据库中苹果的324000个EST中挖掘筛选了31个潜在的miRNA，然后，利用小RNA文库构建的试验确定了其精确的序列。截至2010年12月12日，GenBank已公布了63708条苹果EST序列。李荷蓉[19]分析了苹果EST中SSR位点分布规律，开

发出苹果 EST-SSR 引物，与此同时构建了苹果电子分析平台，探讨了 22 个苹果品种的鉴定和遗传差异。齐丹[20]对 4 个绥中地方梨品种及‘秋白梨’的 8 个可能变异单株进行 EST-SSR 鉴定分析，对 7 号单株进行亲本鉴定，初步认为‘秋白梨’是其亲本之一，同时可排除‘绥中谢花甜’、‘水红霄’和‘洋红霄’为其亲本。王西成等[21]发现 1293 条梨的 EST 序列中含有 SSR 位点的序列为 82 条，SSR 位点 92 个。二核苷酸、三核苷酸和六核苷酸重复是最主要的 SSR 类型，分别占 48.91%、17.39% 和 17.39%。梨 EST-SSR 标记技术对于梨品种的鉴定、遗传多样性分析具有重要应用价值。

2.2 在果实生长发育上的研究

果实是我们栽培果树主要获得的经济产物，如何最大限度地提高果实的品质是我们研究重心。评价果实的品质有果个、果形、色泽、风味、采后储藏、营养物质的含量等，而人们在这些方面均进行过转录组的研究。

在果实的形状方面，Zhang Y 等[22]将圆柱型和普通型苹果作为实验材料进行了 RNA-seq，发现了一些新的选择性剪切位点和转录本。接着，他们通过 KEGG 和 GO 功能注释，发现 287 个 Unigene 可能与苹果的柱型相关，推测其中 25 个 GRAS 转录因子可能起着重要作用。在果实的风味方面，Shang guan L 等[23]利用 EST 技术分析了编码控制葡萄、甜橙和苹果中的糖的生物合成的关键酶，其结果表明，在山梨糖醇的生物合成途径中，S6PDH 是最重要的基因之一。在果实的色泽方面，Xu Q 等[24]用一个自发异常突变，并能在果实中积累番茄红素的甜橙和野生型作为研究材料，采用大规模平行信号测序进行转录组分析，分别在野生型和突变型中获得了 6877027 和 6275309 个可靠的信号，进一步比较野生型和突变型的转录结果发现，26 个可靠的代谢途径在突变体上有变化，最明显的是类胡萝卜素的生物合成、光合作用、柠檬酸循环。他们认为，光合作用的增强和减弱部分类胡萝卜素下游基因的表达可以积累番茄红素。

除了果实的外观和口感，人们对果实采后的储藏方面也有研究。Vizoso P 等[25]利用 EST 转录分析了桃果实在不同的采后处理后与果实品质相关的基因。他们从经过 4 种不同的采后处理的桃的中果皮中检测 50625 个表达序列标签。接着，一共形成 10830 个 unigenes(4169 个重叠群和 6661 单个 unigenes)。他们的结果显示，重叠群可分为 13 个不同簇的基因表达模式。这些集群包括增加或减少转录丰度的重叠群，来应对果实成熟过程的寒冷或催熟加冷。

在果实发育与成熟方面，Mori K 等[26]对比了番茄和葡萄在其果实发育早期，二者基因的表达情况。结果在已经公布的微阵列数据中发现，二者有 8229 个共同的 unigenes，而二者独特的 unigenes 分别为 2503、4977 个，为之后的研究控制果实早期发育提供了数据。Vecchietti 等[27]则利用转录组分析了对桃果实成熟的阶段的基因变化。余克琴[28]利用 Illumina 测序平台对‘红暗柳’与‘暗柳’各 4 个发育时期果实的果肉进行数字化表达谱测序并将测序所得所有标签与参考数据库中的序列比对，共检测到 18829 个基因至少在一个时期表达，其中 8825 个基因在所有四个时期都有表达。Yu K 等[29]应用野生型和突变型两个品种甜橙的果肉开展了 RNA-seq 研究，分别在两个品种中检测了 19440、18829 个基因，超过 89% 的基因在果实发育成熟的过程中有不同的表达。转录组分析得出，差异表达基因的功能分类显示，细胞壁的生物合成，碳水化合物和柠檬酸代谢，类胡萝卜素代谢和应激反应是果实发育和成熟过程中存在明显调节差异。

2.3 在逆境胁迫上的研究

逆境胁迫是果树生长和产量提高的重要限制性因素之一，大量研究正试图揭示这一复杂的生物学机制。逆境胁迫会诱导果树的相关基因表达，其结果将最终引起某些物质的积累和代谢途径发生改变，从而使植株作出相应的变化。许多基因的表达受到干旱、寒冷、水分及病虫害等逆境的调控，其中包括转录水平、转录后水平和翻译水平上的调控，而随着转录组技术的发展，在转录水平上研究逆境胁迫下的基因调控成为可行。

在葡萄的逆境胁迫分析中，Tillett R L 等[30]根据大规模的 EST 数据，将从在非生物胁迫条件下酿酒葡萄的叶片、浆果和根的组织中火的 62236 个 ESTs，与从 20 个公开 cDNA 库中获得的 32286ESTs 相比较，鉴别了酿酒葡萄中与组织特异性、非生物胁迫应答有关的基因表达谱。上官凌飞等[31]对 NCBI 上经过诱导后的葡萄 EST 序列进行处理，获得了 45 条只有在赤霉素处理后表达的无冗余 EST 序列，达到了利用大量的 EST 序列进行葡萄应答外源赤霉素基因的信息挖掘工作，为进一步研究赤霉素处理后导致葡萄的基因表达情况提供来的基本材料。Vannozzi 等[32]对受机械伤害、紫外线照射和受霜霉病侵染的叶片与正常叶片利用 RNA-seq 进行分析，探索在非生物和生物胁迫条件下叶片中相关基因的表达情况。其研究结果发现，发现芪合成酶基因（*VvSTS*）与查耳酮合成酶基因（*VvCHS*）的表达变化趋势往往相反，这两个基因在转录水平上受到严格调控，可能存在某个起关键调节作用的转录因子。

在苹果的逆境分析中，Newcomb R D 等[33]为了加速他们从苹果的不同的组织已经获得了很多 EST，一共从代表 34 个不同组织的 43 个不同的 cDNA 库中收集到超过 150000 的表达序列标签。这加速了发现包括研究病虫害抗性等在内的特性以及发展标记技术完成基因谱、培育新品种的进程。

在桃的病菌侵染的胁迫研究上，Socquet-Juglard D 等[34]对比了正常叶片和被黄单胞菌侵染早期的叶片的 RNA-seq 分析结果。他们利用全转录组测序分析了侵染后 2h 和 12h 这两个时间点的叶片的基因表达，结果总共 19871 个已知桃基因在整个时间点都表达，有 34 个和 263 个基因分别在 2h 和 12h 时间点表达。他们的试验对病原菌侵染的桃树的早期防治有重要意义。Rubio 等[35]利用 RNA-seq 分析了受李痘病病菌感染的桃叶片的基因表达的变化，发现被病菌感染的桃树叶片的基因的表达都与茉莉酸，几丁质酶，细胞分裂素葡萄糖基转移酶或 Lys-M 蛋白有关。

人们对香蕉的逆境胁迫也有研究。2012 年，Li C 等[36]用经病原侵染的这项研究产生的香蕉转录序列的大量和比对 FOC TR4 的防御反应抗感卡文迪什香蕉之间。研究结果有助于在非模式生物，香蕉，与植物抗性候选基因的鉴定，并提高了目前人们对宿主—病原体相互作用了解。Wang Z 等[37]利用从头测序的转录组分析方法研究了受枯萎病菌感染的香蕉的根部的基因表达。他们借助数字基因表达分析检测了香蕉根部在受 Foc TR4 这种病菌感染的转录组变化，发现与苯丙氨酸代谢生物合成和 α-亚麻酸的代谢有关基因的表达受病菌的影响而发生了改变。2013 年，Li C 等[38]又以受 Foc1 侵染的香蕉根部为材料，研究了香蕉的基因表达对病菌侵染的应答的转录组分析。试验的结果发现，受 Foc1 感染和之前研究的受 Foc TR4 感染的香蕉根部基因表达有类似的变化。这些研究都对人们彻底了解香蕉的抗病机理提供了依据。

Martinelli F 等[39]选择甜橙作为宿主，利用 RNA-seq 研究了正常和被黄龙病感染的柑橘果皮的不同的反应。另外，通过代谢通路及蛋白互作网络分析进行实时定量 PCR 分析，确定了差异调节的途径，为深入研究受感染果实的代谢奠定了基础。

2.4 新基因的发现

转录组技术在果树新基因的发现方面也有研究。Wang L 等[40]转录组分析结果，序列显示 1162 个转录因子和 2140 个新转录区。在 6 个桃基因型中，鉴别到 9587 个 SNPs。他们对桃转录组复杂性的分析结果为以后在桃上的功能性基因组的研究很有帮助。目前，由于梨的基因组未知，为了更好地了解梨芽休眠的分子和生物学的代谢调节，Liu G 等[41]利用转录组和数字表达谱分析等技术发现，‘酥梨’在 11 月 15 日到 12 月 15 日、12 月 15 日到 1 月 15 日、1 月 15 日到 2 月 15 日之间，分别有 1978、1024、3468 个基因有不同的表达。Bai Y 等[42]利用 RNA-seq 更新了苹果的转录组参考数据库。他们认为，2010 年的参考数据已经不能被最新的 RNA 测序技术所使用，因为之前的数据覆盖的范围是有限的。他们借助基因组引导和从头测序进行新的转录组分析，结果一共获得了 71178 个基因或转录因子，其中包括之前公布的 53654 个基因和 17524 个新发现的转录因子。这在苹果转录组分析上又是一个具有里程碑意义的成绩。

3 转录组技术在果树上的应用展望

目前，转录组技术正不断发展，转录组分析的平台不断在更新换代。赵洁[43]等介绍了新一代测序技术的几种方法，Roche /454、ABI /SOLiD、ABI /SOLiD，并对几种技术进行了优缺点的比较。Clarke K 等[44]分析了 ABySS(v1.3.3)、Mira(v3.4.0.1)、Trinity(r2012 -06 -08)、Velvet(v1.2.03)、Oases(0.2.06)几种 de novo 组装软件的优缺点。他们认为 ABySS 是组装速度最快的，但质量较低；Mira 在匹配速度上有一定的优势，但是在电脑分析速度上不如人意。与 2005 年以来的 454 、Solexa 和 SOLiD 等测序技术相比，Ion torrent 、HeliScope 、SMRT 、Oxford 纳米孔等测序技术进一步简化了测序过程，降低了测序成本、提高了测序速度，推动了大规模测序的广泛应用[45]。新一代测序可以看作是一种寻找可靠 SNP 的方法，但是我们不能盲目地相信比对结果[46]。

本文重点介绍了转录组的技术及其在果树研究中的应用和研究进展。正如人们所知，果树在正常生长、抗逆以及优良品系培育等过程中细胞的基因表达都会发生显著变化，这就为我们进行转录组分析提供依据。虽然相比先前的转录组研究水平，目前的转录组测序具有明显的优势，并取得了较好成绩，但是由于果树品种众多，经过转录组研究的只占一小部分，在分子水平上进行深入研究的果树较少，例如，石榴、无花果、柿子等，而现有的转录组、基因组数据不足以支持其继续研究。因此，高通量转录组数据的获得是推动研究关键性的一步。张全芳等[47]通过举例表明，基于高通量测序的 *de novo* 转录组分析可在非模式动植物物种，特别是在基因组大且复杂的物种中，可以用于新基因的发现和新分子标记的开发。周华等[48]对转录组测序技术进行了简要阐述，介绍了转录组测序后的数据分析方法及在真核生物中非模式物种中的基因发掘方法：对比和注释、表达差异。目前，转录组测序平台不断进行升级，新一代测序技术具有快速、高通量和低成本的特点，为“组学”研究带来了新方法、新方案，正在深刻地改变着当前生物学的研究模式。随着测序技术的不断进步，我们能够对转录组开展更为深入的测序工作，能够发现更多、更可靠的转录子，目前的大规模并行测序技术已经彻底改变了我们对转录组的研究方法，测序结果的质量也在不断提高，得到的信息量也在爆炸式增长。转录组学的几种研究方法都有各自的优缺点，在研究中如果可以将这几

种分析方法结合起来将会更准确地反映基因表达水平与植物生长发育、繁殖分化及衰老死亡等过程的关系[49]。单一组学分析具有一定局限性，转录组分析并不能完全准确反应细胞内基因的翻译情况，而转录组与其他组学技术的整合分析有利于重要信息的补充和整合，加深对复杂生物系统的认识[50]。例如，转录组和蛋白质组大部分相关联，只有少数基因受到调控而导致其不相关，他们作为后基因组时代，也是功能基因组研究的两大主要分支，两者数据的整合、比对必将为认知生物活动的本质提供有价值的信息[51]。总之，转录组技术的发展将会越来越快，而其在果树上的应用会越来越多。

参考文献

[1]乔鑫，李梦，殷豪，等．果树全基因组测序研究进展[J]．园艺学报，2014，41(001)：165－177.

[2]陈岩，潘龙．基因芯片技术研究进展[J]．齐齐哈尔医学院学报，2011，32(17)：2828－2830.

[3]孙亮先，谢进金．表达序列标记（EST）研究进展[J]．泉州师范学院学报，2002，20(4)：75－79.

[4]徐昌杰，朱长青，高中山，等．果树 EST 在果实发育和成熟研究中的应用[J]．果树学报，2009，26(3)：353－360.

[5]郭晓琴．基因芯片技术及其在植物研究中的应用[J]．现代企业教育，2013（14）：279－280.

[6]赵浩勤，张国政，李佳梅，等．SAGE 技术及其应用[J]．江西农业学报，2008，20(6)：36－39.

[7]Nakano M, Nobuta K, Vemaraju K, et al. Plant MPSS databases: signature-based transcriptional resources for analyses of mRNA and small RNA[J]. Nucleic Acids Research, 2006, 34(suppl 1): D731－D735.

[8]兰道亮，熊显荣，位艳丽，等．基于 RNA-seq 高通量测序技术的牦牛卵巢转录组研究：进一步完善牦牛基因结构及挖掘与繁殖相关新基因[J]．中国科学：生命科学，2014，44(003)：307－317.

[9]梁烨，陈双燕，刘公社．新一代测序技术在植物转录组研究中的应用[J]．遗传，2011，33(12)：1317－1326.

[10]李小白，向林，罗洁，等．转录组测序（RNA—seq）策略及其数据在分子标记开发上的应用[J]．中国细胞生物学学报，2013，35(5)：720－726

[11]祁云霞，刘永斌，荣威恒．转录组研究新技术：RNA-seq 及其应用[J]．遗传，2011，33(11)：1191－1202.

[12]周超平，李鑫辉．单细胞转录组研究进展[J]．Progress in Biochemistry and Biophysics，2013，40(12)：1193－1200.

[13]陈传艺．针对新一代测序技术的序列拼接算法研究[D]．福建农林大学，2012.

[14]王曦，汪小我，王立坤，等．新一代高通量 RNA 测序数据的处理与分析[J]．生物化学与生物物理进展，2010，37(8)：834－846.

[15]付畅，黄宇．转录组学平台技术及其在植物抗逆分子生物学中的应用[J]．生物技术通报，2011，6：011.

[16]Ablett E, Seaton G, Scott K, et al. Analysis of grape ESTs: global gene expression patterns in leaf and berry[J]. Plant Science, 2000, 159(1): 87－95.

[17]Bellin D, Ferrarini A, Chimento A, et al. Combining next-generation pyrosequencing with microarray for large scale expression analysis in non-model species[J]. BMC genomics, 2009, 10(1): 555.

[18]于华平．利用 EST 预测苹果的 microRNA 并用 miR-RACE 验证其精确序列[D]．南京农业大学，2010.

[19]李荷蓉．苹果 EST-SSR 标记的开发与电子表达平台建立[D]．南京农业大学，2012.

[20]齐丹．梨种质变异的 SRAP 和 EST-SSR 分析[D]．中国农业科学院，2013.

[21]王西成，姜淑苓，上官凌飞，等．梨 EST-SSR 标记的开发及其在梨品种遗传多样性分析中的应用评价

[J]. 中国农业科学, 2010, 43(24): 5079 - 5087.

[22] Zhang Y, Zhu J, Dai H. Characterization of transcriptional differences between columnar and standard apple trees using RNA-seq[J]. Plant Molecular Biology Reporter, 2012, 30(4): 957 - 965.

[23] Shangguan L, Song C, Leng X, et al. Mining and comparison of the genes encoding the key enzymes involved in sugar biosynthesis in apple, grape, and sweet orange[J]. Scientia Horticulturae, 2014, 165: 311 - 318.

[24] Xu Q, Yu K, Zhu A, et al. Comparative transcripts profiling reveals new insight into molecular processes regulating lycopene accumulation in a sweet orange (Citrus sinensis) red-flesh mutant[J]. BMC genomics, 2009, 10(1): 540.

[25] Vizoso P, Meisel L A, Tittarelli A, et al. Comparative EST transcript profiling of peach fruits under different post-harvest conditions reveals candidate genes associated with peach fruit quality[J]. BMC genomics, 2009, 10(1): 423.

[26] Mori K, Lemaire-Chamley M, Asamizu E, et al. Comparative analysis of common genes involved in early fruit development in tomato and grape[J]. Plant Biotechnology, 2013, 30(3): 295 - 300.

[27] Vecchietti A, Lazzari B, Ortugno C, et al. Comparative analysis of expressed sequence tags from tissues in ripening stages of peach (Prunus persica L. Batsch)[J]. Tree genetics & genomes, 2009, 5(3): 377 - 391.

[28] 余克琴. 甜橙果实发育与成熟过程中转录组变化及 CsASR 基因的功能分析[D]. 华中农业大学, 2012.

[29] Yu K, Xu Q, Da X, et al. Transcriptome changes during fruit development and ripening of sweet orange (Citrus sinensis)[J]. BMC genomics, 2012, 13(1): 10.

[30] Tillett R L, Ergül A, Albion R L, et al. Identification of tissue-specific, abiotic stress-responsive gene expression patterns in wine grape (*Vitis vinifera* L.) based on curation and mining of large-scale EST data sets[J]. BMC plant biology, 2011, 11(1): 86.

[31] 上官凌飞, 韩键, 房经贵, 等. 利用 EST 序列鉴定葡萄应答外源赤霉素的基因[J]. Journal of Agricultural Biotechnology, 2012, 20(2): 135 - 145.

[32] Vannozzi A, Dry I B, Fasoli M, et al. Genome-wide analysis of the grapevine stilbene synthase multigenic family: genomic organization and expression profiles upon biotic and abiotic stresses[J]. BMC plant biology, 2012, 12(1): 130.

[33] Newcomb R D, Crowhurst R N, Gleave A P, et al. Analyses of expressed sequence tags from apple[J]. Plant Physiology, 2006, 141(1): 147 - 166.

[34] Socquet-Juglard D, Kamber T, Pothier J F, et al. Comparative RNA-seq analysis of early-infected peach leaves by the invasive phytopathogen Xanthomonas arboricola pv. pruni[J]. PloS one, 2013, 8(1): e54196.

[35] Rubio M, Rodríguez - Moreno L, Ballester A R, et al. Analysis of gene expression changes in peach leaves in response to Plum pox virus infection using RNA - Seq[J]. Molecular plant pathology, 2014.

[36] Li C, Deng G, Yang J, et al. Transcriptome profiling of resistant and susceptible Cavendish banana roots following inoculation with Fusarium oxysporum f. sp. cubense tropical race 4[J]. BMC genomics, 2012, 13(1): 374

[37] Wang Z, Zhang J B, Jia C H, et al. De Novo characterization of the banana root transcriptome and analysis of gene expression under Fusarium oxysporumfsp. Cubense tropical race 4 infection[J]. BMC genomics, 2012, 13(1): 650.

[38] Li C, Shao J, Wang Y, et al. Analysis of banana transcriptome and global gene expression profiles in banana roots in response to infection by race 1 and tropical race 4 of Fusarium oxysporum f. sp. cubense[J]. BMC genomics, 2013, 14(1): 851.

[39] Martinelli F, Uratsu S L, Albrecht U, et al. Transcriptome profiling of citrus fruit response to huanglongbing disease[J]. PloS one, 2012, 7(5): e38039.

[40] Wang L, Zhao S, Gu C, et al. Deep RNA-seq uncovers the peach transcriptome landscape[J]. Plant molecular biology, 2013, 83(4-5): 365-377.

[41] Liu G, Li W, Zheng P, et al. Transcriptomic analysis of 'Suli' pear (Pyrus pyrifolia white pear group) buds during the dormancy by RNA-seq[J]. BMC genomics, 2012, 13(1): 700.

[42] Bai Y, Dougherty L, Xu K. Towards an improved apple reference transcriptome using RNA-seq[J]. Molecular Genetics and Genomics, 2014, 289(3): 427-438.

[43] 赵洁，赵志军. 新一代测序技术及其应用[J]. 白求恩军医学院学报，2012, 10(4): 344-345.

[44] Clarke K, Yang Y, Marsh R, et al. Comparative analysis of de novo transcriptome assembly[J]. Science China Life Sciences, 2013, 56(2): 156-162.

[45] 韦贵将，邹秉杰，陈之遥，等. 新一代测序技术的研究进展[J]. 现代生物医学进展，2012, 12(19): 3789-3793.

[46] Thakur V, Varshney R K. Challenges and strategies for next generation sequencing (NGS) data analysis[J]. Journal of Computer Science & Systems Biology, 2010, 3: 40-42.

[47] 张全芳，李军，范仲学，等. 高通量测序技术在农业研究中的应用[J]. 山东农业科学，2013 (1): 137-140.

[48] 周华，张新，刘腾云，等. 高通量转录组测序的数据分析与基因发掘[J]. 江西科学，2012, 30(5): 607-611.

[49] 娇迪，赵锦，刘孟军. 转录组技术及其在植物研究中的应用[J]. 第八届全国干果生产，科研进展学术研讨会论文集，2013.

[50] 史硕博，陈涛，赵学明. 转录组平台技术及其在代谢工程中的应用[J]. 生物工程学报，2010, 26(9): 1187-1198.

[51] 魏丽勤，王台. 花粉发育的转录组研究进展[J]. 植物学通报，2007, 24(3): 311-318.

石榴酚类物质研究进展

招雪晴　苑兆和*

(南京林业大学林学院, 南京　210037)

摘要: 最近几十年, 酚类物质由于具有强大的抗氧化活性成为研究的热点之一。酚类物质属于次生代谢产物, 不仅对植物生长发育具有重要作用, 而且与人类健康密切相关。石榴是一古老的栽培果树, 富含酚类物质, 已成为重要的功能水果。本文在查阅国内外参考文献的基础上, 对石榴中已鉴定报道的酚类物质进行梳理, 对石榴酚类物质的药用保健功效进行总结, 并对存在的问题进行探讨和展望, 以期为石榴相关研究提供参考。

关键词: 石榴; 酚类; 抗氧化

Advances on Studies in Phenolic Compounds in Pomegranate

ZHAO Xue-qing, YUAN Zhao-he*

(*College of Forestry*, *Nanjing Forestry University*, *Nanjing* 210037, *China*)

Abstract: In recent decades, phenolic compounds have been one of the hot topics of research owing to their strong antioxidant activity. Phenolics are the members of the secondary metabolites, which are not only essential to growth and development for plants, but also closely related with healthy potential to human beings. As one of the oldest cultivated fruit trees, pomegranate is rich in phenolic compounds and has been turning into a noted functional fruit. After consulting a number of domestic and foreign literature, we classified the phenolics identified in pomegranate, summarized the potential health effects presented by phenolic compounds of pomegranate, discussed the issues existed in the development and utilization of phenolics, which may facilitate the related research on pomegranate.

Key words: Pomegranate; Phenolic compounds; Antioxidant

基金项目: 国家自然基金"石榴果实色泽品质形成的生理和分子机理研究"(编号: 31272143); 江苏高校优势学科建设工程资助项目(PAPD)。

作者简介: 招雪晴, 女, 助理研究员, 主要从事果树与园林植物种质资源研究。E-mail: zhaoxq402@163.com。

* 通讯作者 Author for correspondence. E-mail: zhyuan88@hotmail.com。

石榴(*Punica granatum* L.)属于石榴科石榴属，是一古老的栽培果树，在热带、亚热带、暖温带等地区都有栽培，种质资源极为丰富[1,2]。石榴的应用可追溯到圣经时代，而其独特的疗效也有上千年的历史[3]。最近几年，有关石榴对人体的潜在健康功效不断报道，使得该水果倍受消费者关注和市场的追捧。研究发现，石榴具有抗氧化、抗癌、抗菌、抗感染、抗糖尿病、预防和治疗心血管疾病等诸多功效[4,5]，这些对人类健康有益的功效与石榴中大量的生物活性物质密切相关，在这其中，酚类物质占有重要位置。酚类物质是指分子结构中含有多酚功能团的物质，是植物中一类重要的次生代谢物质，广泛分布在水果、蔬菜、谷物等与人类膳食相关的植物中。由于植物多酚物质分布的广泛性、生理功能的多样性、来源的丰富性等特点，成为当前研究的一个热点。石榴中含有丰富的酚类化合物，它们是石榴的重要功能成分之一，也是石榴多功能性的重要物质基础。评价、开发并利用石榴中的这些酚类物质，是今后石榴研究的一个重要方向。

1 酚类物质的分类

酚类物质是植物生长发育及胁迫应答过程中产生的次生代谢产物，是由戊糖磷酸、莽草酸、苯丙氨酸等途径合成而来[6]。它们是植物化学物质中最大的类群，在植物生理和形态方面起着重要的作用。由于其广泛存在于植物体内，因而也是人类膳食中不可或缺的一部分，水果、蔬菜、谷物、巧克力、饮料(茶、咖啡、啤酒、红酒等)等都是酚类的丰富来源[7]。目前已知的酚类物质超过8000种[8]。

酚类物质一般可分为酚酸、类黄酮、单宁、二苯乙烯、木脂素等[9]，其中，酚酸、类黄酮、单宁是三类对人体最重要的酚类物质[10]，各类又有许多亚类物质组成(图1)。

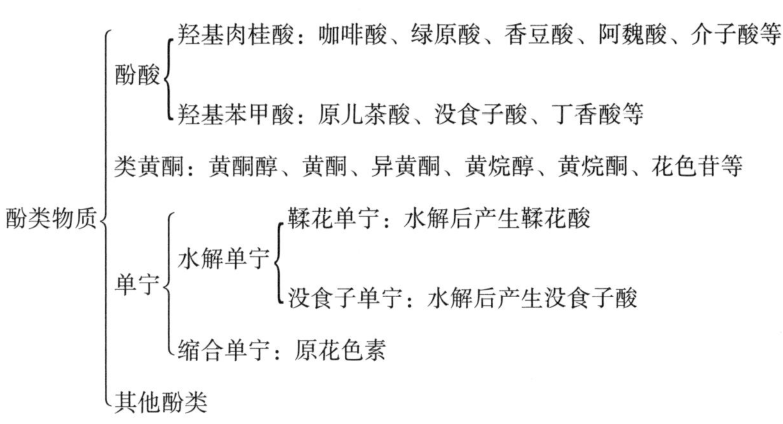

图1 酚类物质的主要类群

Fig. 1 The main phenolic groups

(1)酚酸。可以分两类，苯甲酸类和肉桂酸类，分别具有C1-C6和C3-C6骨架[4]。水果和蔬菜中含有游离的酚酸，而谷粒和种子(特别是外壳)中的酚酸一般为结合型。结合型酚酸通过酸解或碱解后可以成为游离型。

(2)类黄酮。是植物酚类物质的最大类群，约占天然酚类物质的一半[11]。具有C6-C3-C6的骨架结构，又可以分为不同的亚类：花色苷、黄酮、黄酮醇、黄烷酮、异黄酮等[12]。在植物体内类黄酮一般是以糖苷形式存在。类黄酮的生物活性依据其结构和糖基化形式不同而有很大差异。

(3)单宁。是多聚酚类物质，可分为水解单宁和缩合单宁[7]。水解单宁可被酸、碱或一些酶水解；按照水解后的产物不同，水解单宁又可分为鞣花单宁和没食子单宁。而缩合单宁在酸性条件下可转化为花色素，因而又称为原花色素[7]。

(4)其他酚类。还有其他一些对人体健康有益的酚类物质。如二苯乙烯类中最常见的白藜芦醇，存在于葡萄和红酒中；木脂素以结合态形式存在于亚麻、芝麻和许多谷物中；姜中的姜黄素具有很强的抗氧化性[13]。

2 石榴中的酚类物质

过去几十年，研究者采用不同的提取、纯化和分离方法，从石榴果皮、果汁、种子、树皮、花等不同部位鉴定出大量的酚类化合物(见表1)。而随着各国研究者对石榴研究的不断深入，从石榴中鉴别出的酚类物质还在不断增加，表明石榴是酚类物质的丰富来源，开发利用前景广阔。

多酚类化合物是一类活性较强的抗氧化物质。石榴的总抗氧化性能力与总酚含量呈显著正相关[30]。从表1可以看出，石榴中的酚类成分涉及酚酸类、单宁类、类黄酮类、木脂素类等，其中，单宁和类黄酮物质是石榴酚类物质的主要类群，也是抗氧化、清除自由基活性的主力军[31]。与果汁相比，果皮中的酚类物质含量更高[32]；果皮中富含水解单宁，主要有安石榴苷、石榴皮鞣素、花梗鞣素等[4]。安石榴苷是石榴皮多酚中起关键抗氧化作用的物质[33]，而原花色素是石榴籽抗氧化物质中的主要成分[34]。

表1 石榴中鉴定出的酚类物质[14-29]

Table **1** Phenolic compounds identified in pomegranate

序号	英文名	中文名	分布
		酚酸类	
1	caffeic acid	咖啡酸(二羟基桂皮酸)	果汁 Juice
2	caffeic acid-hexoside	咖啡酸-己糖苷	果汁 Juice
3	chlorogenic acid	绿原酸	果汁 Juice
4	o-coumaric acid	邻香豆酸	果汁 Juice
5	p-coumaric acid	对香豆酸	果汁 Juice
6	ferulic acid	阿魏酸	果汁 Juice
7	ferulic acid-hexoside	阿魏酸己糖苷	果汁 Juice
8	gallic acid	没食子酸	果皮、果汁 Peel, Juice
9	protocatechuic acid	原儿茶酸	果汁 Juice
10	benzoicacid	安息香酸(苯甲酸)	果皮、隔膜 Peel, Diaphragm
11	gentisic acid (2, 5-dihydroxybenzoic acid)	龙胆酸(2, 5-二羟基苯甲酸)	种子 Seed
12	parahydroxybenzoic acid	对羟基苯甲酸	果皮、种子 Peel, Seed
13	syringic acid	丁香酸	果皮、种子 Peel, Seed
14	hydroxybenzoic acid	水杨酸	果皮 Peel
15	hydroxybenzoic acid hexoside	水杨酸己糖苷	果汁 Juice
16	vanillic acid (4-hydroxy-3-methoxybenzoic acid)	4-羟基-3-甲氧基苯甲酸(香草酸)	种子、果汁 Seed, Juice
17	vanillic acid	香草酸	果汁 Juice

（续）

序号	英文名	中文名	分布
18	vanillic acid 4-hexoside	香草酸-4-己糖苷	果汁 Juice
19	vanillic acid-dihexoside	香草酸-二己糖苷	果汁 Juice
20	syringaldehyde	香草醛	果皮、种子、果汁 Peel, Seed, Juice
		单宁类	
21	ellagic acid	鞣花酸	果皮、果汁、树皮 Peel, Juice, Bark
22	ellagic acid-hexoside	鞣花酸-己糖苷	果皮、果汁 Peel, Juice
23	ellagic acid-pentoside	鞣花酸-戊糖苷	果皮、果汁 Peel, Juice
24	ellagic acid-deoxyhexoside	鞣花酸-脱氧己糖苷	果皮、果汁 Peel, Juice
25	ellagic acid-dihexoside	鞣花酸-双己糖苷	果汁 Juice
26	ellagic acid-galloyl-hexoside	鞣花酸-没食子酰-己糖苷	果汁 Juice
27	ellagic acid-rhamnoside	鞣花酸-鼠李糖苷	果汁 Juice
28	ellagic acid-(p-coumaroyl)hexoside	鞣花酸-对香豆酰-己糖苷	果汁 Juice
29	3- *O*-methylellagic acid	3-甲氧基鞣花酸	木材 Wood
30	3, 3'-di-*O*-methylellagic acid	3, 3'-二甲氧基鞣花酸	种子 Seed
31	3, 3' 4'-tri-*O*-methylellagic acid	3, 3', 4'-三甲氧基鞣花酸	种子 Seed
32	3'-*O*-methyl-3, 4-methylenedioxyellagic acid	3, 4-亚甲二氧基-3'-甲氧基-鞣花酸	心材 Heartwood
33	4, 4'-di-*O*-methylellagic acid	4, 4'-二甲氧基鞣花酸	木材 Wood
34	eschweilenol C		心材 Heartwood
35	diellagic acid rhamnosyl(1-4)glucoside	二鞣花酸鼠李糖苷(1-4)吡喃葡萄糖苷	心材 Heartwood
36	punicalagin A	安石榴苷 A	树皮、叶、果皮、根、果汁 Bark, Leaf, Peel, Root, Juice
37	punicalagin B	安石榴苷 B	树皮、叶、果皮、根、果汁 Bark, Leaf, Peel, Root, Juice
38	punicalin A	石榴皮鞣素 A	果皮、树皮、果汁 Peel, Bark, Juice
39	punicalin B	石榴皮鞣素 B	果皮、树皮、果汁 Peel, Bark, Juice
40	2-*O*-galloylpunicalin	2- *O*-没食子酰石榴皮鞣素	树皮、木材 Bark, Wood
41	granatin A	石榴皮素 A	果皮 Peel
42	granatin B	石榴皮素 B	果皮、果汁 Peel, Juice
43	punicacortein A	石榴素 A	树皮 Bark
44	punicacortein B	石榴素 B	树皮 Bark
45	punicacortein C	石榴素 C	树皮 Bark
46	punicacortein D	石榴素 D	树皮，心材 Bark, Heartwood
47	pedunculagin Ⅰ	长梗马兜铃素Ⅰ（英国栎鞣花酸）	树皮、果皮 Bark, Peel
48	castalagin	栎(栗)木鞣花素	果皮、果汁 Peel, Juice
49	casuariin	木麻黄鞣质	树皮 Bark
50	casuarinin (galloyl-bis-HHDP-hexoside)	木麻黄鞣宁	树皮、果皮、果汁 Bark, Peel, Juice
51	corilagin	鞣料云实素	果实、叶、果皮 Fruit, Leaf, Peel
52	strictinin	小木麻黄素	叶 Leaf
53	punicafolin	石榴叶鞣质	叶 Leaf
54	tellimagrandin Ⅰ	新唢呐草素Ⅰ(特里马素Ⅰ)	叶、果皮 Leaf, Peel

(续)

序号	英文名	中文名	分布
55	tercatain		果皮 Peel
56	terminalin/gallayldilacton		果皮 Peel
57	valoneic acid bilactone	槲斗酸内酯	果皮、果汁 Peel, Juice
58	brevifolin	短叶苏木酚	叶 Leaf
59	brevifolin carboxylic acid	短叶苏木酚羧酸	果皮、叶 Peel, Leaf
60	brevifolin carboxylic acid-10-monopotassium sulphate	短叶苏木酚酸-10-硫酸磷酸二氢钾	叶 Leaf
61	ethyl brevifolincarboxylate	乙基短叶苏木酚	叶、花 Leaf, Flower
62	gallagyldilacton	富贵草碱	果皮 Peel
63	pedunculagin Ⅰ (bis-HHDP-hexoside)	花梗鞣素Ⅰ	果皮、树皮、叶 Peel, Bark, Leaf
64	pedunculagin Ⅱ (digalloyl-HHDP-hexoside)	花梗鞣素Ⅱ	果皮、树皮、叶 Peel, Bark, Leaf
65	pedunculagin Ⅲ (galloyl-gallgyl-hexoside)	花梗鞣素Ⅲ	果汁 Juice
66	punigluconin (digalloyl-HHDP-gluconic acid)	石榴皮葡萄糖酸鞣质	果皮、果汁、树皮 Peel, Juice, Bark
67	lagerstannin B (flavogalloyl-HHDP-gluconic acid)	紫薇鞣质 B	果皮 Peel
68	lagerstannin C (galloyl-HHDP-gluconic acid)	紫薇鞣质 C	果皮、果汁 Peel, Juice
69	gallogyldilatone	没食子酰双内酯	果皮 Peel
70	gallotannins- monogalloyl-hexoside	没食子单宁-单没食子酰基-己糖苷	果汁 Juice
71	galloyl-hexoside	没食子酰-己糖苷	果汁 Juice
72	digalloyl-hexoside	二没食子酰-己糖苷	果汁 Juice
73	digalloyl-gallagyl-hexoside	二没食子酰-并没食子酸连二没食子酰-己糖苷	果汁 Juice
74	HHDP-hexoside	六羟基联苯二酰基-己糖苷	果皮、果汁 Peel, Juice
75	galloyl-HHDP-hexoside	没食子酰-六羟基联苯二酰基-己糖苷	果汁、果皮 Peel, Juice
76	dehydro-galloyl-HHDP-hexoside	去氢-没食子酰基-六羟基联苯二酰基-己糖苷	果汁 Juice
77	sanguiin H10 (digalloyl triHHDP-diglucose) isomer	地榆素 H10 的同分异构体	果汁 Juice
78	tri-HHDP-hexoside	三倍六羟基联苯二酰基己糖苷	果汁 Juice
79	2, 3-(S)-HHDP-D-glucose	2, 3-(s)-六羟基联苯二酰基-D-葡萄糖	树皮、果皮 Bark, Peel
80	cyclic 2, 4: 3, 6-bis(4, 4', 5, 5', 6, 6'-hexahydroxy[1, 1'-biphenyl]-2, 2'-dicarboxylate) 1-(3, 4, 5-trihydroxybenzoate) b-D-Glucose	环 2, 4: 3, 6-双(4, 4', 5, 5', 6, 6'-六元)[1, 1'-联二苯]-2, 2'-二羧酸)1-(3, 4, 5-三羟基苯甲酸)b-D-葡萄糖	叶 Leaf
81	2-*O*-galloyl-4, 6(S, S) gallagoyl-D-glucose	2-O-没食子酰基-4, 6(S, S) 没食子酸连二没食子酰-D-葡萄糖	树皮 Bark
82	2, 3-(S)-HHDP-D-glucose	2, 3-(S)-六羟基联苯二甲酰-D-葡萄糖	树皮 Bark
83	6-*O*-galloyl-2, 3-(S)-HHDP-D-glucose	6-O-没食子酰-2, 3-(S)-六羟基联苯二甲酰-D-葡萄糖	树皮 Bark

（续）

序号	英文名	中文名	分布
84	5-*O*-galloyl-punicacortein D	5-O-没食子酰基石榴酸 D	叶、木材 Leaf，Wood
85	1, 2, 3-tri-*O*-galloyl-β-$^4C_1$-glucopyranose	1, 2, 3-三-*O*-没食子酰-β-$^4C_1$-吡喃葡萄糖	叶 Leaf
86	1, 2, 4-tri-*O*-galloyl-β-glucopyranose	1, 2, 4-三-*O*-没食子酰-β-吡喃葡萄糖	叶 Leaf
87	1, 3, 4-tri-*O*-galloyl-β-glucopyranose	1, 3, 4-三-*O*-没食子酰-β-吡喃葡萄糖	叶 Leaf
88	1, 2, 6-tri-*O*-galloyl-β-$^4C_1$-glucopyranose	1, 2, 6-三-*O*-没食子酰-β-$^4C_1$-吡喃葡萄糖	叶 Leaf
89	1, 4, 6-tri-*O*-galloyl-β-$^4C_1$-glucopyranose	1, 4, 6-三-*O*-没食子酰-β-$^4C_1$-吡喃葡萄糖	叶 Leaf
90	1, 2, 4, 6-tetra-*O*-galloyl-β-D-glucose	1, 2, 4, 6-四-*O*-没食子酰-β-D-葡萄糖	叶 Leaf
91	1, 2, 3, 4, 6-petra-*O*-galloyl-β-D- glucose	1, 2, 3, 4, 6-五-*O*-没食子酰-β-D-葡萄糖	叶 Leaf
92	3, 6-(R)-HHDP-(α/β)-$^1C_4$- glucopyranose	3, 6-(R)-六羟基联苯二甲酰-(α/β)-$^1C_4$-吡喃葡萄糖	叶 Leaf
93	1, 4-di-*O*-galloyl-3, 6-(R)-HHDP-β- glucopyranose	1, 4-二-*O*-没食子酰-3, 6-(R)-六羟基联苯二甲酰-β-吡喃葡萄糖	叶 Leaf
94	1, 2-di-*O*-galloyl-4, 6-*O*- (S)-hexahydroxydiphenoyl-β-D-glucopyranoside	1, 2-二-*O*-没食子酰基-4, 6 氧-(S) 六羟基联苯二酰基-β-D-吡喃葡萄糖苷	花 Flower
95	3, 4, 8, 9, 10-penta-hydroxydibenzo[*b*, *d*] pyran-6-one	3, 4, 8, 9, 10-五羟基二苯并[*b*, *d*]吡喃-6-酮	叶 Leaf
96	methyl gallate	没食子酸甲酯	果皮 Peel
97	punicacortein A	石榴皮新单宁 A	树皮 Bark
98	punicacortein B	石榴皮新单宁 B	树皮 Bark
99	punicacortein C	石榴皮新单宁 C	树皮 Bark
100	punicacortein D	石榴皮新单宁 D	树皮 Bark
101	procyanidin B1	原矢车菊素 B1	果汁 Juice
102	procyanidin B2	原矢车菊素 B2	果汁 Juice
103	prodelphinidins	原飞燕草素	果皮 Peel
		类黄酮	
104	luteolin	木樨草素	果皮、果实 Peel，Fruit
105	luteolin-7-*O*- glucoside	木樨草素-7-葡萄糖苷	果皮 Peel
106	luteolin-3′-*O*-β- glucopyranoside	木樨草素-3’-*O*-β-吡喃葡萄糖苷	叶 Leaf
107	luteolin-4′-*O*-β- glucopyranoside	木樨草素-4’-*O*-β-吡喃葡萄糖苷	叶 Leaf
108	luteolin-3′-*O*-β-xylopyranoside	木樨草素-3’-*O*-β-吡喃木糖苷	叶 Leaf
109	apigenin	芹黄素	叶 Leaf
110	apigenin-rhamnoside	芹黄素-鼠李糖苷	果汁 Juice
111	apigenin-4′-*O*-β-D-glucopyranoside	芹黄素-4’-*O*-β-D-吡喃葡萄糖苷	叶 Leaf
112	apigenin-7-*O*-β-D-glucopyranoside	芹黄素-7-*O*-β-D-吡喃葡萄糖苷	果汁 Juice

（续）

序号	英文名	中文名	分布
113	datiscetin-hexoside	橡精-己糖苷	果汁 Juice
114	kaempferol	山奈酚	果皮 Peel
115	kaempferol-3-rhamnoglycoside	山奈酚-3-鼠李糖苷	果皮 Peel
116	kaempferol 3-*O*-rutinoside	山奈酚 3-*O*-芸香糖苷	种子残渣、果汁 Seed residue，Juice
117	kaempferol-hexoside	山奈酚-己糖苷	果汁 Juice
118	kaempferol-glucoside	山奈酚-葡萄糖苷	种子残渣 Seed residue
119	myricetin	杨梅酮	果实 Fruit
120	myricetin-hexoside	杨梅酮-己糖苷	果皮 Peel
121	quercetin	槲皮素	果皮、果实 Peel，Fruit
122	quercetin-hexoside	槲皮素-己糖苷	果汁 Juice
123	quercimeritrin	槲皮黄甙	果实 Fruit
124	quercitrin 3-*O*-rhamnoside	槲皮苷 3-*O*-鼠李糖苷	种子残渣 Seed residue
125	isoquercetin（quercetin 3-β-D-glucoside）	异槲皮苷（槲皮素葡萄糖苷）	果汁 Juice
126	quercetin-3-*O*-rutinoside	槲皮素-3-芸香糖苷(芦丁)	果实 Fruit
127	quercetin-3，4'-dimethyl ether 7-*O*-α-L-arabinofuranosyl-(1-6)-β-D-glucoside	槲皮素-3，4'-二甲醚 7-*O*-α-L-阿拉伯呋喃糖基-(1-6)-β-D-葡萄糖苷	树皮、果皮 Bark，Peel
128	syringetin hexoside	丁香亭-己糖苷	果汁 Juice
129	dihydrokaempferol-hexoside	二氢山奈酚-己糖苷	果汁 Juice
130	phloridzin	根皮苷	果皮、种子、果汁 Peel，Seed，Juice
131	phloretin	根皮素	果皮、种子、果汁 Peel，Seed，Juice
132	3，3'，4'，5，7-pentahydroxyflavanone	3，3'，4'，5，7-五羟基黄烷酮	果汁 Juice
133	3，3'，4'，5，7-pentahydroxyflavanone-6-D-glucopyranoside	3，3'，4'，5，7-五羟基黄烷酮-6-D-吡喃葡萄糖苷	果汁 Juice
134	eriodictyol-7-*O*-α-Larabinofuranosyl（1-6）-β-Dglucoside	圣草酚-7-*O*-α-L-阿拉伯呋喃糖基(1-6)-β-D-葡萄糖苷	叶 Leaf
135	naringenin 4′-methylether 7-*O*-α-L-arabino-furanosyl（1-6)-β-D-glucopyranoside	柚皮素 4'-甲醚 7-*O*-α-L--阿拉伯呋喃糖基(1-6)-β-D-吡喃葡萄糖苷	叶 Leaf
136	naringin	柚皮苷	果皮 Peel
137	pinocembrin	生松素	果汁 Juice
138	catechin	儿茶素	果汁、果皮 Juice，Peel
139	catechin-(4，8)-gallocatechin	儿茶素-(4，8)-没食子儿茶素	果皮 Peel
140	catechol	儿茶酚	果汁 Juice
141	gallocatechin	没食子儿茶素	果皮 Peel
142	gallocatechin-(4，8)-catechin	没食子儿茶素-(4，8)-儿茶素	果皮 Peel
143	gallocatechin-(4，8)-gallocatechin	没食子儿茶素-(4，8)-没食子儿茶素	果皮 Peel
144	epicatechin	表儿茶素	果汁、果皮 Juice，Peel
145	epigallocatechin 3-gallate	表没食子儿茶素 3-酯	果汁、果皮 Juice，Peel
146	punicaflavone	石榴黄酮	花 Flower

（续）

序号	英文名	中文名	分布
147	phellatin	去氢异黄柏甙	果汁 Juice
148	amurensin	去氢黄柏甙	果汁 Juice
149	cyanidin	矢车菊素	果汁 Juice
150	cyanidin-3-glucoside	矢车菊素-3-葡萄糖苷	果汁 Juice
151	cyanidin-3，5-diglucoside	矢车菊素-3，5-二葡萄糖苷	果汁 Juice
152	cyanidin-3-rutinoside	矢车菊素-3-芸香糖苷	果汁、果皮 Juice，Peel
153	cyanidin-pentoside	矢车菊素-戊糖苷	果皮 Peel
154	cyanidin-pentoside-hexoside	矢车菊素-戊糖苷-己糖苷	果皮 Peel
155	cyanidin -trihexoside	矢车菊素-三己糖苷	果汁 Juice
156	cyanidin -3，5-caffeoyl-hexoside	矢车菊素-3，5-咖啡酰氧基-己糖苷	果汁 Juice
157	cyanidin -3-hexoside	矢车菊素-3-己糖苷	果汁 Juice
158	cyanidin-caffeoyl	矢车菊素-咖啡酰氧基	果汁 Juice
159	cyanidin -3-(p-coumaroyl) hexoside	矢车菊素-3-对香豆酰己糖苷	果汁 Juice
160	delphinidin	飞燕草素	果汁 Juice
161	delphinidin-3-glucoside	飞燕草素-3-葡萄糖苷	果汁 Juice
162	delphinidin 3，5-diglucoside	飞燕草素-3，5-二葡萄糖苷	果汁 Juice
163	delphinidin -trihexoside	飞燕草素-三己糖苷	果汁 Juice
164	delphinidin -3，5-dihexoside	飞燕草素-3，5-二己糖苷	果汁 Juice
165	delphinidin -pentoside-hexoside	飞燕草素-戊糖苷-己糖苷	果汁 Juice
166	delphinidin -rutinoside	飞燕草素-芸香糖苷	果汁 Juice
167	delphinidin -3，5-caffeoyl-hexoside	飞燕草素-3，5-咖啡酰氧基-己糖苷	果汁 Juice
168	delphinidin -pentoside	飞燕草素-戊糖苷	果汁 Juice
169	delphinidin -3，5-caffeoyl-hexoside	飞燕草素-3，5-咖啡酰氧基苷-己糖苷	果汁 Juice
170	delphinidin -3-(p-coumaroyl) hexoside	飞燕草素-3-对香豆酰己糖苷	果汁 Juice
171	delphinidin- caffeoyl	飞燕草素-咖啡酰氧基	果汁 Juice
172	pelargonidin	天竺葵素	果汁 Juice
173	pelargonidin 3-glucoside	天竺葵素-3-葡萄糖苷	果汁 Juice
174	pelargonidin 3，5-diglucoside	天竺葵素-3，5-二葡萄糖苷	果汁 Juice
175	pelargonidin -pentoside	天竺葵素-戊糖苷	果汁 Juice
176	pelargonidin -pentoside-hexoside	天竺葵素-戊糖苷-己糖苷	果汁 Juice
177	pelargonidin -3，5-caffeoyl-hexoside	天竺葵素-3，5-咖啡酰氧基-己糖苷	果汁 Juice
178	peonidin-hexoside	芍药素-己糖苷	果皮 Peel
179	(epi) gallocatechin-cyanidin-3-hexoside	表没食子儿茶素-矢车菊素-3-己糖苷	果汁 Juice
180	(epi) gallocatechin-cyanidin -3，5-dihexoside	表没食子儿茶素-矢车菊素-3，5-二己糖苷	果汁 Juice
181	(epi) gallocatechin-delphinidin-3-hexoside	表没食子儿茶素-飞燕草素-3-己糖苷	果汁 Juice
182	(epi) gallocatechin-delphinidin- 3，5 -dihexoside	表没食子儿茶素-飞燕草素-3，5-二己糖苷	果汁 Juice

（续）

序号	英文名	中文名	分布
183	(epi) gallocatechin-pelargonidin -3-hexoside	表没食子儿茶素-天竺葵素-3己糖苷	果汁 Juice
184	(epi) gallocatechin-pelargonidin -3，5-dihexoside	表没食子儿茶素-天竺葵素-3，5-二己糖苷	果汁 Juice
185	(epi) catechin-cyanidin-3-hexoside	表儿茶素-矢车菊素-3-己糖苷	果汁 Juice
186	(epi) catechin-cyanidin-3，5-dihexoside	表儿茶素-矢车菊素-3，5-二己糖苷	果汁 Juice
187	(epi) catechin-delphinidin-3-hexoside	表儿茶素-飞燕草素-3-己糖苷	果汁 Juice
188	(epi) catechin-delphinidin-3，5-dihexoside	表儿茶素-飞燕草素-3，5-二己糖	果汁 Juice
189	(epi) catechin-pelargonidin-3-hexoside	表儿茶素-天竺葵素-3-己糖苷	果汁 Juice
190	(epi) catechin-pelargonidin -3，5-dihexoside	表儿茶素-天竺葵素-3，5-二己糖	果汁 Juice
191	(epi) afzelechin-cyanidin-3-hexoside	表阿福豆素-矢车菊素-3-己糖苷	果汁 Juice
192	(epi) afzelechin-cyanidin-3，5-dihexoside	表阿福豆素-矢车菊素-3，5-二己糖苷	果汁 Juice
193	(epi) afzelechin-delphinidin-3-hexoside	表阿福豆素-飞燕草素-3-己糖苷	果汁 Juice
194	(epi) afzelechin-delphinidin -3，5-dihexoside	表阿福豆素-飞燕草素-3，5-二己糖苷	果汁 Juice
195	(epi) afzelechin-pelargonidin-3-hexoside	表阿福豆素-天竺葵素-3-己糖苷	果汁 Juice
196	(epi) afzelechin-pelargonidin -3，5-dihexoside	表阿福豆素-天竺葵素-3，5-二己糖苷	果汁 Juice
197	cyanidin -3-hexoside-(epi) gallocatechin	矢车菊素-3-己糖苷-表没食子儿茶素	果汁 Juice
198	cyanidin -3-hexoside-(epi) catechin	矢车菊素-3-己糖苷-表儿茶素	果汁 Juice
199	cyanidin -3-hexoside-(epi) afzelechin	矢车菊素-3-己糖苷-表阿福豆素	果汁 Juice
200	delphinidin-3-hexoside-(epi) gallocatechin	飞燕草素-3-己糖苷-表没食子儿茶素	果汁 Juice
201	delphinidin -3-hexoside-(epi) catechin	飞燕草素-3-己糖苷-表儿茶素素	果汁 Juice
202	delphinidin -3-hexoside-(epi) afzelechin	飞燕草素-3-己糖苷-表阿福豆素	果汁 Juice
203	pelargonidin-3-hexoside-(epi) gallocatechin	天竺葵素-己糖苷-没食子儿茶素	果汁 Juice
木脂素			
204	isolariciresinol	异落叶松脂醇	嫩枝节、种子、果皮、果肉、果汁 Tender side，Seed，Peel，Sarcocarp，Juice
205	cyclolariciresinol hexoside	异落叶松脂醇己糖苷	果汁 Juice
206	secoisolariciresinol	开环异落叶松脂醇	嫩枝节、种子、果肉、果汁 Tender side，Seed，Sarcocarp，Juice
207	secoisolariciresinol hexoside	开环异落叶松脂酚己糖苷	果汁 Juice
208	matairesinol	罗汉松脂醇(马台树脂醇)	嫩枝节 Tender side

（续）

序号	英文名	中文名	分布
209	matairesinoside	罗汉松脂苷	种子 Seed
210	pinoresinol	松脂醇	嫩枝节、种子、果皮、果肉、果汁 Tender side, Seed, Peel, Sarcocarp, Juice
211	medioresinol	皮树脂醇	嫩枝节、种子、果汁 Tender side, Seed, Juice
212	syringaresinol	丁香树脂醇	嫩枝节、果皮、种子、果肉、果汁 Tender side, Peel, Seed, Sarcocarp, Juice
213	feruloyl coniferin	阿魏酰松柏苷	果汁 Juice
214	guaiacyl(8-5)ferulic acid hexoside	愈创木基(8-5)阿魏酸己糖苷	果汁 Juice
215	arctiin	牛蒡苷	种子 Seed

3　石榴中酚类物质的药用保健作用

石榴含有独特的植物化学成分，表现出诸多对人体有益的健康功效，引起了研究者的极大关注。在 Science Direct 数据库中，以“pomegranate”或“punica granatum”为检索词，可检索到石榴有关文章达 4428 篇，这还不包括书籍专著等。其中近十年的文章为 3789 篇，而近 5 年的文章就占了 2955 篇，表明近几年来大家对石榴研究的兴趣在不断增加。在这些研究中，抗氧化活性、鞣花酸、石榴汁、酚类物质等是石榴研究的热点主题。而最近几年，有关石榴对人体的药用保健功效的综述也不断刊出[4,5,19,31, 35-41]，说明有越来越多的研究集中于石榴的药用保健功效方面。大量的研究结果表明，石榴具有预防并治疗心脑血管疾病、抗氧化、抗癌（皮肤癌、前列腺癌、乳腺癌、结肠癌、胰腺癌、肺癌、白血病）、抗糖尿病、改善皮肤及口腔健康；抗菌（细菌、真菌、病毒）、抗感染、抗炎、雌激素作用、促进伤口愈合、治疗腹泻、提高精子质量、减肥、驱虫、保肝、预防尿结石等诸多功效。

石榴所表现出的对人体的作用功效与石榴所含有的生物活性物质密切相关，在这些物质中，酚类化合物起到了决定性作用[33, 42]。研究发现，石榴汁的抗氧化能力是红酒和绿茶的 3 倍，被认为是对心脏健康最有效的果汁[36]，石榴汁中的水解单宁可占总抗氧化性的 92%[32]，而花色苷具有比 V_E（α-生育酚）、V_C、β-胡萝卜素更高的抗氧化活性[43]，同时还是脂质过氧化的有效抑制剂[44]。石榴中的安石榴甙具有明显的抗感染、抗细胞毒性的作用[45,46]；没食子酸具有抗恶性细胞增生、抗细胞毒性、抗真菌和细菌的功效[47]；鞣花酸具有抗氧化、抗癌、抗动脉粥状硬化的作用[48]；类黄酮具有抗过氧化效应，可明显降低肝脏中丙二醛、氢过氧化物的浓度[44,49]。水解单宁、安石榴苷、鞣花酸、没食子酸、类黄酮等酚类物质是石榴多功能性的物质基础。

目前，有关石榴酚类物质及其生物活性的研究正在如火如荼地进行，确定具有疗效的化学组分，探索可控性临床实验证据都将是石榴酚类物质研究的目标。

4　问题与展望

4.1　石榴酚类物质的开发

品种、发育期、地区、栽培措施、贮藏条件、提取方法、加工工艺等都影响石榴酚类物

质的种类和含量，为有效利用石榴中的酚类物质，在石榴酚类研究和产业开发过程中，需要综合考虑这些影响因素。另外，苹果、桃、梨等果皮中总酚含量是果肉的 2 倍[50]，但石榴果皮的酚类含量却是籽粒的 10 倍多[51]，石榴果皮中的酚类在整个果实中占相当大的比重，而在产业发展中，含有大量酚类的石榴果皮常常被丢弃，造成很大的资源浪费。因而，作为酚类物质的宝库，石榴皮的有效开发利用也是一个重要的研发课题。

4.2 石榴酚类物质生物活性研究

最近几年，有关石榴酚类物质及其生物活性的研究正得到越来越多的关注。石榴中含有的酚类成分独特，药理作用广泛，研究人员对石榴中的单个化合物或部分提取物开展了生物活性和药物动力学的体内和(或)体外研究[15,19]，石榴生物活性作用机制逐渐明晰，这些研究结果为石榴的开发和利用奠定了坚实的基础。然而，由于植物次生代谢途径的复杂性及生物活性物质在体内作用的复杂性，石榴酚类物质的生物有效性及不同酚类物质的协同作用仍不清楚，有关石榴对疾病的预防、抗动脉硬化、对不同癌症的作用等都处于评估阶段，大规模的临床试验还未展开。虽然石榴表现出多样的健康功效，是前途无量的功能水果，但在推荐定期食用前还需要大量的科学证据。因此，应运用营养基因组学的方法建立更完善的药理作用评价体系，加强酚类成分及其代谢产物与临床疾病应用方面的相关研究。

作为一重要的功能水果，石榴已经引起了各国广泛的关注，在现有研究基础上，除要加大对新产品的开发外，更重要的是扩大宣传，提高消费者认知。随着各国对石榴酚类物质的深入研究，相信在不久的未来，人们会开发出更多的石榴产品，惠及人类。

参考文献

[1]Yuan Z, Yin Y, Qu J, Zhu L, Li Y. Population genetic diversity in Chinese pomegranate (*Punica granatum* L.) cultivars revealed by fluorescent-AFLP markers[J]. Journal of Genetics and Genomics, 2007, 34(12): 1061 - 1071.

[2]Yuan Zhaohe, Zhao Xueqing. Research advances in pomegranate gemplasm[J]. China Forestry Science and Technology, 2014, 28(3): 1 - 7. 苑兆和，招雪晴. 石榴种质资源研究进展[J]. 林业科技开发, 2014, 28(3): 1 - 7.

[3]Longtin R. The pomegranate: nature's power fruit? [J]. Journal of the National Cancer Institute, 2003, 95: 346 - 348.

[4]Viuda-martos M, Fernandez-lopez J, Perez-alvarez J A. Pomegranate andits many functional components as related to human health: a review[J]. Comprehensive Reviews in Food Science and Food Safety, 2010, 9(6): 635 - 654.

[5]Sreekumar S, Sithul H, Muraleedharan P M, Azeez J M, Sreeharshan S. Pomegranate fruit as a rich source of biologically active compounds[J]. Hindawi Publishing Corporation BioMed Research International, 2014. http: //dx. doi. org/10. 1155/2014/686921.

[6]Randhir R, Lin Y, Shetty K. Phenolics, their antioxidant and antimicrobial activity in dark germinated fenugreek sprouts in response to peptide and photochemical elicitors[J]. Asia Pacific Journal of Clinical Nutrition, 2004, 13(3): 295 - 307.

[7]Balasundram N, Sundram K, Samman S. Phenolic compounds in plants and agri-industrial by-products: antioxidant activity, occurrence, and potential uses[J]. Food Chemistry, 2006, 99: 191 - 203.

[8]Tsao R. Chemistry and biochemistry of dietary polyphenols[J]. Nutrients, 2010, 2: 1231 - 1246.

[9] Dai J, Mumper R J. Plant phenolics: extraction, analysis and their antioxidant and anticancer properties[J]. Molecules, 2010, 15: 7313 -7352.

[10] King A, Young G. Characteristics and occurrence of phenolic phytochemicals[J]. Journal of the American Dietetic Association, 1999, 99(2): 213 -218.

[11] Harborne J B, Williams C A. Advances in flavonoid research since 1992[J]. Phytochemistry, 2000, 55(6): 481 -504.

[12] Maron D J. Flavonoids for reduction of atherosclerotic risk[J]. Current Atherosclerosis Reports, 2004 6: 73 - 78.

[13] Naczk M, Shahidi F. Phenolics in cereals, fruits and vegetables: occurrence, extraction and analysis[J]. Journal of Pharmaceutical and Biomedical Analysis, 2006, 41: 1523 -1542.

[14] Poyrazoglu E, Gokmen V, Artik N. Organic acids and phenolic compounds in pomegranates (*Punica granatum* L.) grown in Turkey[J]. Journal of Food Composition and Analysis, 2002, 15(5): 567 -575.

[15] Seeram N P, Schulman R N, Heber D. Pomegranates ancient roots to modern medicine[M]. Florida: CRC Press, 2006: 3 -14.

[16] Li Guoxiu. Separation and identification of polyphenols in pomegranate fruit and its antioxidant activities[D]. Xi'an: Shaanxi Normal University, 2008. 李国秀. 石榴多酚类物质的分离鉴定和抗氧化活性研究[D]. 西安: 陕西师范大学, 2008.

[17] Bonzanini F, Bruni R, Palla G, Serlataite N, Caligiani A. Identification and distribution of lignans in *Punica granatum* L. fruit endocarp, pulp, seeds, wood knots and commercial juices by GC-MS[J]. Food Chemistry, 2009, 117: 745 -749.

[18] Sentandreu E, Navarro J L, Sendra J M. LC-DAD-ESI/MS^n determination of direct condensation flavanol-anthocyanin adducts in pressure extracted pomegranate (*Punica granatum* L.) juice[J]. Journal of Agricultural and Food Chemistry, 2010, 58: 10560 -10567.

[19] Wang R, Ding Y, Liu R, Xiang L, Du L. Pomegranate: constituents, bioactivities and pharmacokinetics[J]. Fruit, Vegetable and Cereal Science and Biotechnology, 2010, 4 (Special Issue 2): 77 -87.

[20] Xu Jing, Wei Jing-yu, Guo Ji-fen, Cui Chen-bin, Zhao Yi-min, Guo Chang-jiang. Isolation and identification of some polyphenols in pomegranate juice[J]. Journal of Chinese Institute of Food Science and Technology, 2010, 10(1): 190 -199. 徐静, 韦京豫, 郭继芬, 崔承彬, 赵毅民, 郭长江. 石榴汁中部分多酚类物质的分离鉴定[J]. 中国食品学报, 2010, 10(1): 190 -199.

[21] He L, Xu H, Liu X, He W, Yuan F, Hou Z, Gao Y. Identification of phenolic compounds from pomegranate (*Punica granatum* L.) seed residues and investigation into their antioxidant capacities by HPLC-ABTS$^+$ assay[J]. Food Research International, 2011, 44: 1161 -1167.

[22] Qi Di. Study on the polyphenol extraction methods and total antioxidant capacity of different pomegranate varieties[D]. Yangling: Norwest Agriculture & Forestry University, 2011. 齐迪. 不同品种石榴多酚提取工艺及其抗氧化活性的研究[D]. 杨凌: 西北农林科技大学, 2011.

[23] Fischer U A, Jaksch A V, Carle R, Kammerer D R. Determination of lignans in edible and nonedible parts of pomegranate (*Punica granatum* L.) and products derived therefrom, particularly focusing on the quantitation of isolariciresinol using HPLC-DAD-ESI/MS^n[J]. Journal of Agricultural and Food Chemistry, 2012, 60: 283 - 292.

[24] Mena P, Calani L, Dall'asta C, Galaverna G, Garcia-viguera C, Bruni R, Crozier A, Del rio D. Rapid and comprehensive evaluation of (Poly)phenolic compounds in pomegranate (*Punica granatum* L.) juice by UHPLC-MS^n[J]. Molecules, 2012, 17: 14821 -14840.

[25] Sentandreu E, Navarro J L, Sendra J M. Identification of new coloured anthocyanin-flavanol adducts in pres-

sure-extracted pomegranate (*Punica grantum* L.) juice by high-performance liquid chromatography/electrospray ionization mass spectrometry[J]. Food Analytical Methods, 2012, 5(4): 702 – 709.

[26] Fischer U A, Jaksch A V, Carle R, Kammerer D R. Influence of origin source, different fruit tissue and juice extraction methods on anthcyanin, phenolic acid, hydrolysable tannin and isolariciresinol contens of pomegranate (*Punica granatum* L.) fruit and juices[J]. European Food Research and Technology, 2013, 237(2): 209 – 221.

[27] Han Lingling, Yuan Zhaohe, Feng Lijuan, YANG Shang-shang, ZHU Feng[J]. Analyses on polyphenol composition and contents of different pomegranate cultivars at fruit maturation stage[J]. Journal of Fruit Science, 2013, 30(1): 99 – 104. 韩玲玲，苑兆和，冯立娟，杨尚尚，朱峰. 不同石榴品种果实成熟期酚类物质组分与含量分析[J]. 果树学报, 2013, 30(1): 99 – 104.

[28] Sentandreu E, Cerdan-calero M, Sendra J M. Phenolic profile characterization of pomegranate (*Punica granatum*) juice by high-performance liquid chromatography with diode array detection coupled to an electrospray ion trap mass ananlyzer[J]. Journal of Food Composition and analysis, 2013, 30: 32 – 40.

[29] Zhao X, Yuan Z, Fang Y, Yin Y, Feng L. Characterization and evaluation of major anthocyanins in pomegranate (*Punica granatum* L.) peel of different cultivars and their development phases[J]. European Food Research and Technology, 2013, 236: 109 – 117.

[30] Surveswaran S, Cai Y Z, Corke H, Sun M. Systematic evaluation of natural phenolic antioxidants from 133 Indian medicinal plants[J]. Food Chemistry, 2007, 102(3): 938 – 953.

[31] Mena P, Garcia-viguera A, Moreeno D A. Pomegranate fruit for health promotion: myths and realities[J]. Functional Plant Sciene and Biotechnology, 2011, Special Issue 2: 33 – 42.

[32] Gil M I, Tomas-barberan F A, Hess-pierce B, Holcroft D M, Kader A A. Antioxidant activity of pomegranate juice and its relationship with phenolic composition and processing[J]. Journal of Agricultural and Food chemistry, 2000, 48(10): 4581 – 4589.

[33] Li Jianke, Li Guoxiu, Zhao Yanhong, Yu Chaozhou. Compositon of pomegranate peel polyphenols and its antioxidant activities[J]. Scientia Agricultura Sinica, 2009, 42(11): 4035 – 4041. 李建科，李国秀，赵艳红，余朝舟. 石榴皮多酚组成分子及其抗氧化活性[J]. 中国农业科学, 2009, 42(11): 4035 – 4041.

[34] Ren Yamei, Li Guanghui, Xu Yongtao. Extraction and antioxidant activity of polyphenols from pomegranate seeds[J]. Food Science, 2012, 33(4): 31 – 35. 任亚梅，李光辉，许永涛. 石榴籽多酚及其种壳种仁抗氧化活性研究[J]. 食品科学, 2012, 33(4): 31 – 35.

[35] Jurenka J. Therapeutic applications of pomegranate (*Punica grantum* L.): a review[J]. Alternative Medicine Review, 2008, 13(2): 128 – 144.

[36] Basu A, Penugonda K P. Pomegranate juice: a heart-healthy fruit juice[J]. Nutrition Reviews, 2009, 67(1): 49 – 56.

[37] Miguel M G, Neves M A, Antunes M D. Pomegranate (*Punica granatum* L.): A medicinal plant with myriad biological properties-A short review[J]. Journal of Medicinal Plants Research, 2010, 4(25): 2836 – 2847.

[38] Johanningsmeier S D, Harris G K. Pomegranate as a functional food and nutraceutical source[J]. Annual review of food science and technology, 2011, 2: 181 – 201.

[39] Arun N, Singh D P. *Punica granatum*: a review on pharmacological and therapeutic properties[J]. International Journal of Pharmaceutical Sciences and Research, 2012, 3(5): 1240 – 1245.

[40] Bhandari P. Pomegranate (*Punica granatum* L.) Ancient seeds for modern cure? Review of potential therapeutic applications[J]. International Journal of Nutrition, Pharmacology, Neurological Diseases, 2012, 2 (3): 171 – 184.

[41] Viladomiu M, Hontecillas R, Lu P, Bassaganya-riera J. Preventive and prophylactic mechanisms of action of

pomegranate bioactive constituents[J]. Evidenve-based Complementary and Alternative Medicine, 2013, Hindawi Publishing Corporation, http://dx. doi. org/10. 1155/2013/789764.

[42]Sharma M, Li L, Celver J, Killian C, Kovoor A, Seeram N P. Effects of fruit ellagitannin extracts, ellagic acid, and their colonic metabolite, urolithin A, on Wnt signaling[J]. Journal of Africultural and Food Chemistry, 2010, 58: 3965-3969.

[43]Seeram N P, Nair M G. Inhibition of lipid peroxidation and structure-activity-related studies of the dietary constituents anthocyanins, anthocyanidins, and catechins[J]. Journal of Agricultural and Food Chemistry, 2002, 50: 5308-5312.

[44]Aviram M, Dornfield L, Coleman R. Pomegranate juice flavonoids inhibit low-density lipoprotein oxidation in cardiovascular diseases: studies in atherosclerotic mice and in humans[J]. Drugs Under Experimental and Clinical Research, 2002, 28: 49-62.

[45]Chen P S, Li J H, Liu T Y, Lin T C. Folk medicine Terminalia catappa and its major tannin component, punicalagin, are effective against bleomycininduced genotoxicity in Chinese hamster ovary cells[J]. Cancer Letters, 2000, 152(2): 115-122.

[46]Kulkarni A P, Mahal H S, Kapoor S, Aradhya S M. In vitro studies on the binding, antioxidant, and cytotoxic actions of punicalagin[J]. Journal of Agricultural and Food Chemistry, 2007, 55(4): 1491-1500.

[47]Fiuza S M, Gomes C, Teixeira L J, Girao Da Cruz M T, Cordeiro M N D S, Milhazes N, Borges F, Maroues M P M. Phenolic acid derivatives with potential anticancer properties-a structure-activity relationship study. Part 1: Methyl, propyl and octyl esters of caffeic and gallic acids[J]. Bioorganic & Medicinal Chemistry, 2004, 12(13): 3581-3589.

[48]Seeram N P, Lee R, Heber D. Bioavailability of ellagic acid in human plasma after consumption of ellagitannins from pomegranate (*Punica granatum* L.) juice[J]. Clinica Chimica Acta, 2004, 348(1-2): 63-68.

[49]Sudheesh S, Vijayalakshmi N R. Flavonoids from *Punica granatum*-potential antiperoxidative agents. Fitoterapia, 2005, 76: 181-186.

[50]Gorinstein S, Martin-belloso O, Lojek A, Čiz M, Soliva-fortuny R, Park Y, Caspi A, Libman I, Trakhtenberg S. Comparative content of some phytochemicals in Spanish apples, peaches andpears[J]. Journal of the Science of Food and Agriculture, 2002, 82(10): 1166-1170.

[51]Li Y, Guo C, Yang J, Wei J, Xu J, Cheng S. Evaluation of antioxidant properties of pomegranate peel extract in comparison with pomegranate pulp extract[J]. Food Chemistry, 2006, 96(2): 254-260.

第二篇

石榴试验与研究

新疆匍匐石榴传统栽培与管理技术提升简介

车凤斌

(新疆农业科学院农产品贮藏加工所，乌鲁木齐 830002)

摘要：石榴是新疆的传统特色果树之一，主要分布于和田地区的策勒县和皮山县，喀什地区的叶城县、疏附县和喀什市。此外，克孜勒苏柯尔克孜自治州、阿克苏及吐鲁番有少量栽培。主要栽培品种有'千籽红'、'赛柠檬'、'皮亚曼1号'、'皮亚曼2号'、'叶城甜'等。由于低温条件的制约，石榴的匍匐栽培新技术在当地广泛推广、试验，并总结出采用双层双扇形整形技术可有效提高石榴管理技术水平，实现提质增效。

关键词：石榴；匍匐栽培；新疆

Introduction on Traditional Creeping Cultivation and Management Technology Ascending of Pomegranate in Xinjiang

CHE Feng-bin

(*Institute of Agro-Products Processing Science and Technology*, *Xinjiang Academy of Agricultural Sciences*, *Wulumuqi* 830002, *China*)

Abstract: Pomegranate is one of the traditional featured fruit trees in Xinjiang, mainly distributed in zeller, pishan yecheng county in hotan region and kashgar region. Besides, ke state, aksu and turpan have a small amount of cultivation region. Main cultivated varieties include cv. 'Qianzihong', 'Sainingmeng', 'Piyaman No. 1', 'Piyaman No. 2', 'Yechengtian' varieties, etc. Due to the low temperature condition restriction, pomegranate creeping cultivation technology was widely applied in the local. The experiment sumed up the double-deck and double fan-shaped plastic technology can effectively increased the pomegranate management technology level and realized the aim of increasing quality and efficiency.

Key words: Pomegranate; Creeping cultivation; Xinjiang

1 新疆石榴简介

石榴(*Punica granatum* L.)属石榴科石榴属落叶果树，又称安石榴、若榴、丹若、天浆、金罂，为多年生落叶灌木或小乔木。石榴是一种古老的栽培果树，原产中亚的伊朗、阿富汗及前苏联南部地区。大约在公元前2世纪，石榴被引进中国，而后在公元8世纪又由我国引

到朝鲜和日本。据《博物志》载，汉代使臣张骞出使西域，在涂林安石国带回了安石榴(安国是指今日的乌兹别克斯坦布哈拉；石国是指今日的乌兹别克斯坦塔什干一带)。石榴沿着新疆、甘肃、陕西这条路线进入内地。因此，新疆应该是我国最早栽培石榴的地区。

石榴是新疆的传统特色果树之一，2013 年栽培面积 17.92 万亩，其中，结果面积 15.61 万亩，产量 5.14 万 t，总产值 3.04 亿元。新疆石榴主要分布于和田地区的策勒县和皮山县，喀什地区的叶城县、疏附县和喀什市。克孜勒苏柯尔克孜自治州(以下简称“克州”)、阿克苏及吐鲁番有少量栽培。

2 新疆石榴主要栽培品种

2.1 ‘千籽红’

果实近圆形，果实纵横径 8.17cm × 7.35cm，平均单果重 307.00g，最大果重 583.00g。果皮红色，多数全红。籽粒深玫瑰红色，百粒重 40.90g，籽粒占果实重 61.74%；果实出汁率 47.40%，籽粒出汁率 83.75%，果汁深玫瑰红色。风味甜，可溶性固形物含量 19.20%，品质佳。树势中庸，花期 5 月中旬至 7 月上旬，10 月初果实成熟。丰产稳产，抗逆性强，耐干旱。

品种评价：该品种风味甜，色素含量丰富，既可用于鲜食，是新疆主要的鲜食品种之一，又是加工石榴汁的理想原料，同时又是天然的调色品种。

2.2 ‘赛柠檬’

果实圆形，果实纵横径 10.70cm × 9.55cm，平均单果重 405.00g，最大果重 650.00g。果面红色，多数果面全红。籽粒玫瑰红色，百粒重 42.30g，籽粒占果实重 56.14%；果实出汁率 46.87%，籽粒出汁率 89.10%，果汁玫瑰红色。风味甜酸，酸味重，可溶性固形物含量 18.20%，总酸含量 3.26%。花期 5 月中下旬至 7 月上旬，10 月初果实成熟。丰产稳产，抗逆性强，耐干旱。

品种评价：该品种总酸含量高达 3.26%，色素含量丰富，是很好的加工品种和难得的调色品种。

2.3 ‘皮亚曼 1 号’

果实近圆形或扁圆形，果实纵横径 8.72cm × 8.84cm，平均单果重 377.50g，最大果重 743.00g。果皮底色黄色，阳面红色，光照充足时果实呈全红。籽粒粉红色，粒大，百粒重 44.60g，籽粒占果实重 55.92%。汁多，风味甜，可溶性固形物含量 19.00%，品质佳。花期 5 月中旬至 7 月上旬，10 月初果实成熟。抗逆性强，耐干旱，丰产稳产。

品种评价：该品种籽粒粉红色，粒大汁多，风味甜，是新疆主要的鲜食品种之一。

2.4 ‘皮亚曼 2 号’

果实近圆形或扁圆形，果实纵横径 8.12cm × 9.57cm，平均单果重 468.40g，最大果重 719.00g。果皮底色黄色，阳面红色，光照充足时果实呈全红。籽粒粉红色，粒大，百粒重 39.50g，籽粒占果实重 47.86%。汁多，风味甜，可溶性固形物含量 19.00%，品质佳。花期 5 月中旬至 7 月上旬，10 月初果实成熟。抗逆性强，耐干旱，丰产稳产。

品种评价：该品种籽粒粉红色，粒大汁多，风味甜，是新疆主要的鲜食品种之一。

2.5 ‘叶城甜’

果实圆形，果面多棱，果皮红色，阳面充分着色呈紫红色。果实大，平均单果重

440.00g，最大果重900.00g，果个均匀，籽粒大，淡紫红色，籽粒占果实重44.80%；汁多味甜，可溶性固形物含量19.00%，品质佳。

品种评价：该品种鲜食品质好，是新疆主要的鲜食品种之一。

3　栽培方式与传统管理模式

3.1　匍匐石榴的特点

3.1.1　埋土越冬

石榴是原生于亚热带和温带地区的果树，喜欢温暖的气候条件。在生长期内大于10℃以上的积温应在3000℃以上。冬季最低温度在-17℃以下时就会出现冻害，导致植株死亡。新疆塔里木盆地西南部的喀什、和田石榴栽培区生长季节虽然光照充足，昼夜温差大，非常适合石榴的生长发育，但冬季常出现-20℃以下的低温(表1)，制约了石榴的直立栽培。于是，出现了石榴的匍匐栽培技术并在当地推而广之。

石榴的匍匐栽培是从定植就开始的，定植时石榴苗就朝南倾斜60°。入冬前浇完越冬水7~10天以后，将石榴枝条收拢压低，撒上防鼠药，盖上草进行覆土，埋土厚度为最上层枝条以上覆土20cm。翌年4月出土整枝做席。

3.1.2　树体发育空间受限

受埋土制约，树冠矮小；为争取光照，多向南倾斜栽培，树体不能充分向四周充分伸展，空间利用率低，结果枝组少，产量受到限制。

3.1.3　无主干，树体由多主枝组成

为了便于埋土时压低枝条，石榴树无主干，由一定数量的主枝组成。管理不当易造成树冠内部枝条密集，通风透光严重不良，导致光合作用效率低下；树冠内部易形成大量枯枝，而外围枝条为了争夺光照拼命向外生长；结果部位外移，产量低，品质差；花芽分化不良，形成大量败育花，来年坐果率低，果实发育不良。

表1　南疆地区冬季极端最低气温(℃)

Table 1　Southern Xinjiang region extreme lowest temperature in winter(℃)

区域 Region	地名 Pace name	20世纪60年代 60s	20世纪70年代 70s	20世纪80年代 80s	20世纪90年代 90s	21世纪以来 Since the 21st
巴音郭楞蒙古自治州	库尔勒	-28.1	-25.3	-24.4	-19.4	-23.9
阿克苏地区	阿克苏市	-26.8	-25.2	-23.2	-21.8	-22.9
克州和喀什地区	喀什	-24.2	-23.6	-21.4	-19.4	-22.3
	泽普	-23.0	-21.9	-20.2	-16.5	-23.3
	叶城	-22.7	-22.5	-21.9	-16.1	-20.8
	阿图什	-24.4	-20.5	-19.9	-17.3	-20.7
和田地区	和田市	-21.6	-20.1	-19.3	-15.9	-21.0
	皮山	-22.8	-22.9	-22.1	-18.0	-22.8
	策勒	-21.7	-23.9	-20.5	-17.9	-21.8

3.1.4 顶端优势弱

由于倾斜栽培，极大地削弱了树体的顶端优势，促发了大量直立根蘖苗的萌发和旺长、众多背上枝的发生和徒长，如不及时处理，生殖生长与营养生长的矛盾将进一步恶化。

公元2000年以前，新疆石榴的管理非常粗放，近乎放任生长。每株石榴由20~70个主枝组成，树冠密不透风，只浇水和埋土，不施肥，不整形修剪，没人研究巂䍡石榴的栽培技术，农民也不知道如何管理，亩产量只有200（和田地区）~350kg（喀什地区），一级果率只有20%~25%，亩效益不超过1000元。

4 管理技术提升

自2000年开始研究巂䍡石榴栽培技术，根据新疆巂䍡石榴的生长结实特点，试验并总结出巂䍡石榴采用双层双扇形整形技术，于2003年开始在和田地区的策勒县、皮山县及喀什地区的叶城县进行示范，效果非常好。现在已累计推广7.2万余亩，为当地农民增收起到了显著的促进作用，推广面积及增产提质情况见表2。

表2 双层双扇形整形技术推广前后对比

Table **2** Comparison of double-deck and double fan-shaped plastic technology popularization before and after

产区县 Region	推广面积（万亩） Area (10^4mu)	亩产量（kg）		最高产量（kg） Peak	一级果率（%）(High grade fruit)	
		推广前（BP）	推广后（AP）		推广前（BP）	推广后（AP）
策勒县	2.7	200	700	1197	18	80
皮山县	1.5	126	550	1065	21	75
叶城县	3.0	300	800	1133	34	82

5 双层双扇形整形技术简介

每株石榴只留7~11个主枝，其余全部砍掉，保留下来的7~11个主枝分为两层：第1层4~6个主枝用木棒撑起来在一个平面上，该平面与地平面呈30°~40°夹角，主枝之间用树枝也撑开一定的角度，呈扇形分布。第2层3~5个主枝撑在上面的一个平面上，该平面与地平面呈60°~70°夹角，各主枝之间也有一定的角度，也呈扇形分布。两层主枝之间留有30°左右的夹角。

该技术虽然简单，但非常适合巂䍡石榴，彻底改善了树体的通风透光，极大地提高了光合作用效率，再辅之及时除萌蘖和背上枝、适当修剪、合理肥水、疏花疏果等措施，使产量成倍增长，质量显著改善。

以色列引进两个石榴品种在攀西地区的表现

黄云　李贵利　刘斌　杜邦　祝毅娟
(攀枝花市农林科学研究院，攀枝花　617061)

摘要：2008～2013年对从以色列引进的2个石榴品种('S-Soft seeded cv'；'W-Wonderful')在四川省攀西地区的引种表现进行了连续6年的观察。结果表明：'S-Soft seeded cv'具有籽粒颜色深、籽粒特软、成花率高、产量稳定的特点，能较好地适应四川省攀西地区的自然气候条件，可在该地区及周边生态条件相似地区推广栽植。'W-Wonderful'石榴具有籽粒颜色深、籽粒硬、汁酸等特点，是优良的加工品种，在攀西能正常生长和结果，但是产量偏低。

关键词：以色列；石榴；引种；攀西地区

Israel Introduced Two Pomegranate Varieties Panxi Performance

HUANG Yun, LI Gui-li, LIU Bin, DU Bang, ZHU Yi-juan
(*Forestry Research Institute of Panzhihua City*, *Panzhihua* 617061, *China*)

Abstract: Two Israel pomegranate varieties ('S- Soft seeded cv'; 'W-Wonderful') had been introduced from 2008 to 2013. Introduce of two Israel pomegranate varieties which were planted in panxi area had been observated for 6 year. The results showed that: S-Soft seeded cv had some better characteristics, such as dark arils, special soft arils, high flowering rate, yield stability, could adapt to the natural climatic conditions in Sichuan Panzhihua-Xichang area. And it could be promoted planting in this area and the other area of the ecological conditions similar to the area. W-Wonderful pomegranate had some characteristics, such dark arils, hard arils, acid juce, etc, was an excellent processing varieties, could normal grow and fruit, but the yield was lower.

Key words: Israel; Pomegranate varieties; Introduction; Panxi

---

基金项目：四川省科技支撑计划项目"突破性果树新品种选育"项目子项"石榴龙眼新品种选育及配套技术研究"(2011NZ0098-8)；攀枝花市重点科技项目"青皮软籽石榴优良单株采集及新品种选育"(2008CY-N-2)；四川省农业厅"国家现代农业产业技术体系四川攀西特色水果创新团队新品种引育种研究岗"。

作者简介：黄云，男，助理研究员，研究方向为果树育种与栽培。

石榴为石榴科石榴属植物，落叶灌木或小乔木，原产于中亚的伊朗、阿富汗等国，在我国已有2000多年的栽培历史，各地均有石榴分布。石榴具有很高的食用和药用价值，我国自古就把石榴作为观赏花卉及药用植物进行栽培，果实只作为副产品，因而其药用价值及利用等研究较充分，花用、药用良种较多，果用良种较少。四川省攀西地区（主要包括攀枝花市仁和区和凉山彝族自治州的会理县、西昌市）是全国最大的石榴产区，石榴种植面积达到2700hm^2（2009年统计数据），占全国种植面积的四分之一，石榴产业已成为当地发展农村经济、增加农民收入的支柱产业之一。

四川省攀西地区地处金沙江干热河谷地区，海拔900～2000多米，具明显的垂直地带性气候特点，果树种类繁多，常绿、落叶果树常混交分布，属常绿、落叶果树混交带。根据当地土壤、气候等自然条件的特点，我们对以色列引进的两个石榴品种进行引种观察试验，连续6年对'S- Soft seeded cv'、'W-Wonderful'的植物学特征、开花结果习性、果实经济性状、丰产性、抗逆性等方面进行观察、记载和分析，以期为四川省攀西地区石榴生产的发展提供科学依据。

1 试验地概况

试验地位于四川省攀西地区攀枝花市仁和区大田镇石榴科技核心示范园内，海拔1500m，地势较平坦，属南亚热带干热河谷气候，光温丰沛，日照充足，雨量分布不均，干湿两季分明，年降水量780～970mm，雨季一般从6月中旬到10月上旬，年平均气温16.8～21.7℃，平常年份最低气温2.5℃左右，极端最低气温－2℃。土壤为红壤，土壤pH值为6.5～7.0，土层深厚，土壤肥沃，前茬作物为蔬菜。

2 主要性状

2.1 植物学特征

'S- Soft seeded cv'半开张，树势强，5年生树冠幅3.5m，冠高3m，主干灰褐色，枝条密集，成枝力较强；新生枝条浅紫红色，老熟枝条灰褐色；叶脉羽状，叶片长8～10cm，叶片宽2～3.5cm，叶柄长0.3～0.8cm，叶着生为对生、簇生，叶片长椭圆形、倒卵形，叶尖钝形、凸尖，叶缘全缘，叶基楔形，叶片质地薄革质、具光泽，幼叶浅红色，老叶深绿色；刺枝坚锐，量大；总花量中，两性花比例高。萼片深红色，6枚，花托深红色、筒状或钟状，雄蕊数220～320枚。

'W-Wonderful'树冠直立，树势中等，5年生树冠幅2.9m。冠高3.1m，主干颜色灰褐色，枝条稀疏，成枝力中等；新生枝条紫红色，老熟枝条灰褐色，叶片着生方式对生、簇生，叶形状长椭圆形、倒卵形，叶尖钝形或凸尖，叶缘全缘，叶基楔形，叶片薄革质、具光泽，叶脉羽状、正面凹陷，叶片长7～9cm，叶片宽2～3cm，叶柄长0.2～0.5cm，嫩叶红绿、淡绿色，老叶深绿色，成叶宽大；刺枝坚韧，量小；花为辐状花。萼片红色，萼片数6片，花托红色，花瓣红色，花药黄色。总花量小。

2.2 果实经济性状

'S- Soft seeded cv'果实近球形，果形指数0.86，平均单果重587g，最大单果重1024g。果皮深红色，果皮质地粗糙，果皮厚度3mm。籽粒紫红色，籽粒特软，平均百粒重44g，可食率47.9%，汁液紫黑色，可溶性固形物含量17.9%，氨基酸0.21%，维生素C 10.1mg/

100g，总糖13.8%，总酸0.939%，糖酸比为14.7:1，风味酸甜，口感好。

'W-Wonderful'果实扁圆形，果形指数0.92，平均单果重269g，最大单果重780g。果皮红色，果皮厚0.4cm，籽粒紫红色，籽粒硬，平均百粒重25g，可食率21.8%，汁液紫黑色，可溶性固形物含量17.3%，氨基酸0.29%，维生素C 8.09mg/100g，总糖12.27%，总酸1.68%，糖酸比为7.30:1，风味酸。

2.3 开花结果习性

石榴有多次开花的特性，开花期长短品种之间有一定差异，石榴为雌雄同花植物，有两性花和雄花之分，自花结实。嫁接第二年即开花，花芽主要由上年生短枝的顶芽发育而成，也有部分花芽由顶芽下面的第2、3个腋芽发育而成，花为辐状花，子房下位，花托紫红色，花托筒状、钟状，花器的最外一轮为花萼，萼片6片，萼片紫红色，花萼内壁上方着生花瓣，花瓣红色，花瓣数2~6枚，多数5~6枚，中下部排列雄蕊，花丝红色，花丝长9~11mm，成熟花药金黄色，中间着生雌蕊。结果母枝为上年形成的营养枝，结果枝长1~50mm，叶片2~8张。'S- Soft seeded cv'在结果枝的顶端大多只形成1个花蕾。'S- Soft seeded cv'和'W-Wonderful'坐果率分别为40%~50%和20%~30%。'S- Soft seeded cv'的坐果率在品比试验6个品种中是最高的，总花量少，完全花比例高，在结果枝顶端大多只着生1个花蕾，雌蕊自受精后，幼果不断增大，初期4月中下旬到5月上中旬，果实膨大很快，体积迅速增大，过后果实体积增长速度减慢。坐果后结果枝不再伸长。

2.4 物候期

'S-Soft seeded cv 石榴'在攀西地区2月中旬萌芽，3月上中旬现蕾，开花期在3月下旬到5月上中旬，盛花期在3月下旬到4月上旬，成熟期9月上中旬，是一个优良的中晚熟品种。'W-Wonderful 石榴'在攀西地区2月中旬萌芽，3月上中旬现蕾，开花期在3月下旬到5月中下旬，成熟期9月中下旬，是一个优良的晚熟品种。2个石榴品种的萌芽、现蕾、开花、果实成熟时间均不同程度的稍晚于当地主栽品种'青皮软籽'。果实发育期125天左右。

2.5 适应性和抗逆性

2个以色列石榴品种在攀西地区适栽区域为海拔1500~1700m，土壤适应范围广，pH值为6.0~7.0。'S- Soft seeded cv'植株生长势强，抗低温受能力较强，2010年出现倒春寒的气候，青皮软籽出现较大程度的减产，'S- Soft seeded cv'受影响不大，产量稳定，表现出较强的抗寒能力。'W-Wonderful'生长势中等。同一果园在'黑籽酸'、'黑籽甜'感染干腐病严重的情况下，2个以色列石榴品种表现出抗性。2个石榴品种果实均有优良的耐贮藏性。

2.6 丰产性

石榴早期丰产性状突出，寿命较长，盛果年限可达40年以上。2个品种嫁接后第2年均开花结果，第3年'S- Soft seeded cv'平均株产达15kg，第5年达41.63kg，表现较丰产，'W-Wonderful'第5年平均株产为9.21kg，产量偏低。

3 栽培技术要点

3.1 栽植时期

秋季落叶后和春季(2月中下旬)，选择健壮无病虫害的平茬苗定植。株行距宜选3m×3m。栽植时，应适当配置授粉树。

3.2 土水肥管理

基肥于12月上中旬或翌年2月中下旬施入，施肥量为：2～3年生树株施15kg，4年生以上树株施50kg。每年进行2次追肥，第1次追肥在萌芽前。2～3年生幼树株施尿素0.3kg，4年生以上的结果树株施尿素0.5kg，目的是促进石榴树开花和提高坐果率；第2次追肥在果实迅速膨大期前，株施石榴专用复合肥4kg，以促进果实生长，提高产量。施肥时还要结合浇水。开春发芽前灌水。

3.3 整形修剪

树形采用多主干自然半圆形。定植当年开张角度，选择4～5个生长健壮、方向适宜的枝为主，用撑拉等方法开张角度，使每个主干配3～4个主枝向四周扩展。冬剪以疏和缩为主，去除基部的萌蘖枝，疏除过密的下垂枝、重叠枝、病虫枝和枯死枝。对衰老枝、徒长枝和细弱枝，要及时回缩更新。夏季要及时抹芽摘心，疏除竞争枝、徒长枝和过密枝。

3.4 花果管理

在现蕾后到初花期，应尽早疏除所有的钟状花。短结果母枝，只留1朵筒状花；长结果母枝，每15cm左右留1朵筒状花。6月下旬以后，开放的花应全部疏除。在盛花期，喷0.3%～0.5%硼砂液。坐果后，每隔20天喷0.4%磷酸二氢钾水溶液3～4次，以加速果实生长，增进果实品质。

3.5 主要病虫害防治

3.5.1 桃蛀螟

由于桃蛀螟幼虫孵化世代交替，蛀入果内取食危害，防治较难。在雨季开始前就要求20天左右对叶果喷一次铁扫帚3号。

3.5.2 蓟马

主要在幼果期舔食或锉食果实表皮，造成条片状锈斑，是严重影响果皮外观的主要因素，俗称沙壳果。用3%啶虫咪3000倍于幼果期7～10天喷杀2次。

3.5.3 介壳虫

雨季中出现较多，尤其是套袋果，在袋结扎口附近果面上更多。一旦发现，宜用40%杀扑磷1000～1500倍液喷杀。

3.5.4 根腐类病

易积水或排水不良的立地环境生长的树，雨季末期都会发生腐烂病。病发生在主根上，属根腐，发生在近地面主干或主枝上叫干腐。发病初可用根腐灵1000倍液灌根，每树5kg液，病重树刨开根际土壤，找到全部病斑位置，用利刀削净病斑，用杀毒矾800～1000倍液或灭菌宝1000倍液，加入50mg/L萘乙酸涂刷削口，并将药液(未加萘乙酸液)5kg左右，浇灌病斑附近土壤上，另挖新土培护削口处。

参考文献

[1]冯玉增等．石榴优良品种与高效栽培技术[M]．郑州：河南科学技术出版社，2000.

[2]汪小飞等．36个石榴(*Punica granatum* L.)品种的品质测定[J]．热带作物学报，2010，1：136－140.

[3]张军．石榴[M]．西安：陕西科学技术出版社，1989.

五个石榴品种在攀西地区的引种表现

黄云　李贵利　刘斌　杜邦
(攀枝花市农林科学研究院，攀枝花　617061)

摘要：2008～2012 年对'黑籽甜'、'黑籽酸'、'以色列软'、'以色列酸'、'突尼斯软籽'5 个石榴品种在四川省攀西地区的引种表现进行了连续 5 年的观察。结果表明，这 5 个石榴品种均能正常生长和结果，初步认为引种的'以色列软'、'突尼斯软籽'2 个石榴品种能较好地适应四川省攀西地区的自然气候条件，可在该地区及周边生态条件相似地区推广栽植。

关键词：石榴品种；引种；攀西地区

Introduction Performance of Five Pomegranate Varieties in Panxi Region

HUANG Yun, LI Gui-li, LIU Bin, DU Bang
(*Forestry Research Institute of Panzhihua City*, *Panzhihua*, *Sichuan* 617061, *China*)

Abstract: In 2008 – 2012, five pomegranate varieties including cv. 'Heizisuan', 'Israel soft-seed', 'Israel acid', and 'Tunisian soft-seed' were introduced in panxi region of Sichuan province for five years' performance consecutively observation. The results showed that the five pomegranate varieties can grow and bear fruits normally. It is preliminary thought introduction two pomegranate varieties of 'Israel soft-seed' and 'Tunisian soft-seed' can well adapt to the natural climate conditions in panxi region of Sichuan province, which may be plant in the region and the similar surroundings.

Key words: Pomegranate varieties; Introduction; Panxi region

石榴为石榴科石榴属植物，落叶灌木或小乔木，原产于中亚的伊朗、阿富汗等国，在我国已有 2000 多年的栽培历史，各地均有石榴分布。石榴具有很高的食用和药用价值，我国自古就把石榴作为观赏花卉及药用植物进行栽培，果实只作为副产品，因而其药用价值及利用等研究较充分，花用、药用良种较多，果用良种较少。四川省攀西地区(主要包括攀枝花

基金项目：四川省科技支撑计划项目"突破性果树新品种选育"项目子项"石榴龙眼新品种选育及配套技术研究"(2011NZ0098-8)；攀枝花市重点科技项目"青皮软籽石榴优良单株采集及新品种选育"(2008CY-N-2)；四川省农业厅"国家现代农业产业技术体系四川攀西特色水果创新团队新品种引育种研究岗"。

作者简介：黄云，男，助理研究员，研究方向为果树育种与栽培。

市仁和区和凉山州的会理县、西昌市）是全国最大的石榴产区，石榴种植面积达到2700hm^2（2009年统计数据），石榴种植面积占全国种植面积的四分之一，石榴产业已成为当地发展农村经济、增加农民收入的支柱产业之一。

四川省攀西地区地处金沙江干热河谷地区，海拔900～2000m，具明显的垂直地带性气候特点，果树种类繁多，常绿、落叶果树常混交分布，属常绿、落叶果树混交带。根据当地土壤、气候等自然条件的特点，我们选择了5个石榴品种进行引种观察试验，以期为四川省攀西地区石榴生产的发展提供科学依据。

1 材料与方法

1.1 品种引进

2008年2月上旬，引种的‘黑籽甜’、‘黑籽酸’、‘以色列软’、‘以色列酸’、‘突尼斯软籽’等5个石榴品种，嫁接到5年生‘青皮软籽’上共150株，建立了引种试验园。5个品种安排在同一平坦地块。

1.2 引种试验地概况

引种试验地设在四川省攀西地区攀枝花市仁和区大田镇石榴核心示范园内，海拔1500m，地势较平坦，属南亚热带干热河谷气候，光温丰沛，日照充足，雨量分布不均，干湿两季分明，年降水量780～970mm，雨季一般从6月中旬到10月上旬，年平均气温16.8～21.7℃，平常年份最低气温2.5℃左右，极端最低气温－2℃。土壤为壤土，土壤pH值为6.0～7.0，土层深厚，土壤肥沃。园内地势平坦，前茬作物为蔬菜。

1.3 栽培管理

引进5个石榴品种的枝条嫁接到5年生‘青皮软籽’上，株行距为3m×3m。栽植当年5月中下旬施三元复合肥1次，树盘覆盖5～8cm厚的稻草。1月疏剪细小枝和轻短截大部分壮枝，预留延长枝，沿滴水线的东西方向和南北方向隔年进行深翻改土。嫁接后第2、3年以施氮磷钾三元复合肥为主，第1次于2月初萌芽前施入，第2次于果实膨大期施入。水分管理采用地面沟灌的方式进行，主要在高温干旱期和果实迅速膨大期喷水。

1.4 调查

每个品种随机抽取10株树作为调查样株，连续3年调查植株生长情况和主要物候期。第3年开始调查植株开花、结果情况，单株产量自样株第1次采果开始称重记录，直到所有果实采摘完毕。平均单果重从每次采摘果实中随机抽取20粒称重记录，同时用手持折光仪测定果实可溶性固形物含量。石榴汁的可溶性固形物测定方法依据GB/T8210－2011。石榴汁的总糖测定方法依据GB/T5009.7－2008。石榴汁的总酸(以柠檬酸计)测定方法依据GB/T12456－2008。石榴汁维生素C测定方法依据GB/T5009./86－2003。石榴汁的氨基酸测定方法依据GB/T5009.124－2003。

2 结果与分析

2.1 5个石榴品种主要物候期

据观察，5个石榴品种的萌芽期差别不大，多集中在2月。花期差别较大，现蕾期集中在2月底3月初，最早开花的是‘黑籽甜’，初花期为3月上中旬，以后陆续开花，持续时间长到5月上旬。‘黑籽酸’开始开花与‘黑籽甜’比较一致，为3月上中旬至5月下旬，比‘黑籽甜’花期更长。‘以色列软’和‘以色列酸’初花期也比较早，花期在3月上中旬至5月中下旬，但花期持续时间较短。‘突尼斯软籽’花期较迟，3月中下旬至6月上旬，花期持续时间较长。经观察，‘黑籽甜’和‘黑籽酸’果树成熟期的大部分果实易遭受雨季病害侵袭，较难形成商品果。供试5个石榴品种春季叶芽萌动期也有差异。‘黑籽甜’、‘黑籽酸’、‘突尼斯软籽’果实成熟早，于8月底9月初果实成熟；‘以色列软’、‘以色列酸’果实盛熟期主要集中在9月中旬。经3年观察，‘突尼斯软籽’6月开花的果实能正常生长形成商品果(表1)。

表1　5个石榴品种在四川省攀枝花市的主要物候期

Table 1　The mian phenological period of five varieties in Panzhihua city Sichuan province

品种	叶芽萌动期	现蕾期	开花期	果实成熟期	果实成熟特性
黑籽甜	2月上中旬	2月下旬	3月上中旬~5月上旬	8月中下旬	早熟
黑籽酸	2月中旬	2月下旬	3月上中旬~5月下旬	9月上旬	中熟
以色列软	2月中旬	3月上旬	3月上中旬~5月下旬	9月上中旬	中晚熟
以色列酸	2月中旬	3月上旬	3月上中旬~5月中旬	9月中下旬	晚熟
突尼斯软籽	2月中旬	3月中旬	3月中下旬~6月上旬	8月下旬~9月上旬	早中熟

2.2　5个石榴品种果实物理品质测定

据观察测定，成熟石榴不同品种果皮色泽上有一定差异，主要是阳面着色面积的大小不同。籽粒色泽也因品种不同有一定差异，‘以色列软’和‘以色列酸’籽粒色泽相近，为紫红色，而其余材料籽粒色泽均为红色。成熟果实的果形指数差异不大，最大的是‘突尼斯软籽’和‘以色列酸’为0.92，其余均为0.85左右。果实的平均单果重以‘黑籽酸’最大，‘以色列软’次之，‘以色列酸’最小。百粒则是‘黑籽甜’最大，‘突尼斯软籽’次之，其次为‘以色列软’和‘黑籽甜’，最小为‘以色列酸’。籽粒硬度以‘突尼斯软籽’和‘以色列软’最软。可食率‘突尼斯软籽’最高，‘以色列酸’最低。

表2　5个石榴品种果实物理品质测定

Table 2　Determination of physical quity of five varieties

测定项目	果形指数	单果重(g)	果皮厚度(cm)	果皮颜色	籽粒颜色	籽粒硬度	百粒重(g)	可食率(%)	风味
黑籽甜	0.83	409	0.3	红	红	硬	45	56.7	甜
黑籽酸	0.85	595	0.5	红	红	硬	60	38.9	酸甜
以色列软	0.86	587	0.3	深红	紫红	软	45	47.9	酸甜
以色列酸	0.92	269	0.4	红	紫红	硬	25	21.8	酸甜
突尼斯软籽	0.92	479	0.3	红黄	红	软	50	66.7	甜

2.3　5个石榴品种果实品质测定

从表3可看出，不同品种石榴汁液的总糖含量不同。5个石榴品种总糖含量比较一致，‘以色列软’总糖含量最高，‘以色列酸’最低。从测定的总酸度(以柠檬酸计)看，‘以色列酸’的总酸度最高为1.68%，其次为‘黑籽酸’为1.35%，‘突尼斯软籽’的总酸度最低，为0.194%，‘突尼斯软籽’的口感最佳，其次为‘黑籽甜’，‘以色列软’甜酸适中，口感优于‘黑籽酸’和‘以色列软酸’，说明石榴的口感与其总糖含量相关外，主要还受含酸量的影响。

‘黑籽酸’和‘以色列软’维生素 C 的含量最高；‘突尼斯软籽’的维生素 C 含量最低，为 6.12mg/100g，说明不同石榴品种维生素 C 的含量不同。

表 3　5 个石榴品种理化指标的测定

Table 3　Physical-chemical indexes of five varieties

测定项目	可溶性固形物（%）	总糖（%）	总酸（以柠檬酸计）(%)	维生素 C（mg/100g）	氨基酸（%）
黑籽甜	15.6	13.66	0.45	9.09	0.26
黑籽酸	15.0	12.37	1.35	10.3	0.18
以色列软	17.9	13.8	0.939	10.1	0.21
以色列酸	17.3	12.27	1.68	8.09	0.29
突尼斯软籽	15.6	12.29	0.194	6.12	0.33

2.4　5 个石榴品种适应性分析

(1)据调查，在供试的 5 个石榴品种中，‘以色列软’植株生长势最强，其次为‘突尼斯软籽’，而‘黑籽甜’、‘黑籽酸’和‘以色列酸’生长势中等。

(2)5 个石榴品种均在嫁接后第 2 年开始结果，2012 年 5 个石榴品种的平均单株产量为‘黑籽甜’17.36kg、‘黑籽酸’34.63kg、‘以色列软’41.63kg、‘以色列酸’9.21kg、‘突尼斯软’籽 31.78kg，可见‘以色列软’产量最高，‘以色列酸’产量最低。

(3)2011 年雨量较为充沛，‘黑籽甜’和‘黑籽酸’表现出抗病性差，特别是‘黑籽酸’烂果率达 50% 以上，2012 年相对干旱的情况下，‘黑籽酸’表现为果实外观光洁度好，表现为干旱条件下果实商品果率高的特点。

(4)2012 年 4～5 月干旱季节，‘黑籽甜’、‘黑籽酸’、‘以色列软’、‘以色列酸’、‘突尼斯软籽’均表现为不同程度的裂果，其中‘黑籽甜’表现最重，‘以色列软’最轻。

3　小结

在攀西地区气候条件下，‘黑籽甜’甜酸可口，产量适中，但表现为不抗病；‘黑籽酸’风味偏酸，极不抗病；‘以色列软’酸甜适中，可作为鲜食、加工兼用果；‘以色列酸’风味偏酸，产量偏低；‘突尼斯软籽’甜度稍淡，但是籽粒特软，产量高，有价格优势。

观察结果表明：引种的 5 个石榴品种均能正常生长和结果，初步认为引种的‘以色列软’、‘突尼斯软籽’2 个石榴品种能较好地适应四川省攀西地区的自然气候条件，可在该地区及周边生态条件相似地区推广栽植。

参考文献

[1]冯玉增，陈德均．石榴优良品种与高效栽培技术[M]．郑州：河南科学技术出版社，2000.

[2]汪小飞等．36 个石榴(*Punica granatum* L.)品种的品质测定[J]．热带作物学报．2010，1：136－140.

[3]张军．石榴[M]．西安：陕西科学技术出版社，1989.

优良石榴品种在江淮地区引种表现

俞飞飞　孙其宝　周军永　陆丽娟

(安徽省农业科学院园艺研究所，合肥　230031)

摘要：为促进安徽省石榴产业发展，丰富石榴品种资源，2011年春从省外筛选引进4个石榴优良品种，与安徽省怀远地方石榴品种‘玛瑙籽’进行引种比较。结果表明，这5个石榴品种在江淮地区均能正常生长和结果，其中‘突尼斯软籽’、‘黑籽甜’和‘玛瑙籽’能较好地适应江淮地区的自然气候条件，综合性状较好，可在该地区及周边生态条件相似地区发展。

关键词：石榴；品种；江淮地区；引种

Introduction Performance of Excellent Pomegranate Varieties in Jianghuai Region

YU Fei-fei, SUN Qi-bao, ZHOU Jun-yong, LU Li-juan

(*Horticultural research institute*, *Anhui Academy of Agricultural Sciences*, *Hefei* 230031, *China*)

Abstract: To promote the development of the pomegranate industry in Anhui province, and increase the pomegranate abundant varieties resources, in the spring of 2011 we had brought 4 excellent pomegranate varieties from other province. Through the hybridization with ‘Manaozi’, the results showed that the five pomegranate varieties all can normal growth in Jianghuai region. ‘Tunisi ruanzi’, ‘Heizitian’ and ‘Manaozi’ can well adapt to the Jianghuai region of natural climate conditions. They also can be developed in the similar surrounding ecological conditions to the region.

Key words: Pomegranate; Varieties; Jianghuai region; Introduction

安徽是我国石榴六大主产区之一，全省各地均有石榴栽培，栽培面积10万多亩，主要产区为怀远、淮北、萧县、巢湖等地，石榴已成为产区果农主要经济来源之一。安徽石榴以果大、粒大、汁多、风味好、可食率高而著称。为促进安徽石榴产业的持续发展，丰富石榴

基金项目：科技部科技基础性工作专项(2012FY110100)；安徽省果树产业技术体系项目(AHCYTX-14)；安徽省“115”创新团队“安徽特产水果遗传改良及安全高效生产技术研究”。

作者简介：俞飞飞，女，副研究员，研究方向为果树栽培与育种研究。E-mail：anhuiyufeifei@163.com。

品种资源，2011 年从全国科研院所筛选引进 4 个石榴优良品种与安徽地方品种‘玛瑙籽’进行引种比较试验，现将试验结果报道如下。

1 材料与方法

1.1 试验地概况

石榴引种试验地设在安徽省农业科学院园艺研究所果园内，地处淮河以南，长江以北的江淮丘陵地区，为南北气候过渡带，年平均气温 16.7℃，最热月份(7 月)平均气温 27.7 ~ 28.7℃，极端最低气温 -20.6℃，极端最高温达 41.3℃，试验地每年≥10℃的有效积温在 5500 ~6500℃之间，总辐射量为 4.2 × 105 ~ 5.0 × 105J/cm^2 · 年，年平均日照时数为 1800 ~ 2200h，无霜期超过 220 天，年降水量为 960mm，春季多为低温阴雨天气，降水量占全年降水量的一半以上，常出现伏秋干旱。试验园土壤为黄黏土，质地黏重，透水性差，pH6.0 ~ 6.5，呈微酸性。

1.2 材料

2011 年春，从中国农业科学院郑州果树所引进‘突尼斯软籽’、‘中农红软籽’、‘黑籽甜’、‘泰山红’扦插苗，‘玛瑙籽’为自繁扦插苗，按 2.5m × 3m 定植在试验果园。树形培养为单干开心形。园区按正常管理方法，及时施肥、喷药和修剪等。

1.3 方法

每品种随机选择 3 株作为调查样株，对其植物学特性、物候期、适应性等采用常规田间调查法调查，树高、粗度等采用卷尺进行测量，平均单果重随机抽取 20 个果称重记录取平均值，果实可溶性固形物含量用手持折光仪测定 10 个数据取平均值。

2 结果与分析

2.1 石榴品种主要物候期

据观察，5 个石榴品种的萌芽期差别不大，多集中在 3 月中旬。花期差别较大，最早开花的是‘黑籽甜’，其次是‘泰山红’，以后其他品种陆续开花，花期持续开放到 5 月底至 6 月中旬。‘黑籽甜’花大、花多、花期长；‘泰山红’花大、花量中等；‘玛瑙籽’花量大、花较小。具体物候期见表 1。

表 1 5 个石榴品种物候期(2013 年)

Table 1 The phenological period of 5 pomegranate varieties(2013)

品种 Species	萌芽 Germination	展叶 Leafing	现蕾期 Buding	花期 Flowering	果实成熟期 Fruiting	开始落叶期 Leaf fall
突尼斯软籽	3 月中上旬	3 月下旬	4 月初	5 月上旬 ~6 月上旬	8 月底	11 月中下旬
中农红软籽	3 月中上旬	3 月下旬	4 月初	5 月上旬 ~6 月上旬	8 月下中旬	11 月中下旬
黑籽甜	3 月上旬	3 月下旬	4 月初	4 月下旬 ~6 月中旬	9 月下旬	11 月中下旬
泰山红	3 月中上旬	3 月下旬	4 月中旬	4 月底 ~6 月上旬	8 月底 ~9 月上旬	11 月中下旬
玛瑙籽	3 月中上旬	3 月底	4 月中旬	5 月初 ~6 月中旬	9 月下旬 ~10 月上旬	11 月中下旬

2.2 石榴品种果实经济性状

据观察测定，不同品种果实大小、果皮色泽、籽粒色泽、籽粒硬度等都有一定差异，

‘泰山红’和‘黑籽甜’果皮颜色鲜红，洁净而有光泽，果实大，但‘泰山红’籽粒偏小，核硬，皮厚；‘玛瑙籽’籽粒大，核小，但果实偏小；‘突尼斯软籽’和‘中农红软籽’核仁较软，果实中等大，‘中农红软籽’果皮着色度较‘突尼斯软籽’好，但核仁硬一些。

具体见表2。

表2 5个石榴品种果实经济性状比较

Table **2** Comparison of five pomegranate varieties' fruit economic prosperities

品种 Species	果实形状 Shape	平均单果重(g) Weight	皮厚(cm) Thickness	果皮颜色 Color	籽粒颜色 Color	核仁硬度 hardness	百粒重(g) Weight	可溶性固形物 Total soluble solids (%)	可食率 Edible Rate (%)	出汁率 Juice Yiela (%)	风味 Flavor
突尼斯软籽	近球形	430	0.32	条红	红	软	51.2	14.2	66.8	84.1	甜
中农红软籽	圆球形	470	0.47	浓红	紫红色	较软	66.4	15.2	65.6	85.2	甜
黑籽甜	圆球形	620	0.33	鲜红	紫红	中软	67.8	17.9	55.7	88.2	甜
泰山红	园球形	465	0.62	艳红	鲜红	硬	52.3	16.8	64.8	78.5	甜
玛瑙籽	圆球形	340	0.38	紫红	水红色	中软	76.7	17.1	64.2	81.0	甜

2.3 石榴品种植物学性状

据观察测定，供试的5个石榴品种中，以‘玛瑙籽’植株生长势最强，其次为‘黑籽甜’，而‘泰山红’、‘突尼斯软籽’和‘中农红软籽’生长势中等。‘玛瑙籽’多年生枝灰褐色，1年年生枝红褐色，新梢嫩枝呈淡紫红色，叶为披针形，叶柄长，基部红色，叶深绿色。‘突尼斯软籽’多年生枝灰褐色，1年生枝青灰色，有四棱，侧枝多卷曲，枝刺少且软绵，叶为披针形，叶柄短，基部红色。‘中农红软籽’多年生枝灰褐色，1年生枝条青灰色，上有红色细纵条，叶片大，深绿色，叶柄短，基部红色。‘黑籽甜’多年生枝灰褐色，1年生枝青灰色，叶大，宽披针形，叶柄短，基部红色，叶浓黑绿色。‘泰山红’枝条开张，多年生枝灰黄色，1年生枝青灰色，叶大，宽披针形，叶柄短，基部红色。

表3 5个石榴品种长势状况(3年生树)

Table **3** Comparison of five pomegranate varieties' growth (three years old)

品种 Species	树高(m) Height	冠径(m) Crown diameter	地径(cm) Ground diameter	树姿 Tree performance	长势 Growth
突尼斯软籽	2.2	1.4	16.42	半直立	中
中农红软籽	1.9	1.3	17.34	较直立	中
黑籽甜	2.67	1.4	21.08	直立	强
泰山红	2.28	1.61	5.06	半开张	中
玛瑙籽	2.63	1.62	21.3	直立	强

2.3 石榴品种适应性比较

(1)5个供试品种定植第二年均开花，其中‘中农红软籽’和‘黑籽甜’，第二年即开始结果，株结果3~6个；第三年各品种均开花结果，平均单株产量‘突尼斯软籽’为3.5kg、‘中农红软籽’为3.2kg、‘黑籽甜’为7.2kg、‘泰山红’为6.3kg、‘玛瑙籽’为6.5kg，可见‘黑

籽甜'产量最高，'中农红软籽'产量最低。

(2)2013 年夏季前期干旱，果实成熟期降雨，5 个供试品种均表现不同程度裂果。其中'玛瑙籽'表现最重。

(3)5 个供试品种在江淮地区常规栽培，不采取任何防寒措施，冬季均没有发生冻害。

3 小结

在江淮地区气候条件下，'突尼斯软籽'不会受冻害，籽粒较软；'中农红软籽'着色较好，结果早。'泰山红'着色好，但籽粒偏小，较硬。'黑籽甜'酸甜可口，开花早，结果早，产量高；'玛瑙籽'籽粒大，但果实偏小。

引种的 5 个石榴品种在江淮地区均能正常生长和结果，基本保持品种原有特性，表现较强的适应性。初步认为引种的'突尼斯软籽'、'中农红软籽'和'黑籽甜'综合性状较好，可在江淮地区及周边生态条件相似地区适度推广种植。

豫石榴五号品种特征特性分析及栽培利用

李战鸿　赵艳莉　曹琴
(开封市农林科学研究院，开封　475004)

摘要：‘豫石榴五号’是河南省开封市农林科学研究院经过十多年的努力，通过有性杂交选育出来的石榴新品种，在河南省不同立地条件下多年的栽培种植试验充分表明，该品种具有果个大，外型美观，品质优，商品性状好，适生范围广，抗寒、病、虫性强等优点，其推广发展潜力大。
关键词：‘豫石榴5号’；杂交选育；特征分析；栽培

Characteristics Analysis and Cultivation Application of *Punica granatum* ‘Yushiliu No. 5’

LI Zhan-hong, ZHAO Yan-li, CAO Qin
(*Kaifeng Agricultural and Forestry Research Institute*, *Kaifeng* 475004, *China*)

Abstract: ‘Yushiliu No. 5’ is a new variety which was bred by Kaifeng Agriculture and Forestry Institute after 10 years’ efforts in Henan province, through the sexual hybridization breeding. After years of cultivation experiment under different site conditions in Henan province, which fully showed that the variety have character of a big, nice appearance, excellent quality, good commodity, widely suitable scope, cold- resistance, strong disease and insect resistance. The promotion of development potential is big.
Key words: ‘Yushiliu No. 5’; Cross breeding; Character analysis; Cultivation

1　植物学特性

‘豫石榴五号’树体生长旺盛，枝条密集，成枝力强，枝条颜色灰色，新梢及新梢叶片均为紫红色，成叶宽大，叶片长圆形，绿色。树形开张，冠幅较大，五年生树高2.5m，冠幅达3.8m，二年生以上枝条开始结果。

该品种花红色，花瓣5~7片，果筒圆柱形，萼片5~6片。果实圆形，果形指数0.91，果皮红色。子房8~11室。

作者简介：李战鸿，助理研究员，研究方向为石榴栽培育种。E-mail：lizhanhong@yeah.net。

该品种自花授粉能力强，易成花易坐果，8 月中旬果实开始着色，9 月底果实成熟。

2 开花坐果及果实经济学性状

‘豫石榴五号’为雌雄同花，开花及坐果都具有连续性，花期长达 85 天，集中在 6 月前后开放，‘豫石榴五号’完全花率较高，为 42.4%，坐果率也高，为 65.8%。‘豫石榴五号’果实圆形，最大单果重 730g，平均果重 344g，果皮红色，光滑洁亮，籽粒玛瑙色，风味甜酸纯正，经国家农业部果品及苗木质量监督检验测试中心测定：总糖 11.47%，总酸 1.48%，VC 9.80mg/100g。果实出籽率为 85%，出汁率为 92.1%，经过在河南省各地多年的栽培试验表明，其栽培综合性状较好，8 年生平均株产 25.8kg，单位面积产量 1419kg/亩，是加工、鲜食的优良品种。

3 栽培适应性

3.1 土壤适应性

‘豫石榴五号’适生范围广泛，土壤的适应性也很强，在山区、丘陵、沙区、黄土地等弱碱性的土地上均能正常生长，也可用于四旁绿化，庭院栽植，发展庭院经济。同时它更是一种宜高肥水品种，在肥水条件好的地块里，该品种更能充分表现自己的品种优势。

3.2 抗性

‘豫石榴五号’对寒冷、病害、虫害的抗性强，如表 1。

石榴树抗寒性是决定石榴树适生性的重要指标之一，如果抗寒性弱，会造成因寒冷而建园不成功，更谈不上经济收入了。从表 1 中可看出‘豫石榴五号’的抗寒性较强，在参试品种中排第二位，一般在冬季正常降温条件下，旬最低温度平均值不低于 -8.0℃，极端最低温度不低于 -14.0℃时，均不会对‘豫石榴五号’造成冻害，‘豫石榴五号’的抗病、虫性(这里以石榴树主要病虫害：果腐病、桃蛀螟为调查对象)也很强，分别位居各参试品种的第三位和第二位，即使遇到病虫害大发生时或因客观原因(特别是山区和丘陵地带)防治不及时，也不会因此造成严重的产量降低，近而影响到经济效益，‘豫石榴五号’是一个在生产中综合指数较稳定的品种，适宜生产上大规模推广。

表 1 ‘豫石榴五号’抗寒、病、虫试验结果表

Table **1** Cold-resistant, disease and insect resistance experiment result of **‘**Yushiliu No. **5’**

参试品种(试验编号) Species	冻害指数(%) Cold injury index	抗病(病果数/每千个果) Disease resistance	抗虫(虫果数/每千个果) Insect resistance
03	0.35	4	7
06	0.25	10	13
10	0.17	12	11
11	0.25	51	10
‘豫石榴五号’	0.21	11	9
13	0.65	11	26
18	0.38	46	169
20	0.21	14	19
22	0.29	40	10

注：为了直观，‘豫石榴五号’原编号不再使用。

4　栽培技术要点

4.1　栽植

栽植时期和密度：由于该品种对寒冷的适应能力较强，所以在果树树体的休眠期均可栽植，以秋季栽植为最好，定植密度应适当大些，以实现早期丰产获得经济效益的目的，可采用2m×3m的密度定植。定植时要上足基肥，每定植穴施有机肥6～8kg，定植穴大小为80cm×80cm×80cm，以保证建园的成功率。

4.2　肥水

肥水管理的好坏直接影响着树体的生长势，进而关系着树体的各项生理、生物学指标，肥料的施入要以基肥为主，在秋季果实采收后至翌年树体萌芽前施入，幼树每株施入优质圈肥2kg左右，结果大树每株施入10kg左右，同时在树体快速生长季节(6～7月份)，可视情况用无机化肥适量追施，石榴树生长的后期尽量控制灌水，防止裂果的发生，入冬要及时浇封冻水，以便来年能迅速生长发育，确保丰产，以及提高冬季树体对不良气候环境的抵抗能力。

4.3　花果管理

‘豫石榴五号’坐果能力较强，因此，在石榴树花蕾、花、幼果期要注意疏蕾、疏花和疏果，以降低养分的消耗，促进早果、大果、优质果的发育，以单果着生并能在树体上分布均匀为好，坐果量应根据树体、树势的情况确定，但不易太大。为了提高坐果的稳定性和确定性，可采用花期石榴园放蜂、人工授粉、喷洒生长调节剂的方法。

4.4　整形修剪

整形修剪主要分为冬、夏两个季节，重剪在冬季进行，冬季修剪首先要剪去老、弱、病、虫枝及树冠下部生长势弱的徒长枝，根据树体、树形结构合理选配各级骨干枝，调整安排各类结果母枝，使主侧枝分明，以达到树体养分供应充足、生长健壮、抗性强之目的。夏季修剪主要以疏去过密的徒长枝以及生长位置不合理的枝，以促进树体的通风透光，生长良好。

4.5　病虫防治

危害‘豫石榴五号’生长发育的病虫主要为石榴干腐病、桃蛀螟和石榴茎窗蛾，防治石榴干腐病可用入冬刮树皮、树干用石灰水涂白、树体休眠期喷3～5波美度的石硫合剂、石榴树生长季节喷洒40%多菌灵胶悬剂500倍液的方法可有效防止该病的发生。桃蛀螟是危害石榴果实的一个重要害虫，根据桃蛀螟的发生及危害特点，应重点在产卵高峰期(每年的6月中旬至7月下旬)喷洒2.5%的溴氰菊酯乳油1000倍液，50%的辛硫磷乳剂1000倍液等农药3～5次毒杀之，有条件的果农可以进行果实套袋，其效果更好，这样也提高了果实的商品经济价值，值得大力推广。石榴茎窗蛾钻蛀石榴树枝干、啃食枝干髓心，防治要及时，在关键的幼虫孵化盛期(7月上旬)叶面喷洒敌百虫1000倍液触杀卵和毒杀初孵幼虫，防治效果明显。

石榴新品种绿丰的主要特性分析

赵艳莉　曹琴　李战鸿　李成林　龚长林

（开封市农林科学研究院，开封　475004）

摘要：‘绿丰’是开封市农林科学研究院以石榴优良品种‘豫石榴2号’为母本、‘豫石榴3号’为父本，经人工杂交育成的石榴新品种，2013年通过河南省林木品种审定委员会审定。‘绿丰’的完全花率和坐果率分别比对照高16.3%和15.1%，两者的完全花率达极显著水平；平均果重312.5g，较对照增加32.7%；百粒重56.0g，超过对照21g；可溶性固形物含量较对照品种高1%，出籽率超过对照7.2%，出汁率超过对照5.6%，百粒重较对照差异达极显著水平，其他达显著水平；新品种的单位面积产量1652.8kg，较对照增加67.2%，极显著高于对照；冻害指数仅为0.077，抗寒性强。‘绿丰’具有易成花易坐果、高产稳产、大果大粒、抗寒性强、耐储运等特点。

关键词：石榴；绿丰；特征特性；高产稳产；大粒；抗寒

The Main Characteristics Analysis of a New Pomegranate Cultivar ‘Lvfeng’

ZHAO Yan-li, CAO Qin, LI Zhan-hong, LI Cheng-lin, GONG Chang-lin

(*Kaifeng Research Academy of Agriculture and Forestry*, *Kaifeng* 475004, *China*)

Abstract: ‘Lvfeng’ pomegranate is a new precocious pomegranate varieties bred from the cross between ‘Yu’ pomegranate No. 2 and No. 3. from kaifeng agriculture and forestry science institute , and was approved by forest variety approval committee in henan province in 2013. ‘Lvfeng’ pomegranate completely flower rate and fruit rate is higher than control 16. 3% and 15. 1% respectively, both completely flower rate was extremely significant level; The average single fruit weight is 312. 5g, 32. 7% increase than control; 100-aril weight 56. 0g, over against control 21g; Soluble solids content is 1% higher than contrast varieties, the seed rate more than control 7. 2% , eatable rate more than control 5. 6% , and 100-aril weight extremely significant level compared with control, others are significant level, Per unit area yield of new varieties of 1652. 8kg, increased by 67. 2% compared with control , extremely significant level higher than control; Cold injury index only is 0. 077, cold resistance is strong. ‘Lvfeng’ pomegranate has the characteristic such as easily flowering and fruit, high yield and stable

基金项目：开封市科技攻关计划（120213）。

作者简介：赵艳莉，女，副研究员，研究方向为果树栽培与育种。E-mail：zhaoyanli006@163.com。

yield, big fruit, strong cold resistance, resistant to storage and transportation, etc.
Key words: Pomegranate; 'Lvfeng'; Characteristic; High and stable yield; Big arils; Cold resistance

'绿丰'是开封市农林科学研究院以石榴优良品种'豫石榴2号'为母本、'豫石榴3号'为父本，经人工杂交育成的石榴新品种，2013年通过河南省林木品种审定委员会审定(良种编号：豫S-SV-PG-010-2013)。'绿丰'具有易成花、易坐果、高产稳产、大果大粒、抗寒性强的特点，本文以豫石榴1号为对照，对'绿丰'的主要特性进行了详细分析，旨在对该新品种有一个更全面的了解，指导各地引种和生产种植。

1 选育经过

1996年5月做杂交组合'豫石榴2号'×'豫石榴3号'，9月份获得种子。杂交种子经冬季沙藏，1997年培育出后代实生苗，1998年春季定植于开封市农林科学研究院石榴选种圃。

经2000~2002年3年的果期选择，综合早实性、产量、果重、品质、外观、抗病虫性、抗寒性等性状分析，2002年选出优良单株。2003年硬枝扦插繁殖，2004年春分别在开封、巩义、濮阳建区试园3处，以我省的石榴主栽品种'豫石榴1号'为对照。2007年开始记产，2013年完成全部试验。

2 研究方法

2.1 田间设计

3个试验点田间设计均按完全随机区组排列，3次重复，4株方形或单行小区，株行距：濮阳3m×3.5m，巩义3m×3.5m，开封2m×3m，试验地周围设1~3行保护行。

2.2 调查内容与方法

对各物候期和抗寒性，参照果树研究的通用方法，进行观察记载。对产量、平均果重、完全花率、坐果率、百粒重、出籽率、出汁率、可溶性固形物含量等可量化的项目，进行统计处理。

2.3 统计分析

对完全花率、坐果率、出籽率、百粒重、出汁率、可溶性固形物含量只进行方差分析，完全花率、坐果率分析时百分数经反正弦转换。对平均果重和平均产量按随机区组进行多年多点方差分析。

3 主要性状分析

3.1 完全花率和坐果率分析

石榴虽为雌雄同花，但有完全花和败育花之分，只有完全花才有坐果能力，完全花率高，坐果率才会高，'绿丰'的完全花率和坐果率调查见表1。'绿丰'的完全花率为28.8%，坐果率为69.0%，分别比对照'豫石榴1号'高16.3%和15.1%。通过对完全花率和坐果率的进一步方差分析(表2)表明，两者的完全花率达极显著水平，说明该性状是受遗传控制

的，是品种的自有特性。‘绿丰’易成花，易坐果，容易达到丰产稳产。

表 1　完全花率和坐果率调查

Table **1**　Completely flower rate and fruit rate survey

品种 Varieties	完全花率 Completely flowers				坐果率 Fruit rate			
	总花数 The total number of flowers	完全花数 Completely flower no.	%	± ck	完全花数 Completely flower no.	坐果数 Fruit no.	%	± ck
绿丰石榴 ‘Lvfeng’	1782	513	28. 8	16. 3	513	354	69. 0	15. 1
豫石榴 1 号(ck) ‘Yushiliu No. 1’	3654	456	12. 5	0	456	246	53. 9	0

表 2　完全花率及坐果率方差分析

Table **2**　Completely flower rate and fruit rate variance analysis

差异源 Difference source	DF	完全花率 Completely flowers		坐果率 Fruit rate		$F_{0.05}$	$F_{0.01}$
		MS	F	MS	F		
区组 Block	2	6. 356117	6. 73	0. 004079	2. 47	19. 0	99. 0
品种 Varieties	1	221. 3123	234. 41 * *	0. 030246	18. 33	18. 5	98. 5
误差 Error	2	0. 944117		0. 001651			
总和 Sum	5						

3. 2　果实经济性状分析

‘绿丰’的果实经济性状表现和方差分析见表 3、表 4、表 5。

由表 3 可见，‘绿丰’果实球形，果形指数 0. 93，定植第 4 年至第 9 年，三个试验点平均果重 312. 5g，较对照豫石榴 1 号增加 32. 7%，果个较大；百粒重 56. 0g，超过对照 21g，属于大粒型品种；可溶性固形物含量 15. 5%，较对照品种高 1%；出籽率超过对照 7. 2%，出汁率超过对照 5. 6%。果皮薄，底色青绿，成熟时全面着红晕，光滑洁亮无锈斑，质地致密，心室 9 ~ 12 个，籽粒玛瑙色，籽核硬。

表 3　‘绿丰’和‘豫石榴 1 号’的果实性状比较

Table **3**　‘Lvfeng’ pomegranate and ‘Yushiliu No. **1**’ fruit character comparison

品种 Varieties	平均单果重(g) Mean fruit mass(g)	最大单果重(g) Maximum weight(g)	果形指数 Shape index	百粒重(g) 100-aril weight(g)	出籽率(%) Seed rate (%)	出汁率(%) Eatable rate(%)	可溶性固形物(%) Soluble solids	果皮厚(cm) Skin thick (cm)	籽核 Seed kernel	果皮色泽和光滑度 The skin color and smoothness
绿丰‘Lvfeng’	312. 5	755. 0	0. 93	56. 0	63. 5	81. 5	15. 5	0. 35	硬	底色青绿
豫石榴 1 号 ‘Yushiliu No. 1’	235. 5	550. 0	0. 92	35. 0	56. 3	75. 9	14. 5	0. 6	硬	全面着红晕红色

由表 4、表 5 可见，‘绿丰’和对照‘豫石榴 1 号’的平均果重、出籽率、出汁率和固形物含量之间的差异均达显著水平，百粒重差异达极显著水平，说明‘绿丰’在这几项指标上明显优于‘豫石榴 1 号’。

表4 平均果重方差分析

Table 4 Average-anova

差异源 Difference source	DF	SS	MS	F	F0.05	F0.01
地点 Place	2	1219.7325	609.866	1.25	19.0	99.0
品种 Varieties	1	35604.8083	35604.8083	72.97 *	18.5	98.5
误差①Error①	2	972.8392	487.9196			
小总数 Total no.	5	37797.38				
年份 Year	3	4323.99	1441.33	2.96	4.76	
年份×地点 Year×Place	6	1635.16	272.527	0.56	4.23	
年份×品种 Year×Varieties	3	872.83	290.943	0.60	4.76	
误差② Error②	6	2924.36	487.393			
总和 Sum	23	47553.72				

表5 品质主要性状方差分析

Table 5 Main quality characters anova

差异源 Difference source	自由度 DF	出籽率 Seed rate		百粒重 100-aril weight		出汁率 Eatable rate		固形物含量 Soluble solids content		显著水平 F0.05 F0.01	
		MS	F	MS	F	MS	F	MS	F	0.05	0.01
区组 Block	2	0.000162	1.86	1.545	2.22	0.0000195	0.14	0.0000395	8.78	19.0	99.0
品种 Varieties	1	0.007776	88.87*	661.5	951.80**	0.004704	34.72*	0.00015	33.33*	18.5	98.5
误差 Error	2	0.0000875		0.695		0.000135		0.0000045			
总和 Sum	5										

3.3 生长结果特性分析

‘绿丰’树体生长势较强，树姿开张，除当年生徒长枝外，其余枝上均可抽生结果枝，顶端形成花蕾1~9个，多果簇生现象较多。扦插苗定植第二年即开始结果，三区试点第四年平均亩产量686.1kg，第五年平均亩产量可达1821.8kg，之后产量稳定，受天气影响较小，大小年现象不明显。‘绿丰’和对照‘豫石榴1号’的结果性状比较见表6，平均产量多年多点互作方差分析见表7。

表6 ‘绿丰’和对照‘豫石榴1号’的结果性状比较

Table 6 The result character of ‘Lvfeng’ pomegranate and control comparison

品种 Varieties	地点 Place	平均株产(kg) Average strain(kg)						折合单产(kg/亩) Reduced yield(kg/亩)					
		2007	2008	2009	2012	X	±ck (%)	2007	2008	2009	2012	X	±ck (%)
绿丰石榴 ‘Lvfeng’	开封 Kaifeng	7.2	18.3	24.4	20.5	17.6		792.0	2013.0	2684.0	2255.0	1936.0	
	濮阳 Puyang	10.7	25.5	27.8	32.5	24.1		674.1	1606.5	1751.4	2047.5	1519.9	
	巩义 Gongyi	9.4	29.3	26.6	30.1	23.9		592.2	1845.9	1675.8	1896.3	1502.6	
	$\overline{X}$	9.1	24.4	26.3	27.7	21.9	71.1	686.1	1821.8	2037.1	2066.3	1652.8	67.2
豫石榴1号(ck) ‘Yushiliu No. 1’	开封 Kaifeng	2.2	10.3	13.5	18.3	11.1		242.0	1133.0	1485.0	2013.0	1218.3	
	濮阳 Puyang	1.8	13.5	16.7	20.5	12.6		113.4	850.5	1052.1	1291.5	826.9	
	巩义 Gongyi	2.7	17.8	13.7	24.2	14.6		170.1	1121.4	863.1	1524.6	919.8	
	$\overline{X}$					12.8	0					988.3	0

由表7看出，平均产量在品种间、地点间、年份间、区组间、地点×年份、品种×年份、品种×地点×年份之间均达到极显著水平。品种间产量差异达极显著水平，说明产量是由其自身的结果能力决定的，‘绿丰’的产量极显著高于对照‘豫石榴1号’。地点间达极显著差异，主要是各点间的气候特点、土壤肥力、管理水平等不一致所造成的，说明选择的区试点能够代表不同的类型区。年份间达极显著差异，而且产量随树龄的增加而增高，在结果初期是符合果树的生长特点的。

表7　平均产量多年多点互作方差分析

Table 7　Average yields more years and multipoint interactions anova

差异源 Difference source	DF	SS	MS	F	$F_{0.05}$	$F_{0.01}$
地点 Place	2	2405407.28	1202703.64	107.78 ＊＊	3.20	5.10
年份 Year	3	20480715.44	6826905.15	611.82 ＊＊	2.81	4.24
品种 Varieties	1	7924180.54	7924180.54	710.16 ＊＊	4.11	7.22
地点×年份 Place×Year	6	1141672.83	190278.81	17.05 ＊＊	2.30	3.22
品种×地点 Year×Place	2	60104.21	30052.11	2.69	3.20	5.10
品种×年份 Varieties×Year	3	631015.42	210338.47	18.85 ＊＊	2.81	4.24
品种×地点×年 Varieties×Place×Year	6	396995.06	66165.84	5.93 ＊＊	2.30	3.22
区组 Block	2	461755.5	230877.75	20.69 ＊＊	3.20	4.75
误差 Error	46	513285.64	11158.38			
总变异 Total variation	71					

3.4　抗寒性分析

‘绿丰’对土壤要求不严，在河南省东部沙地、西部黄土丘陵地等土肥水条件较差的地方，其早实性、丰产稳产性和果实经济性状等都能够充分表现，在肥水充足地区，表现更突出。‘绿丰’抗寒性强，2009年11月10~11日(石榴树尚未落叶)河南省普降暴雪，巩义当日最低气温为-0.6℃，而旬平均气温比历年同期低8.0℃，在融雪过程中，濮阳的最低温度为-8℃，石榴树在三个试验点均不同程度发生冻害，对照品种‘豫石榴1号’的冻害指数为0.417，而‘绿丰’的冻害指数仅为0.077，只是一年生枝条发生冻害症状，并不影响第二年正常结果，说明其抗寒性强，在河南省各地都可以安全越冬。‘绿丰’的抗寒性评价见表8。

表8　抗寒性评

Table 8　Hardiness evaluation

品种 Varieties	地点 Place	树龄(年)Old(a)	冻害指数 Cold injury index	抗寒评价 Cold evaluation
绿丰石榴‘Lvfeng’	巩义 Gongyi	6	0.05	
	濮阳 Puyang	6	0.08	
	开封 Kaifeng	6	0.10	
	$\overline{X}$		0.077	强 Strong
豫石榴1号 ‘Yushiliu No.1’	巩义 Gongyi	6	0.26	
	濮阳 Puyang	6	0.43	
	开封 Kaifeng	6	0.56	
	$\overline{X}$		0.417	较强 Big strong

3.5　耐储性

‘绿丰’成熟晚、果皮致密，耐储性强，在10月15日采收，采收后放在室内阴晾2天，使果皮稍失水后用水果保鲜袋单果包装，贮藏在温度为5~8℃的恒温冷库内，贮藏时间100

天，贮藏后以果皮和籽粒不褐变为好果，好果率达90%，远远高于对照‘豫石榴1号’的好果率42%。所以，‘绿丰’良好的耐储性可以错开石榴的上市时间，贮藏后在春节期间上市效益更好。

3.6 物候期

‘绿丰’在开封的各物候期为：3月25日为叶芽萌动期，4月5日为展叶期，11月10日为落叶期，营养生长天数225～230天。5月10日开始开花，盛花期从5月15日开始，6月15日进入终花期。10月上中旬果实成熟，果实发育天数130～140天左右，属中晚熟品种。

4 发展前景

‘绿丰’早实性好，丰产稳产性强，果个大，籽粒大，品质优，抗逆性和适应性强，商品性状好，其果皮底色青全面着红色，外观漂亮，籽粒玛瑙色，综合性状优良，成熟较晚，耐储运，贮藏后可以错开大批石榴的上市时间，在春节期间上市效益更好，是一个很有发展前景的石榴新品种。

石榴成花过程中内源激素与相关酶的动态变化研究

李进[1]　李甦[1]　李文祥[1*]　杨荣萍[1]　洪明伟[1]　吴兴恩[1]　李松开[2]

([1] 云南农业大学园林园艺学院，昆明　650201；[2] 蒙自县果蔬技术推广站，蒙自　661100)

摘要：【目的】为探讨石榴成花的生理机制。【方法】以‘甜绿籽’、‘甜光颜’和‘月季石榴’3个石榴品种为试材，研究其成花过程中内源激素和相关酶的动态变化。【结果】在完全花与不完全花的发育过程中，完全花的GA_3、KT和IAA含量明显比不完全花的高，而完全花的ABA含量比不完全花的低，且在完成授粉后，GA_3、KT和ABA含量大幅上升；完全花的PPO和PAL活性比不完全花的高，而POD的活性呈上升趋势。【结论】说明在石榴的花器官发育中，完全花比不完全花的细胞代谢更旺盛。

关键词：石榴；成花过程；内源激素；酶；动态变化

Dynamic Changes of Endogenous Hormone Content and Activities of Related Enzymes during the Floral Ovaries of Pomegranate

LI jing[1], LI Su[1], LI Wen-xiang[1*], YANG Rong-ping[1], HONG Ming-wei[1], WU Xing-en[1], LI Song-kai[2]

([1] *College of Landscape and Horticulture*, *Yunnan Agricultural University*, *Kunming* 650201, *China*)

([2] *Fruit and Vegetable Technology Promotion Station of Mengzi County*, *Mengzi* 661100, *China*)

Abstract:【Objective】In order to explore the potential physiological mechanisms of floral ovaries and to discuss dynamic changes of endogenous hormones and enzymes in flowering process.【Method】the pomegranate varieties ‘tianlvzhi’, ‘tianguangyan’ and ‘yuejishiliu’ have been tested in developmental processes.【Result】The physiological and biochemical changes in the process of floral ovaries were studied in the dissertation. The main results were as follow: The content of GA_3, KT and IAA in perfect flower is significantly higher than imperfect flower, and ABA of perfect flower increases significantly. In the same process the activity of PPO and PAL is higher than imperfect flower and POD keeps rising.【Conclusion】It shows that in the development of the floral organs of pomegranate, the cell metabolism of perfect flowers is more exuberant than the imperfect flowers.

Key words: Pomegranate; Floral ovaries; Endogenous hormone; Enzyme; Dynamic changes

作者简介：李进，男，在读硕士生，研究方向为果树分子生物学。E-mail：wangyangjun@126.com。

＊通讯作者 Author for correspondence. E-mail：liwenxiang1959@sina.com。

石榴(*Punica granatum* L.)为石榴科(安石榴科)石榴属落叶灌木或小乔木，是世界上栽培较早的果树之一，原产于西亚的伊朗、阿富汗和印度的西北部地区。一般认为，石榴是在西汉张骞(公元前119年)出使西域时引入我国，并逐渐传播至全国适宜栽培区，至今已有2100多年的历史。云南是石榴种植的主要产地，面积约30万亩。石榴的花期长，花量大，正常花芽分化在枝条停长以后就开始进行生理分化。石榴的花芽分化和完全花发育是开花多少和花质好坏的基础，是石榴生长发育过程中关键的阶段，弄清石榴花芽分化的全过程，掌握石榴成花机理，了解植物内源激素、相关酶与石榴成花关系，从而有针对性地采取技术措施，提高完全花分化比例，为研究石榴成花机理起到铺垫作用。

1 材料与方法

1.1 材料

试验材料为'甜光颜'、'甜绿籽'和'月季石榴'，各选择生长正常、树势均匀、立地条件基本一致的植株标记。于2013年3月至6月每30天采一次，7月至8月每10天采一次，2013年11月再采一次样，每次采15个芽进行FAA固定，置于-80℃冰箱保存；石榴花选在小花蕾(3~10mm)、大花蕾(>15mm)、开花期和授粉期四个时期采样，置于-80℃冰箱保存。在云南农业大学农业生物多样性应用技术国家工程研究中心进行测定。

1.2 方法

1.2.1 内源激素的测定

仪器试剂：安捷伦高效液相色谱仪(Agilent1100)；反相色谱柱(ODS HYPERSIL，250*4.6mm，5μm)；C_{18}小柱(CNW公司，1g/6mL)；PVPP(联聚乙烯吡咯烷酮)激素标样IAA、GA、KT和ABA(Aladdin industrial Corporation，上海)；除甲醇和乙腈为色谱纯外，其他所用试剂均为分析纯。参考曾庆钱等的方法进行内源激素的测定。

1.2.2 相关酶的测定

粗酶的提取：参考蔡英豪等的方法进行。

酶活性测定：多酚氧化酶(PPO)活性的测定采用邻苯二酚法；过氧化物酶(POD)采用愈创木酚法；苯丙氨酸解氨酶采用苯丙氨酸法。

1.3 数据处理和统计分析方法

采用Excel软件将试验数据进行初步整理和分析，以下数据均为试验所得平均值。

2 结果与分析

2.1 石榴完全花与不完全花内源激素含量的变化

将不同浓度的各种激素的标样溶液进行HPLC测定，获得他们的标准曲线从而建立起已知激素与HPLC峰面积大小之间的函数关系。各激素标准样品标准曲线方程：

$$Y_{GA3}=12.074x-52.70(R^2=0.9889);$$

$$Y_{KT}=23.190x-25.065(R^2=0.9981);$$

$$Y_{IAA}=91.24x-59.801(R^2=0.9981);$$

$$Y_{ABA}=48.298x-6.123(R^2=0.9989)。$$

其中 x 为激素浓度；Y 为 *HPLC* 图谱上该标准样的峰面积。

2.1.1　完全花与不完全花 GA_3 含量的变化

如图 1 所示，在石榴花发育的过程中，三个品种完全花的 GA_3 含量均比不完全花的高，其 GA_3 含量总体呈上升趋势，且在完成授粉后，GA_3 含量大幅上升并达到最大值，分别为 52.25μg/g、16.61μg/g、49.19μg/g。三个品种不完全花 GA_3 含量总体呈“上升—下降”的动态变化，即：‘甜绿籽’和‘甜光颜’在小花蕾至大花蕾，之后开始下降；‘月季石榴’在小花蕾至开花期，之后开始下降至最低 7.05μg/g。在石榴花发育的过程中，通过对三个品种完全花与不完全花的 GA_3 含量变化，说明高含量的 GA_3 对石榴完全花的发育有重要作用，且在完成授粉后完全花 GA_3 含量大幅上升，利于石榴幼果的坐果和生长发育。

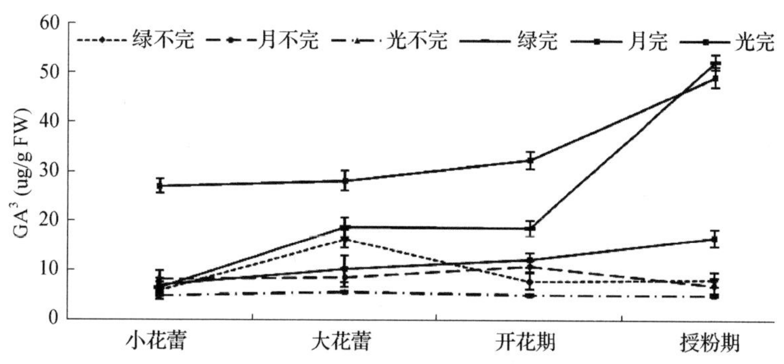

图 1　石榴完全花与不完全花 GA_3 含量变化

Fig. 1　The GA_3 content changes between perfect and imperfect flowers of pomegranate

绿不完：‘甜绿籽’不完全花；月不完：‘月季石榴’不完全花；光不完：‘甜光颜’不完全花；
绿完：‘甜绿籽’完全花；月完：‘月季石榴’完全花；光完：‘甜光颜’完全花。下同

2.1.2　完全花与不完全花 KT 含量的变化

如图 2 所示，在石榴花发育的过程中，‘甜绿籽’、‘甜光颜’和‘月季石榴’的完全花与不完全花在小花蕾至开花期 KT 含量变化趋势基本一致，呈“上升—下降”动态变化，在大花蕾时期达到较大值。但当三个品种在完成授粉后，不完全花的 KT 含量继续下降，而完全花

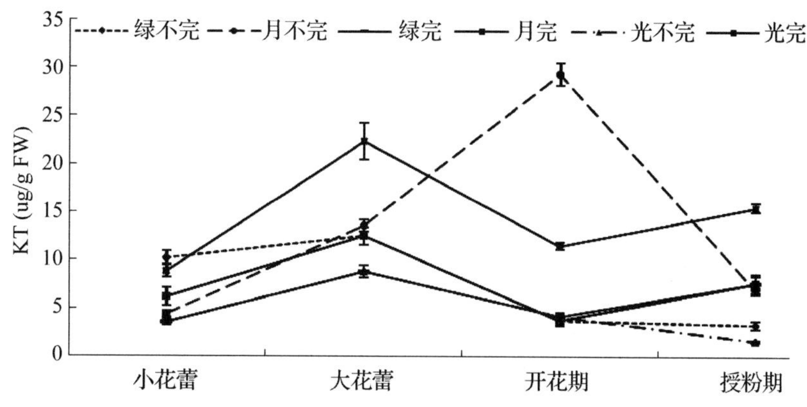

图 2　石榴完全花与不完全花 KT 含量变化

Fig. 2　The KT content changes between perfect and imperfect flowers of pomegranate

的 KT 含量明显上升，分别为 7.71μg/g、15.53μg/g、7.66μg/g。大花蕾时期 KT 含量的上升，说明高含量的 KT 利于花蕾的膨大和发育；当石榴花完成授粉后完全花 KT 含量明显上升，而不完全花却继续下降，由此认为高含量的 KT 利于完全花在完成授粉后子房的继续生长和发育。

2.1.3 完全花与不完全花 IAA 含量的变化

如图 3，石榴完全花与不完全花的 IAA 含量较小。从小花蕾至授粉期发育的过程中，三个品种完全花的 IAA 含量均高于不完全花，且完全花与不完全花的 IAA 含量变化趋势一致，但不同品种间存在差异。'甜绿籽'完全花与不完全花的 IAA 含量变化呈"上升—下降—上升"变化动态，在大花蕾时期达到最大，分别为 1.51μg/g、1.59μg/g；'月季石榴'完全花与不完全花的 IAA 含量变化整体呈上升趋势，在完成授粉后达到最大，分别为 0.93μg/g、1.40μg/g；'甜光颜'完全花 IAA 含量从小花蕾至开花期缓慢上升，在开花期达到最大，之后略有下降；不完全花 IAA 含量呈"小幅上升—大幅下降"的动态变化，即在小花蕾到大花蕾时期 IAA 含量从 1.36μg/g 上升至 1.59μg/g，大花蕾之后 IAA 含量下降，并在完成授粉后达到最低，降至 0.97μg/g。在石榴花期，完全花 IAA 含量始终高于不完全花，说明高含量的 IAA 保证了完全花的正常发育。

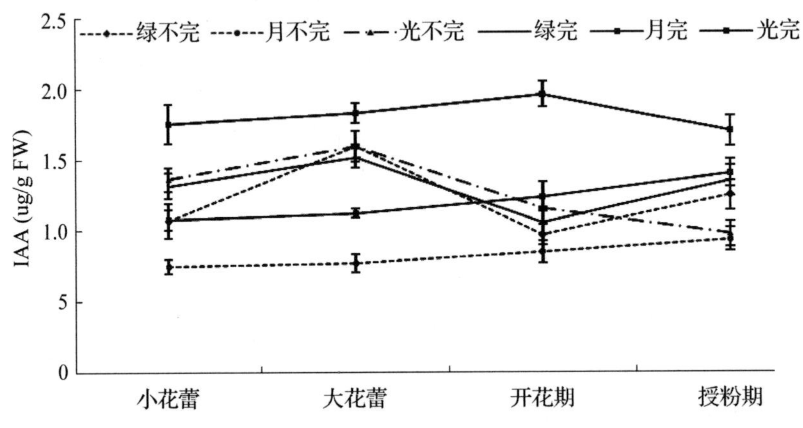

图 3 石榴完全花与不完全花 IAA 含量变化

Fig. 3 The IAA content changes between perfect and imperfect flowers of pomegranate

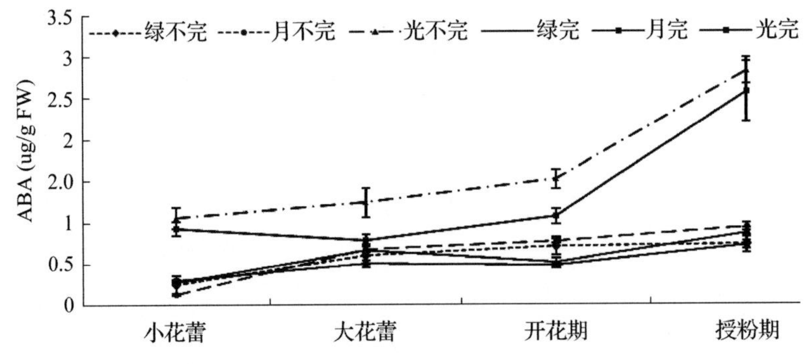

图 4 石榴完全花与不完全花 ABA 含量变化

Fig. 4 The ABA content changes between perfect and imperfect flowers of pomegranate

2.1.4 完全花与不完全花 ABA 含量的变化

如图 4 所示，在石榴花发育的过程中，‘甜绿籽’、‘甜光颜’和‘月季石榴’不完全花 ABA 含量均比完全花含量高。三个品种的完全花 ABA 含量总体呈上升趋势，且在完成授粉后，ABA 含量大幅上升并达到最大值。即：‘甜绿籽’在小花蕾时期 ABA 含量从 0.28μg/g 不断上升至授粉期达到最大为 0.87μg/g；‘月季石榴’在小花蕾时期 ABA 含量从 0.30μg/g 不断上升至授粉期达到最大为 0.72μg/g；‘甜光颜’在小花蕾时期 ABA 含量从 0.92μg/g 不断上升至授粉期达到最大为 2.57μg/g。三个品种不完全花 ABA 含量不断上升，但与完全花不同，在不完全花完成授粉后 ABA 含量并未出现较大上升，在整个开花过程中不完全花的 ABA 含量都高于完全花。

2.2 石榴花芽内源激素含量的变化

2.2.1 花芽 GA_3 含量的变化

如图 5 所示，在花芽发育过程中，三个品种的 GA_3 含量变化整体呈倒“V”字形变化，‘甜绿籽’和‘甜光颜’自 3 月初 GA_3 含量处于较低水平，之后在枝条萌发期(4 月)迅速上升并达到峰值，分别为 12.89μg/g、17.67μg/g，在 5 月仍保持较高水平，之后 GA_3 含量不断下降，于休眠期(11 月)降到较低，分别为 7.62μg/g、8.06μg/g；‘月季石榴’花芽的 GA_3 含量变化与前两个品种相似，但在 5 月达到峰值为 24.50μg/g。GA_3 激素水平在 4 月上升，此时为石榴花芽萌发期，说明高水平的 GA_3 有利于花芽的萌发。在石榴进入营养生长期后，花芽 GA_3 含量不断下降，于休眠期达到较低水平。

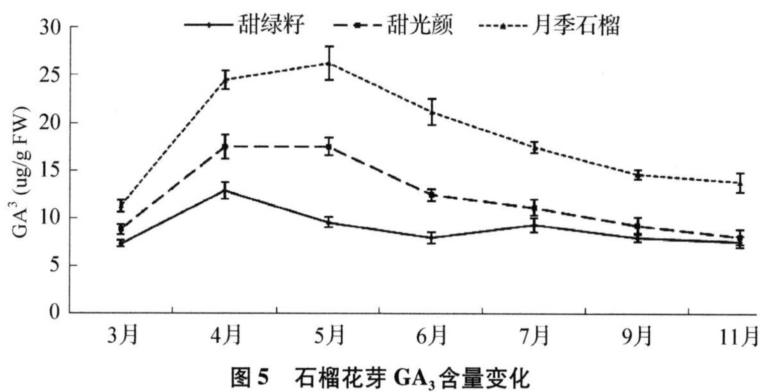

图 5 石榴花芽 GA_3 含量变化

Fig. 5 The GA_3 content changes between flower buds of pomegranate

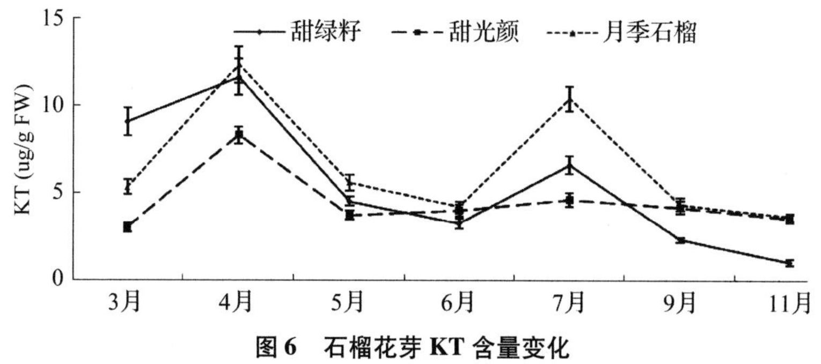

图 6 石榴花芽 KT 含量变化

Fig. 6 The KT content changes between flower buds of pomegranate

2.2.2 花芽 KT 含量的变化

石榴花芽 KT 含量变化如图6，从图中可以看出三个品种在花芽发育过程中 KT 含量变化基本一致。整体呈双峰曲线，KT 含量在3月处于较低水平，在4月枝条萌发期出现第一次高峰，含量分别为‘甜绿籽’11.63μg/g、‘甜光颜’8.31μg/g、‘月季石榴’12.34μg/g，随后 KT 含量开始不断下降，直到7月花芽分化期又出现第二次高峰。此后，KT 含量不断下降，于休眠期达到较低水平。石榴花芽 KT 激素水平分别在4月和7月达到峰值，此时正是枝条萌发和花芽分化期，说明高含量的 KT 利于枝条萌发和花芽分化。

2.2.3 花芽 IAA 含量的变化

在石榴花芽发育过程中，三个品种花芽的 IAA 含量变化基本一致如图7所示。‘甜绿籽’和‘甜光颜’IAA 含量在3月处于较低水平，之后开始上升并在枝条萌发期(4月)出现第一次高峰，IAA 含量分别为1.37μg/g、1.67μg/g，此时为枝条萌发期，随后在发育中 IAA 开始下降，直到6月又出现第二次高峰。之后，IAA 含量开始下降于休眠期(11月)降至最低。而‘月季石榴’出现的波峰比前两个石榴品种推迟一个月。

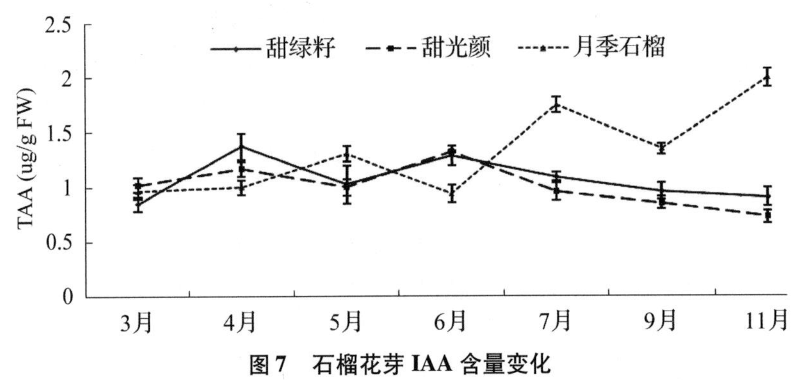

图7 石榴花芽 IAA 含量变化

Fig. 7 The IAA content changes of flower buds of pomegranate

从石榴花芽发育过程中 IAA 含量变化可以看出，IAA 含量出现两次高峰，第一次是枝条萌发期，说明高含量的 IAA 利于枝条的萌发和生长；第二次是花芽分化期一个月，说明 IAA 的积累为花芽分化提供保障。

2.2.4 花芽 ABA 含量的变化

石榴花芽发育过程中，ABA 含量整体呈“小幅上升—下降—大幅上升”的动态变化如图8所示。‘甜绿籽’、‘月季石榴’和‘甜光颜’在3月 ABA 含量处于最低值，分别为0.57μg/g、0.40μg/g、0.40μg/g，此后 ABA 含量在4月小幅上升并在花芽分化期(7月)出现峰值，在9月以后 ABA 含量大幅上升并在植株休眠期(11月)达到最大，分别为1.43μg/g、1.16μg/g、1.07μg/g。

2.3 石榴完全花与不完全花相关酶活性的变化

2.3.1 完全花与不完全花 PPO 活性变化

石榴完全花与不完全花发育过程中多酚氧化酶(PPO)活性的变化情况如图9所示，‘甜绿籽’、‘甜光颜’和‘月季石榴’完全花的 PPO 活性变化总体呈上升趋势。在小花蕾时期活性最低，此后，不断上升并在完成授粉后达到最大；不完全花的 PPO 活性相对完全花较低，‘甜光颜’和‘月季石榴’不完全花活性在小花蕾至开花期不断下降，完成授粉后开始上升；

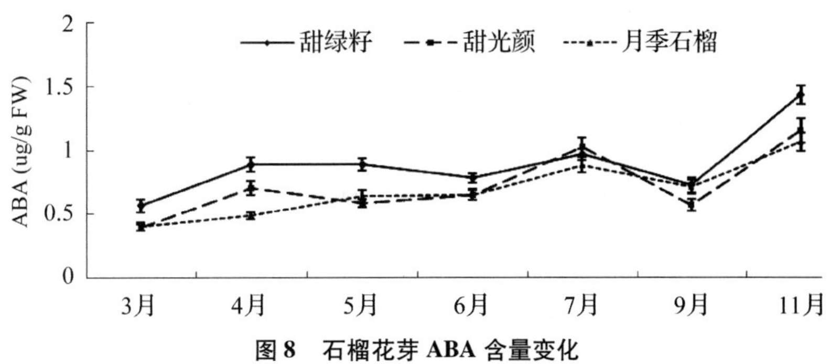

图 8 石榴花芽 ABA 含量变化

Fig. 8 The ABA content changes of flower buds of pomegranate

‘甜绿籽’不完全花在整个过程中，呈“下降—上升—下降”动态变化。

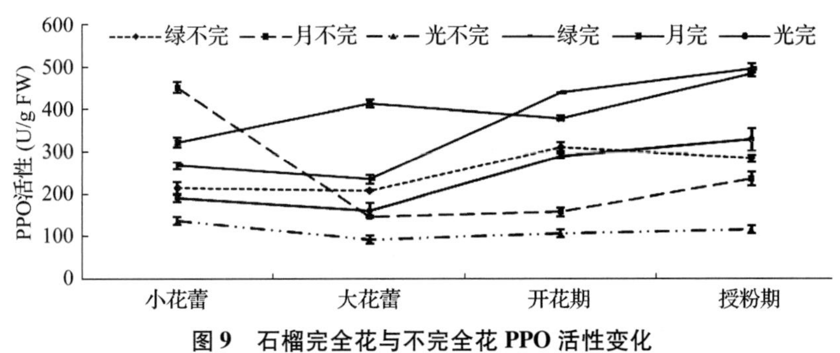

图 9 石榴完全花与不完全花 PPO 活性变化

Fig. 9 The PPO activity changes between perfect and imperfect flowers of pomegranate

2.3.2 完全花与不完全花 POD 活性变化

在完全花与不完全花发育过程中过氧化物酶(POD)活性的变化情况如图 10 所示，‘甜绿籽’、‘甜光颜’和‘月季石榴’完全花的 POD 活性变化总体呈上升趋势。在小花蕾时期，POD 活性最低，分别为 26.58U/g、13.23U/g、13.55U/g。此后，不断上升并在完成授粉后达到最大；从不完全花的 POD 活性变化可以看出，总体呈“下降—上升”趋势动态变化。其中，‘甜光颜’和‘月季石榴’POD 活性在大花蕾时期达到最低，分别为 16.02U/g、18.51U/g，‘甜绿籽’的 POD 活性在开花期达到最低。

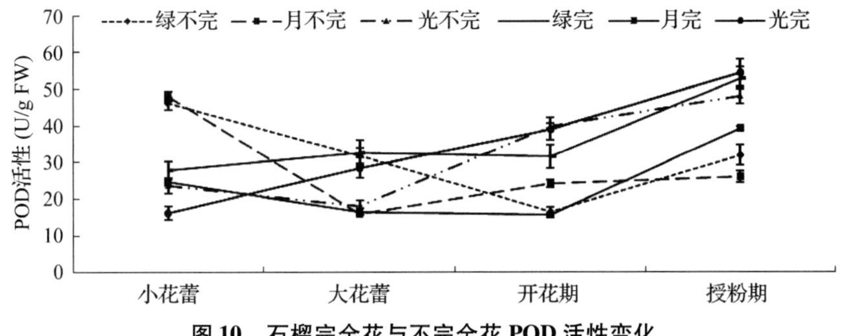

图 10 石榴完全花与不完全花 POD 活性变化

Fig. 10 The POD activity changes between perfect and imperfect flowers of pomegranate

2.3.3 完全花与不完全花 PAL 活性变化

在完全花与不完全花发育过程中苯丙氨酸解氨酶(PAL)活性变化情况如图 11 所示，‘甜

绿籽'、'甜光颜'和'月季石榴'完全花的 PAL 活性变化总体呈上升趋势。在小花蕾时期，PAL 活性最低，分别为 150.99U/g、145.74U/g、211.37U/g。此后，PAL 活性不断上升，且在完成授粉后，大幅上升并达到最大，分别为 245.88U/g、274.71U/g、316.25U/g。三个品种不完全花 PAL 活性不断上升，但与完全花不同，不完全花在完成授粉后 PAL 活性略有下降。在整个开花过程中完全花的 PAL 活性都高于不完全花。

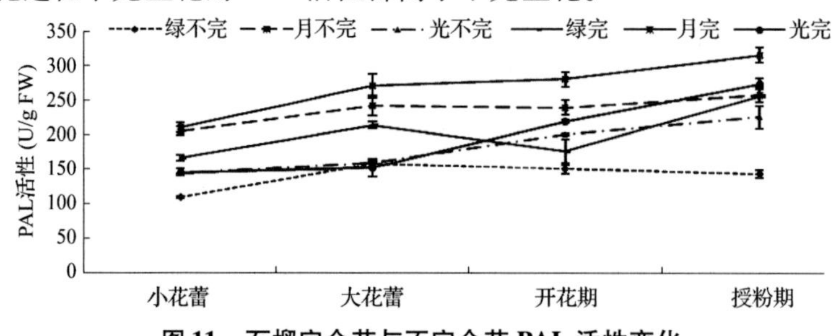

图 11　石榴完全花与不完全花 PAL 活性变化

Fig. 11　The PAL activity changes between perfect and imperfect flowers of pomegranate

2.4　石榴花芽相关酶活性的变化

2.4.1　花芽 PPO 活性的变化

在花芽发育过程中多酚氧化酶(PPO)活性的变化情况如图 12 所示，'甜绿籽'和'甜光颜'的 PPO 活性变化一致，在 3 月初期，PPO 活性处于较低水平，之后开始上升并在枝条萌发期(4 月)出现第一次高峰，随后在发育中 PPO 活性开始下降，直到花芽分化期(7 月)又出现第二次高峰。而'月季石榴'花芽 PPO 活性变化与其他两个不同，整体呈"下降—上升—下降"动态变化。

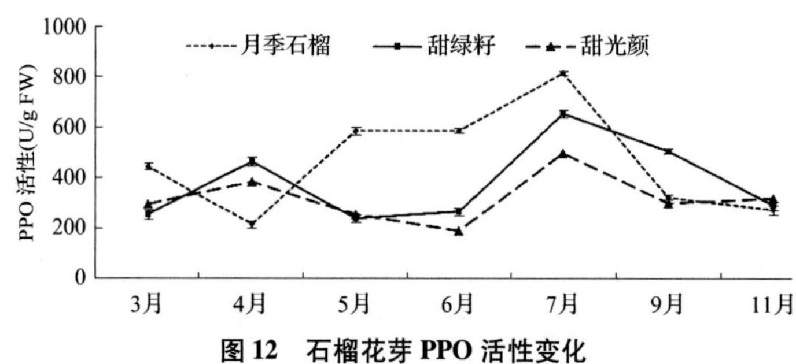

图 12　石榴花芽 PPO 活性变化

Fig. 12　The PPO activity changes of flower buds of pomegranate

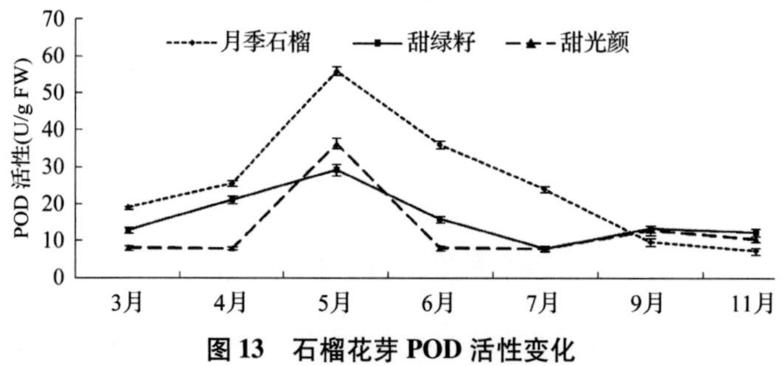

图 13　石榴花芽 POD 活性变化

Fig. 13　The activity changes of POD of flower buds of pomegranate

2.4.2　花芽 POD 活性的变化

可以看出，在花芽发育过程中，三个品种过氧化物酶(POD)活性变化基本一致，如图 13 所示。‘甜绿籽’、‘甜光颜’和‘月季石榴’POD 活性在 3 月较低，此后不断上升，在 5 月 POD 活性大幅上升并达到最高，分别为 56.00U/g、29.26U/g、36.44U/g，之后开始下降，并在 9 月之后保持较低水平。

2.4.3　花芽 PAL 活性的变化

从图 14 可以看出石榴三个品种在花芽分化中 PAL 活性变化基本一致。整体呈双峰曲线，在 3 月 PAL 活性处于较低水平，之后于 180.47U/g，随后 PAL 活性开始不断下降，直到花芽分化期(7 月)又出现第二次高峰。此后，激素 PAL 活性不断下降，直至于休眠期(11 月)达到较低水平。

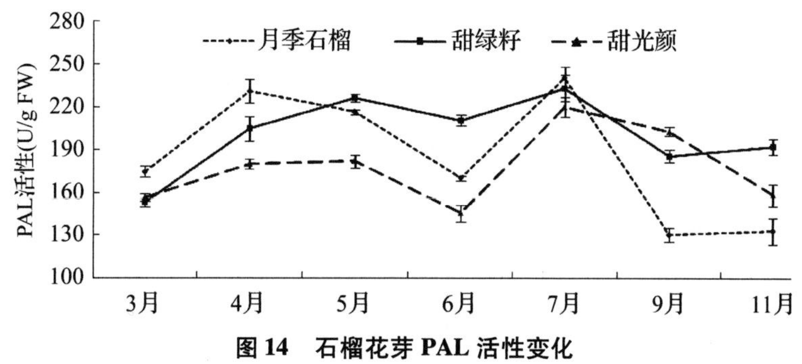

图 14　石榴花芽 PAL 活性变化

Fig. 14　The PAL activity changes of flower buds of pomegranate

2.5　内源激素的平衡变化

2.5.1　石榴完全花与不完全花内源激素的动态变化

比较石榴完全花与不完全花在发育过程中 ABA/(GA_3 + IAA + KT) 比值变化见图 15，发

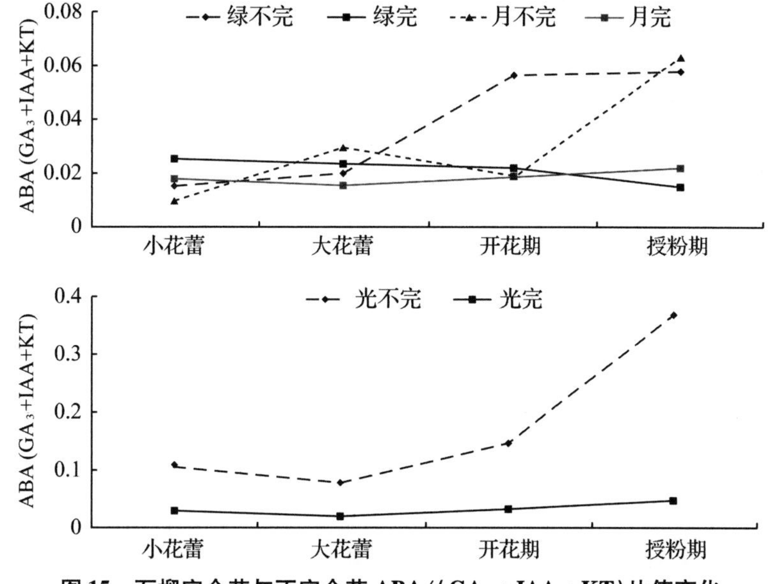

图 15　石榴完全花与不完全花 ABA/(GA_3 + IAA + KT) 比值变化

Fig. 15　The ABA/(GA_3 + IAA + KT) changes between perfect and imperfect flowers of pomegranate

现在整个过程中不完全花该比值一开始高于完全花，在大花蕾时期继续升高，并在授粉期后大幅升高；而完全花该比值始终明显低于不完全花且变化幅度小。以上结果说明在 ABA/(GA_3 + IAA + KT) 高比值使内源激素的平衡失调，从而导致后期不完全花落花落果的发生。因此，可认为内源激素的平衡参与调节了石榴花器官发育。

2.5.2　石榴花芽 KT/GA_3 的动态变化

三个石榴品种花芽发育过程中 KT/GA_3比值变化如图 16 所示。在 3 月‘甜光颜’和‘月季石榴’KT/GA_3比值处于较低水平，之后于 4 月出现第一次高峰，此时为枝条萌发期，随后 KT/GA_3比值开始不断下降，直到 7 月花芽分化期又出现第二次高峰，此后，KT/GA_3比值不断下降，于休眠期达到较低水平；‘甜绿籽’KT/GA_3比值变化与前两个品种基本一致，只是在 3 月初 KT/GA_3处于较高水平。

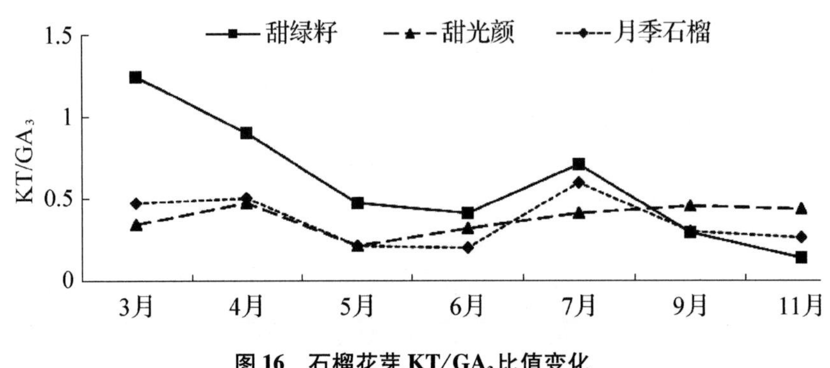

图 16　石榴花芽 KT/GA_3比值变化

Fig. 16　The KT/GA_3 changes of flower buds of pomegranate

2.5.3　石榴花芽 KT/IAA 的动态变化

三个石榴品种花芽发育过程中 KT/IAA 比值变化如图 17 所示。‘甜光颜’和‘月季石榴’KT/IAA 比值变化呈双峰曲线，即分别在 4 月和 7 月出现峰值；‘甜绿籽’KT/IAA 比值变化与前两个品种基本一致，只是在 3 月初 KT/IAA 处于较高水平，此后开始下降在 7 月出现第一次高锋。

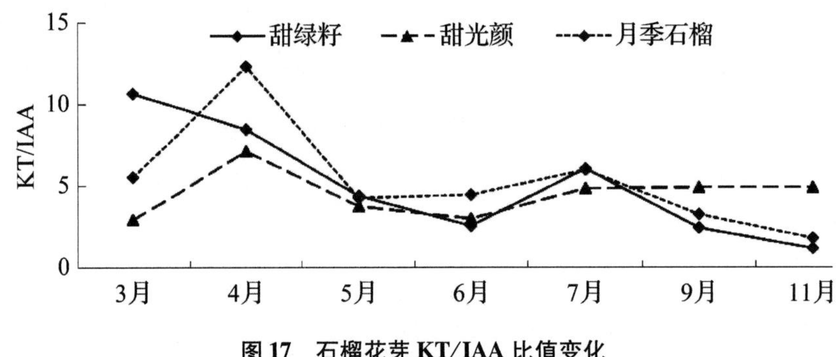

图 17　石榴花芽 KT/IAA 比值变化

Fig. 17　The KT/IAA changes of flower buds of pomegranate

2.5.4　石榴花芽 KT/ABA 的动态变化

如图 18 所示，在花芽发育过程中，‘甜光颜’和‘月季石榴’KT/ABA 比值变化基本一致，即出现双峰曲线变化；‘甜绿籽’KT/ABA 比值变化与前两个品种基本一致，只是在 3 月初 KT/ABA 处于较高水平，此后开始下降在 7 月出现第一次高锋。

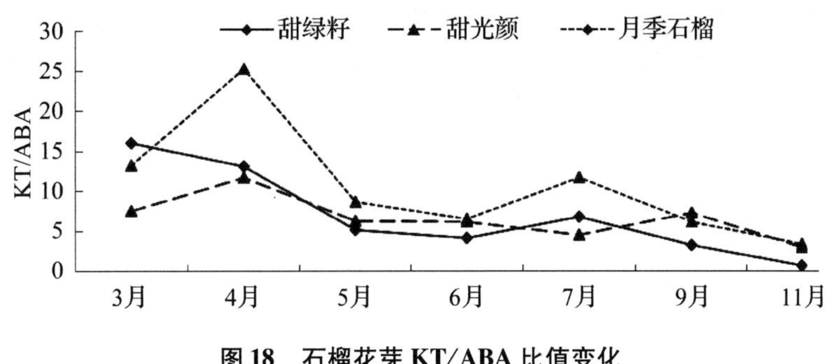

图 18　石榴花芽 KT/ABA 比值变化

Fig. 18　The KT/ABA changes of flower buds of pomegranate

3　结论

以石榴的 3 个品种为试材，研究其成花过程中生理生化的变化，探讨石榴成花的生理机制，以期为生产中提高石榴完全花比例分化并为石榴成花提供理论参考。主要结论如下：

(1)在石榴的完全花与不完全花的发育过程中，完全花的 GA_3、KT 和 IAA 含量明显比不完全花的高，而完全花的 ABA 含量比不完全花的低，当完全花完成授粉后，GA_3、KT 和 ABA 含量的大幅上升；完全花 ABA/(GA_3 + IAA + KT)比值变化幅度小并趋于稳定，说明在完全花发育过程中内源激素间始终保持平衡。完全花的 PPO 和 PAL 活性比不完全花的高而 POD 的活性呈上升趋势，由此说明，石榴花器官在发育过程中，完全花的细胞代谢比不完全花的旺盛。

(2)在石榴花芽的发育过程中，KT 和 IAA 含量呈现双峰曲线变化，即在枝条萌发(4 月)和花芽分化期(7 月)KT 和 IAA 含量升高；GA_3在枝条萌发期含量升高，此后开始下降，在休眠期达到最低；ABA 含量在花芽分化期出现峰值，但在进入休眠期(11 月)后，ABA 含量明显升高。KT/GA_3、KT/IAA 和 KT/ABA 比值在枝条萌发(4 月)和花芽分化期(7 月)出现峰值，高水平的 KT/GA_3、KT/IAA 和 KT/ABA 有利于石榴花芽的孕育。PPO 和 PAL 活性在枝条萌发(4 月)和花芽分化期(7 月)均出现峰值，其中在花芽分化期 PPO 和 PAL 活性大幅上升；POD 活性只在枝条萌发后一个月出现峰值，此后逐渐下降于休眠期降至最低。

参考文献

[1]曹尚银，谭洪花，刘丽，等. 中国石榴栽培历史、生产与科研现状及产业化方向[D]. 中国石榴研究进展(一)，2010：3 -9.

[2]冯玉增. 石榴 [M]. 北京：中国农业出版社，2007：1 -4 .

[3]张玉星. 果树栽培学各论[M]. 北京：中国农业科学技术出版社，2009：383 -391.

[4]汪小飞. 石榴品种分类研究[D]. 南京林业大学，2007：6.

[5]顾受如，姜远茂，邵则恭，等. 石榴花芽分化研究初报[J]. 落叶果树，1992，(2)：8 -11.

[6]Tezcan F，Gültekin-Özgüven M，Diken T. Antioxidant activity and total phenolic，organic acid and sugar content in commercial pomegranate juices[J]. Food Chemistry，2009，115：873 -877.

[7]Gil M I，Tomas-Barber an F A，Hess-Pierce B. Antioxidant activity of pomegranate juice and its relationship with phenolic composition and processing[J]. J Agriculture Food Chem，2000，48(10)：4581 -4589.

[8]Aviram M & Dornfeld L. Pomegranate juice consumption inhibits serum angiotensin converting enzyme activity and

reduces systolic blood pressure[J]. Atherosclerosis, 2001, 158: 195 – 198.

[9]KTplan M, Hayek T, Rae A, Coleman R, Cornfield L, Va ya J. Pomegranate juice supplementation to atherosclerotic mice reduces macrophage lipid peroxidation, cellular cholesterol accumulation and development of atherosclerosis[J]. The Journal of Nutrition , 2001, 131: 2082 – 2089.

[10]Seeram N P, Aronson W J, Zhang Y, Henning S M, Moro A, Lee R P. Pomegranate ellagitannin- derived metabolites inhibit prostate cancer growth and localist to the mouse prostate gland[J]. J Agriculture Food Chem, 2007, 55: 7732 – 7737.

[11]覃喜军, 黄夕洋, 蒋水元, 等. 罗汉果花芽分化过程中内源激素的变化[J]. 植物生理学通讯, 2010, 46(9): 939 – 942.

[12]曹尚银, 张秋明, 吴顺. 果树花芽分化机理研究进展[J]. 果树学报, 2003, 20(5): 345 – 350.

[13]李秉真, 李雄, 孙庆林, 等. 苹果梨花芽分化期几种酶活性的变化[J]. 园艺学报, 2001, 28(2): 159 – 160.

[14]程华, 李琳玲, 王少斌, 等. 罗田“八月红”板栗花芽分化与相关酶活性的变化[J]. 北方园艺, 2001, 3(20): 6 – 9.

石榴不同嫁接方法对比试验

马贯羊[1]　张淑英[2]　苗利峰[1]　姚方[2]　陈向阳[1]　梁莹[1]
([1] 河南省洛阳农林科学院，洛阳　471000；[2] 河南林业职业学院，洛阳　471000)

摘要：【目的】为了提高幼树的冬季防寒能力。【方法】2012、2013 连续两年，在河南省洛阳市伊滨区门庄村和汝阳县郭村建立试验园，用两年生和当年栽植的‘豫大籽’作砧木，‘突尼斯软籽’作接穗，进行石榴嫁接试验。【结果】当年栽植的‘豫大籽’，用未蜡封的‘突尼斯软籽’进行高接套袋，成活率高，生长量大。【结论】当年栽植的‘豫大籽’作为砧木，不仅可以提高幼树的冬季防寒能力，还能缩短‘突尼斯软籽’的建园年限。

关键词：石榴；砧木；接穗；嫁接

Pomegranate Different Grafting Methods Contrast Test

MA Guan-yang[1], ZHANG Shu-ying[2], MIAO Li-feng[1], YAO Fang[2], CHEN Xiang-yang[1], LIANG Ying[1]
([1] *Luoyang Academy of Agriculture and Forestry Sciences*, *Luoyang* 471000, *China*;
[2] *Henan Forestry Vocational Colleg*, *Luoyang* 471000, *China*)

Abstract:【Objective】In order to increase the ability of Pomegranate young trees winter protection.【Method】2012 to 2013 years, the experimental orchard was established in Menzghuang village of Yibin area and Guocun Village of Ruyang country established in Luoyang city of Henan Province, with two years old and the same year ‘Yudazi’ pomegranate as rootstock, ‘Tunisia’ soft-seeded pomegranate as a scion, then pomegranate grafting experiment was carried out.【Result】the same year ‘Yudazi’ pomegranate, with not wax sealing of ‘Tunisia’ soft-seeded pomegranate top grafting and bagging, high survival rate and larger growth increment.【Conclusion】the same year ‘Yudazi’ pomegranate as rootstock, not only can increase the ability of young trees winter protection, also can shorten the building garden number of years on ‘Tunisia’ soft-seeds pomegranate.

Key words: Pomegranate; Rootstock; Scion; Grafting

石榴(*Punica granatum* L.)属石榴科石榴属植物，抗旱、耐瘠薄，是一种集生态、经济、

基金项目：国家林业局 948 项目“软籽石榴品种资源及栽培技术引进”(编号 2012-4-45)。
作者简介：马贯羊，男，副研究员，研究方向为果树栽培育种。E-mail：mgy65758182@163.com。

社会效益、观赏价值和保健功能于一体的优良果树。石榴果实外形独特，皮内百籽同房，籽粒晶莹，酸甜可口，营养丰富。石榴树姿优美，花期长，花色艳丽，集食用与观赏于一体，加之石榴树适应性广，抗病力强，易栽培，耐储存，所以，石榴已成为目前很受欢迎的果树。

石榴根系发达，须根较多，特别易于成活，一般栽植成活率都在95%以上。石榴耐储运性强，在室内常温下可存放4~5个月，在简易储藏加药剂处理的条件下，可储藏至第二年4~5月，个别品种可储藏至第二年新石榴上市，这是石榴极为突出的优势。利用这一优势，有利于建立大规模的生产基地，而不必担心出现销售压力。石榴生长量大，树冠形成快，投产早。一般栽后第二年投产，第三年亩产达500kg，第四至五年进入盛果期。进入盛果期后，一般亩产可保持在1500kg左右，管理条件较好的高产园亩产可达2000kg以上。石榴树管理粗放，生产成本低，病虫害明显少于其他果树，特别适合技术水平低的农户种植。

20世纪90年代以来，高品质、高效益的软籽品种(特别是‘突尼斯软籽’)备受人们青睐。但是，由于建园多数是以扦插苗为主，加上‘突尼斯软籽’树冬天容易受到冻害，导致地上大部分冻死。有些果农采取以当地石榴作砧木，嫁接‘突尼斯软籽’，提高冬季防寒的能力。从2011年以来，洛阳农林科学院开展了石榴的嫁接试验，总结出了当年栽植、当年嫁接的优异石榴品种建园的嫁接新方法，缩短了建园年限。

1 试验地概况

洛阳农林科学院伊滨石榴试验基地位于河南省洛阳市伊滨区都市博览园门庄村，属于河谷地。属于暖温带大陆性季风半干旱气候，冷暖气团交替频繁，四季更新明显，日照充足无霜期长，春季多风、干旱少雨，夏季炎热、多雨潮湿，秋季秋高气爽，冬季干燥寒冷。年平均气温14.2℃，降水量700mm，无霜期225天，土壤为沙壤土，土层厚度3m以上，地平，保水、保肥性能较差，灌溉便利。

洛阳农林科学院汝阳石榴试验基地位于河南省洛阳汝阳县蔡店乡郭村，属于浅丘陵地。属于暖温带大陆性季风半干旱气候，冷暖气团交替频繁，四季更新明显，日照充足无霜期长，春季多风、干旱少雨，夏季炎热、多雨潮湿，秋季秋高气爽，冬季干燥寒冷。年平均气温14.2℃，降水量700mm，无霜期225天，土壤为壤土，土层厚度3m以上，地平，保水、保肥性能较好，无灌溉条件。

2 材料与方法

2.1 试验时间、试验方法

2011年春，伊滨石榴试验基地按株行距2m×6m栽植‘豫大籽’，株数456株；2012年在每两行已栽植的石榴中间栽植一行‘豫大籽’，株行距2m×3m，株数510株；2012年采用劈接的方法嫁接‘突尼斯软籽’。

2012年春，汝阳郭村石榴试验基地按株行距2m×6m栽植‘豫大籽’株数385株；2012年在每两行已栽植的石榴中间栽植一行‘豫大籽’，株行距2m×3m，株数415株；2013年采用劈接的方法嫁接‘突尼斯软籽’。

2.2 接穗的采集与处理

2.2.1 接穗的采集

接穗应在落叶后至翌年萌芽前的休眠期采集。接穗要从品种纯正、无病虫害、生长健壮、结果多、品质好、抗逆性强的成龄优良母树剪取皮色青灰、节间较短、发育充实的1~2年生枝。采好的接穗要剪去茎刺，整齐捆好。

2.2.2 接穗的处理

将采集的接穗一分为二，一份无任何处理，直接装入塑料袋内，添加湿锯末或湿报纸；另一份蜡封后，装入塑料袋内添加湿锯末或湿报纸。放入恒温5℃的冰箱内保存。

蜡封处理：蜡封可以减少接穗水分散失有利于成活。具体方法是将石蜡放入盛开水的容器内融化，将已剪好的接穗，在蜡液中速蘸速出，使接穗全部均匀地涂上一层薄蜡膜，然后进行嫁接或储藏。在封蜡时要掌握好蜡液温度，一般以蜡面不沸腾为宜。蘸蜡速度越快越好，以防接穗烧伤或封蜡过厚。

2.3 嫁接时间

嫁接时间为石榴萌芽初期，也就是3月下旬。

2.4 嫁接方法

嫁接方法为劈接。劈接的方法是：先用刀将砧木的断面削光，再用劈接刀垂直劈开砧木，深度4~5cm，与接穗面等长或略长。削接穗时，要从下部的芽两侧各削成光滑斜面，使接穗的外侧略厚于内侧，呈楔形，每个接穗留2~4节，削面3~4cm。接穗削好后，用嫁接刀背将劈缝撬开，插入接穗，插入时，使接穗和砧木形成层对齐。一个枝条可插入1~2个接穗。接好后，用2~3cm宽的塑料薄膜带从接缝下端扎起，直到接穗与砧木接口扎紧扎严为止。如果能给每一砧穗接合口套一塑料薄膜袋，并扎紧下端，就可以提高成活率。

2.5 接后砧穗的处理

2.5.1 未蜡封的接穗

用一塑料袋套住接穗，下端至砧木未劈开处，用细绳扎紧扎严塑料袋下端。

2.5.2 蜡封的接穗

在砧穗接合口处糊湿泥后套一塑料薄膜袋。

2.6 接后管理

除萌蘖：将砧木萌发的萌蘖条及时抹去。

设支护：成活后长出的新枝，由于尚未愈合牢固，容易被风吹断。因此，当新梢15~20cm长时，在树上绑部分木棍作支护(俗称绑背)。

3 结果与分析

3.1 接穗不同处理方法对成活率及当年枝条生长量的影响

在对劣质石榴品种的高接换优中，劈接是常用的嫁接方法。从表1、2中可以看出，蜡封的接穗，成活率比未蜡封接穗(接后套袋)的低，但在成活枝条的当年平均生长量上并未见显著差别。

3.2 不同年限的砧木对嫁接成活及当年枝条生长量影响

在本试验中，高接的砧木分别为两年生和当年栽植的‘豫大籽’。通过表1、2可以看出，用当年栽植的‘豫大籽’砧木嫁接‘突尼斯软籽’，成活枝条当年生长量比与用两年生砧木嫁接'突尼斯软籽'的略低，但在成活率上并未见显著的差别。

表1　2012年不同嫁接方法成活率及枝条生长量比较

Table **1**　Comparing different grafting survival rate and the branches growth in **2012**

砧木类型 (Root stock type)	蜡封接穗 (Wax scion)		未蜡封接穗(Not wax scion)	
	成活率(%) Survival rate(%)	当年枝条平均生长量(m) The average increment branches(m)	成活率(%) Survival rate(%)	当年枝条平均生长量(m) The average increment branches(m)
当年栽植的砧木 Same year root stock	85.70	1.43	91.20	1.45
两年生砧木 Two years old root stock	89.13	1.53	92.10	1.60

表2　2013年不同嫁接方法成活率及枝条生长量比较

Table **2**　Comparing different grafting survival rate and the branches growth in **2013**

砧木类型 (Root stock type)	蜡封接穗 (Wax scion)		未蜡封接穗 (Not wax scion)	
	成活率(%) Survival rate(%)	当年枝条平均生长量(m) The average increment branches(m)	成活率(%) Survival rate(%)	当年枝条平均生长量(m) The average increment branches(m)
当年栽植的砧木 Same year root stock	86.10	1.37	91.26	1.41
两年生砧木 Two years old root stock	87.80	1.49	92.50	1.54

4　讨论与结论

对接穗进行蜡封，可以减少水分的散失，提高嫁接成活率。但在本试验中，未蜡封接穗(接后套袋)的嫁接成活率比蜡封的接穗要高。原因可能是套袋后，不仅能保持接穗的水分，而且能提高袋内的温度，加快愈合组织的形成，促进伤口愈合，使接穗提前发芽。

用当年栽植的石榴砧木嫁接良种石榴，在国内并未见报道。在本试验中，用当年栽植的'豫大籽'作砧木，当年嫁接'突尼斯软籽'，成活率高，生长量大，为国内首创。用此种嫁接方法嫁接'突尼斯软籽'，不仅可以提高幼树的冬季防寒能力，而且缩短了建园年限。

枣庄软籽石榴一步成苗快繁技术研究

马耀华* 谭小艳 马丽 张会笛 张法
（枣庄学院生命科学学院，枣庄 277160）

摘要：【目的】探求不同浓度激素对软籽石榴一步成苗的影响。【方法】用1年生软籽石榴枝条水培发芽，选取2种激素6-BA和NAA，分别配制成3种不同浓度添加到WPM基本培养基中，通过$L_9(3^4)$设计试验优化激素的配比，在低光照强度下诱导发芽、生根，在强光下闭瓶炼苗，移栽于大棚，用扫描电镜对试管苗进行无毒检测。【结果】'枣庄软籽'再生的条件为：培养基WPM，6-BA 1.20mg/L，NAA 0.06mg/L，pH 5.6～5.8，温度(26±2)℃，光照强度2000 lx，可以一步成苗。14天后试管苗平均增高为0.7cm，30天后试管苗平均生根长度是4.9cm。【结论】研究结果为'枣庄软籽'大规模快繁技术提供参考依据，也对枣庄濒危软籽石榴种质资源的保存创造条件。

关键词：软籽石榴；一步成苗；组织培养；枣庄

Study on One-step-seedling Formation System on Soft-seed *Punica granatum* L. from Zaozhuang

MA Yao-hua*, TAN Xiao-yan, MA Li, ZHANG Hui-di, ZHANG Fa
(*College of Life Sciences*, *Zaozhuang University*, *Zaozhuang* 277160, *China*)

Abstract: [Objective] To explore the effects on soft seeds pomegranate regeneration in one-step-seedling by setting different concentrations of hormones. [Method] Use one-year-old branches of soft seeds pomegranate to sprout by hydroponic. Two kinds of hormones: 6-BA and NAA were applied to the WPM medium in three concentration levels. The $L_9(3^4)$ orthogonal test was designed to optimized hormone concentrations. Induced germination, rooting at low light intensity and hardening off in bright light at closed bottles, then transplanted in greenhouse, the plantlets were detect by scanning electron microscopy. [Results] The regeneration conditions of soft seeds pomegranate is: WPM + 6-BA 1.20mg/L + NAA 0.06mg/L, pH5.6～5.8, temperature (26±2)℃, light intensity 2000lx. Under this condition, the plantlets can be obtained by one-step-seedling formation. Plantlets were increased to 0.7cm in average after 14d the root average length is 4.9cm after 30d. [Conclusion] The results provide a reference for rapid propagation technology of soft seed pomegranate as well as create the conditions to preserve the endangered cultivation resources.

基金项目：山东省科技发展计划项目(2011GNC11006)；国家林业公益性行业科研专项资助项目(201204402)；国家林业局林木种苗工程资助项目([2012]888号)；枣庄市科技发展计划项目(201233-2)。

* 通讯作者 Author for correspondence. E-mail：yaohuama@163.com。

Key words: Soft-seed *Punica granatum* L.; One-step-seedling formation; Tissue culture; Zaozhuang

枣庄软籽石榴树体形较小，枝条针刺少，结实力强，丰产性好，耐瘠薄，抗干旱，抗冻害，可适度密植。果实圆形，单果重200~400g，最大500g；籽粒白色或淡红色，三角形，排列紧密，百粒重38g，含糖量15%，味甘甜，仁极软，可食率高。主要分布于枣庄市中区郭村的山地、丘陵与近山地带。然目前枣庄本地软籽石榴植株存活量很少，濒临灭绝，且已栽种的软籽石榴也在长期营养繁殖中，多数植株已经受到病虫害的侵染，严重影响软籽石榴的产量和品质。

在生产中，软籽石榴树的传统繁殖方式比如扦插、分株、压条等难以避开感染病、虫害的危害。利用组织培养技术能够得到脱毒试管苗，能大大降低病虫害感染的发生和流行。关于石榴试管苗建立时的取材、脱毒手段、培养基、培养条件、防止褐化、外植体的消毒及处理方面有人进行了研究[1-3]，但利用石榴休眠枝段快速成苗尚未有人研究。本文旨在前人研究的基础上，以石榴一年生茎端为材料，通过水培打破休眠，配制优化培养基，为'枣庄软籽'一步快速成苗提供依据。

1 材料与方法

1.1 实验材料

采自山东省枣庄市市中区九龙山上(N34°54′345，E117°11′989)。

1.2 外植体选择

2011年2月上旬到枣庄学院九龙山采集软籽石榴1年生健康枝条，参照陈宗礼等人的方法将其剪成15~20cm左右的茎段，20~30个茎段1捆[4]，在人工气候室水培，每2天换水一次，外植体处理48h之前喷药一次即可，枝条经15天左右水培后即可萌发，待幼枝条萌发2~3cm左右时剪下，用无菌水冲洗干净。

1.3 激素浓度配比的优化

选择激素6-BA，浓度为0.80mg/L、1.00mg/L、1.20mg/L，激素NAA，浓度为0.06mg/L、0.08mg/L、0.10mg/L。将上述激素按照$L_9(3^4)$正交试验设计添加到WPM培养基中(表1)。

表1 激素浓度配比优化的因素水平

Table 1 Factors and levels used for optimization of hormone concentration

Levels	Factors	
	A	B
	6-BA(mg/L)	NAA(mg/L)
1	0.80	0.06
2	1.00	0.08
3	1.20	0.10

1.4 外植体处理、接种与培养

将外植体用无菌水冲洗干净，然后用75%酒精处理30s，再用0.1%的$HgCl_2$溶液浸泡

6～8min，用无菌水清洗外植体3～4次，然后用消毒后的剪刀将外植体与$HgCl_2$接触部位剪掉，然后用灭菌镊子将其转接到培养基中。温度24～26℃，空气相对湿度52%，光照强度2000lx，光照时间12h/天。培养14天后，测量芽的长度。后续培养光照时间调整为16h/天[5]。培养30天后测量根的数量和长度。

1.5 试管苗无毒检测

随机采取试管苗5株，在校园内采取软籽石榴患病茎段5个，分别进行电镜观察。将试管苗制成切片，在电子显微镜下观察细胞内有无病原体，若没有则为无毒苗，反之则为带病苗[6]。

1.6 炼苗和移栽

组培苗在生根培养基上生根后，在强光下闭瓶炼苗7天，进行移栽。首先，除去留在根上的琼脂，然后植入经过高温灭菌的蛭石和草炭土(体积比1∶2)的混合基质中，浇透1/2 MS营养液。保持室内湿度80%～85%，室温25～28℃，每天光照12～14h，每隔7天用1/2MS营养液喷洒1次[7]。

2 结果与分析

2.1 不同激素浓度配比对外植体生长的影响

方差分析结果显示，6-BA，NAA及两者之间的交互作用对外植体生长影响差异不显著(表3)，因此，可选取平均数最大的因素水平作为最优组合，其最优组合为A_3B_1(表2)，即最佳激素配比为6-BA浓度为1.20mg/L、NAA浓度为0.06mg/L时，试管苗生长最快。6-BA为细胞分裂素中的一类，NAA为植物生长激素中的一种，二者为外植体的生长提供了所需激素。

表2 激素浓度配比对外植体生长的影响

Table 2 Optimization of hormone concentration for affect the growth of explants

组合 Trials	影响因素 Factors			平均值 Average
	A	B	A×B	
1	1	1	1	0.350
2	1	2	2	0.480
3	1	3	3	0.300
4	2	1	2	0.360
5	2	2	3	0.350
6	2	3	1	0.460
7	3	1	3	0.700
8	3	2	1	0.310
9	3	3	2	0.525
K1	1.130	1.410	1.120	
K2	1.170	1.140	1.365	
K3	1.535	1.285	1.350	
X1	0.377	0.470	0.373	
X2	0.390	0.380	0.455	
X3	0.512	0.428	0.450	

注：K1、K2、K3分别代表各因素测试指标三种水平的总和。X1、X2、X3分别代表K1、K2、K3水平的平均值。

Note: Where K1, K2, K3 represent the sum of the three levels of test indicators in various factors, respectively. X1, X2 and X3 are shown as the means of K1, K2 and K3 levels, respectively.

表3　激素浓度配比对外植体生长影响的方差分析

Table 3　Analysis of variance of hormone concentration for affect growth of explants

变异来源 Source of variation	SS	*df*	MS	F	$F_{0.05}$	$F_{0.01}$
A	0.033	2	0.017	0.447	19	99
B	0.012	2	0.006	0.158		
A×B	0.013	2	0.007	0.184		
Error	0.076	2	0.038			
Total	0.134	8				

2.2　优化激素浓度配比验证

将试管苗分别培养在无激素和6-BA和NAA浓度分别为1.20mg/L、0.06mg/L激素的培养基中，结果表明，未加激素时试管苗平均生长速度为0.27cm，在最佳激素组合时试管苗平均生长速度是0.80cm，即证明此浓度组合为最佳组合。

2.3　试管苗生根培养

试管苗在最佳激素组合的培养基中培养30天左右即可生根，平均生根数目为4.3，平均根长为4.9cm。通过对此现象研究发现，根数与培养基厚度有关，在3cm以下时，培养基越厚，根数越多，反之，越少。在大于3cm时根数随培养基厚度变化不大，然而培养基厚度对根长影响不明显。

2.4　试管苗的无毒检测分析

将试管苗制成切片，在电子显微镜下观察外植体细胞内有无病原体，若没有则为无毒苗，反之则为有病原体苗。通过电镜观察，试管苗细胞内无颗粒状物质，而患病茎段细胞内出现了颗粒状物质，该物质与患病枣树细胞内出现的病原体类似，大小类似，均约为30～40μm(图1)。通过以上分析可知试管苗为无毒苗。

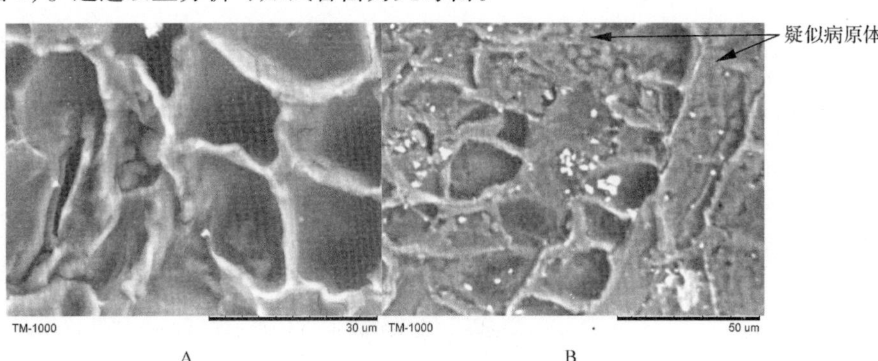

图1　石榴组织的扫描电镜检测

Fig. 1　The detection of pomegranate tissue by SEM

A. 试管苗；B. 患病株

A. Tube seedlings; B. Infected plants

3　结论与讨论

3.1　结论

将水培发芽的石榴外植体培养在激素6-BA 1.20mg/L和NAA 0.06mg/L的WPM培养基中，培养基pH值为5.6～5.8，温度为(26±2)℃，光照强度2000lx。试管苗生长最快，30天后试管苗生根。在人工气候室炼苗7天后进行移栽，移栽在人工气候室中培养14天后即可转移到大棚中进行培养。

3.2 讨论

由于石榴试管苗容易褐化，在实验过程中要尽量减少外植体的损伤以及外植体截切面在氧气中的暴露时间。在实验中注重以下几点：

(1)选取长度较小的外植体。本研究采取水培后的长度约为2~3cm左右的幼芽，未积累大量酚类物质和多酚氧化酶而褐化程度明显降低[8]。

(2)在配制培养基时加入活性碳和PVP来减轻褐化[9,10]。这样无需更换培养基即可一次成苗，极大缩短了组培苗的再生时间。

(3)在本研究中发现，增加试管苗与培养基接触面积可减轻石榴组织培养苗褐化的程度。

参考文献

[1] Yan Zhipei. Tissue Culture and Rapid Propagation of *Punica granatum*[J]. Plant Physiology Communications, 2004, 40(3): 331. 闫志佩. 濒危品种软籽石榴的组织培养和快速繁殖[J]. 植物生理学通讯, 2004, 40(3): 331.

[2] Zen Bin, Li Jiang. Study on Micropropagation Technology of Pomegranate Pyamanin Xinjiang[J]. Journal of Xinjiang Agricultural University, 2003, 26(2): 34-39. 曾斌, 李疆. 新疆皮亚曼石榴微繁殖技术研究[J]. 新疆农业大学学报, 2003, 26(2): 34-39.

[3] Liu Guangfu, Li Hongtao, Chen Yanhui. Study on Regenerated System by Stem Apex Tissue Culture of Mudanhua *Punica granatum* L. [J]. Journal of Henan Forestry Science and Technology, 2007, 27(03): 17-19. 刘广甫, 李洪涛, 陈延惠, 等. 牡丹花石榴的茎尖组织培养再生体系研究[J]. 河南林业科技, 2007, 27(03): 17-19.

[4] Chen Zong li, Xue Hao, Yan Zhilian, Qi Long, Liu Jianling. Studies on the Establishment of the Vegetative Multiplication System of the Jujuba Des-virus Test-tube Seedlings[J]. Acta Agriculturae Boreali-occidentalis Sinica, 2001, 10(1): 17-21. 陈宗礼, 薛皓, 延志莲, 等. 红枣脱毒试管苗无性系建立的研究[J]. 西北农业学报, 2001, 10(1): 17-21.

[5] Chen Yanhui, Liu Li, Li Hongtao, Hu Qingxia, Chen Haiyan, Li Dongwei. Establishment of tissue culture system on soft-seed *Punica granatum* L. from Tunisia[J]. Journal of Henan Agricultural University, 2010, (2): 22. 陈延惠, 刘丽, 李洪涛, 等. 突尼斯软籽石榴组织培养快繁体系的建立[J]. 河南农业大学学报, 2010, (2): 22.

[6] Gu Shurong. Tissue Culture and its application on horticultural plants[M]. Beijing: Beijing Science and Technology Press, 1989: 221. 顾淑荣. 园艺植物组织培养及应用[M]. 北京: 北京科学技术出版社, 1989: 221.

[7] Chen Yanhui, Hu Qingxia, Tan Bin, Lian Hongke, Ma Haiwang, Li Hongtao, Feng Jiancan. Establishing of callus regeneration system from leaf in Tunisia soft-seed pomegranate[J]. Nonwood Forest Research, 2012, 30(1): 156-160. 陈延惠, 胡青霞, 谭彬, 等. 突尼斯软籽石榴叶片愈伤组织再生体系的建立[J]. 经济林研究, 2012, 30(1): 156-160.

[8] Mayer A M, Harel. Polyphenol oxidases in plants[J]. Phytochemistry, 1979, 18: 193-215.

[9] Guo Yan, Yang Hailing. Advances in Studies on Browning in Plant Tissue Culture[J]. Journal of Shanxi Agricultural Sciences, 2009, 37(7): 14-16, 31. 郭艳, 杨海玲. 植物组织培养中的褐化现象及解决途径[J]. 山西农业科学, 2009, 37(7): 14-16, 31.

[10] Zhou Junhui, Zhou Jiarong, Zeng Haosen, Wang Guobing, and Zhu Zhanpin. Advance of Studies on Browning and Antibrownig Techniques in the Tissue Culture of Horticultural Plants[J]. Acta Horticulturae Sinica, 2000, 27(Suppl): 481-486. 周俊辉, 周家容, 曾浩森, 等. 园艺植物组织培养中的褐化现象及抗褐化研究进展[J]. 园艺学报, 2000, 27(增刊): 481-486.

利用隐芽嫁接以色列软籽石榴引进新品种试验研究

姚方[1] 曹尚银[2] 马贯羊[3] 司守霞[1] 姚海雷[1]

([1]河南林业职业学院，洛阳 471002；[2]中国农业科学院郑州果树研究所，郑州 450009；
[3]河南洛阳农林科学研究院，洛阳 471000)

摘要：近年来，随着国际、国内市场需求的增大，我国石榴生产得到各层面的重视，面积和产量迅速扩大，质量和品质逐步提高，贮藏和加工业也得到支持和建设，出口的大门已经打开，市场前景看好。部分地区已经把石榴产业作为发展当地农村经济、增加农民收入、建设新农村的支柱产业。但是传统石榴品种和目前市面上的软籽石榴皮色不好或皮色不均匀、籽粒还不够软、软籽石榴品种少等问题，严重制约了石榴产业发展及产业升级。以色列是石榴原产地，种质资源丰富，优良品种众多，是世界上收集石榴资源最大的国家之一，同时也是对石榴品种资源的经济性状研究最多的国家。近年来我国石榴研究者虽然引进或选育出一些新品种，但都有诸如籽粒不够软、皮色不好等缺点。'以色列软籽'以皮鲜红、籽粒红、果中等大、软籽可全食、味甜而赢得良好口碑。在国家林业局"948项目"推动下，项目组2013年3月中下旬从以色列引进软籽石榴新品种若干。引进品种在原产地已发芽萌动生长，嫁接接穗的采集不是最佳时间，项目组克服重重困难，采取一系列保护措施，确保了珍稀软籽石榴品种在引种地嫁接成功且生长良好。利用隐芽萌发力进行嫁接，即反常规进行嫁接，难度很大，国内外也没有见相关报道。

关键词：隐芽嫁接；以色列软籽石榴；引进新品种；试验；研究

The Experimental Study of Introduced New Soft-seeded Pomegranate Varieties from Israel by Using the Implicit Bud Grafting Method

YAO Fang[1①], CAO Shang-yin[2], MA Guan-yang[3], SI Shou-xia[1], YAO Hai-lei[1]

([1]*Henan Forestry Vocational College*, *Luoyang* 471002, *China*; [2]*Zhengzhou Fruit Research Institute*, *CAAS*, *Zhengzhou* 450009, *China*; [3]*Luoyang Academy of Agriculture and Forestry Sciences*, *Luoyang* 471000, *China*)

Abstract: In recent years, with the increase of international and domestic market demand, the produced of pomegranate in our country was maximized, rapidly expanding area and output,

---

基金项目：国家林业局948项目"软籽石榴品种资源及栽培技术引进"(编号2012-4-45)。

作者简介：姚方，女，教授，研究方向为森林生态学、园林生态学、环境生态学、森林经营学教学和园林培育技术。E-mail：luoyangyaofang@163. com。

quality and gradually improve quality, storage and processing industry also get the support and the construction, the exit door already open, market prospects looks good. Pomegranate industry has been pillar industries as the development of local rural economy, increase farmers' income and the construction of new countryside. But traditional pomegranate varieties and currently on the market of soft-seeded pomegranate' skin color is bad or not uniformity, the seeds are not enough soft, soft-seeded pomegranate varieties is less, severely restricted the development of pomegranate industry and industrial upgrading. Israel is a pomegranate origin nation, abundant germplasm resources, many varieties, is one of the largest country in the pomegranate resources collection in the world, as well as the most resources research of economic characters of pomegranate cultivars populous nation. Although the researchers introduced or bred some new varieties in China in recent years , but there are some defect such as the seeds is not soft, or bad skin color. Israel soft-seeded pomegranate won good reputation with skin bright red, red seed, fruit medium large, seed soft and edible, sweet taste. In the state forestry administration, driven by the national '948' project team mid to late March 2013, several soft-seeded pomegranate varieties imported from Israel. The introduced variety in the origin country has sprout growth of stirring, the acquisition grafting scion is not the best time, the project team overcome difficulties, take a series of protective measures, to ensure that the rare soft-seeded pomegranate cultivars in the introduction to successfully grafting and grow well. Use implicit bud germination ability for grafting, namely the unusual plan for grafting is difficult, also saw not reported at home and abroad.

Key words: Implicit bud grafting; Israel soft-seeded pomegranate; Introduced new variety; Experiment; Research

1 材料和方法

1.1 材料

Punica granatum L. 'Akko 128'、*Punica granatum* L. 'P. G. 118 – 19'、*Punica granatum* L. 'Jellore'、*Punica granatum* L. 'Bedana'、*Punica granatum* L. 'Jabal 1'接穗若干。

1.2 方法

1.2.1 接穗

2013 年 3 月中旬，选择无病虫害、粗度 1.0cm 左右的一年生枝条采集接穗。因原产地气温较高，软籽石榴已发芽萌动，采集后迅速将萌发的叶片去掉，写好标签，标明品种、采集时间、采集地点，捆好后用湿布包裹，再用塑料薄膜包一层，放入装有冰块的保温瓶保存。

1.2.2 砧木选择

选择生长健壮、无病虫害、根系较好的 5 ~ 6 年生的石榴树；在嫁接的前三天给砧木浇水、浇透。

1.2.3 嫁接方法

采用劈接和嵌芽接。在砧木上，选光滑无疤处用双刃锯锯断，用嫁接刀将断面削光，然后从接穗下端的侧面削一个 3 ~ 4cm 长的马耳形大削面，翻转接穗在削面的背侧削一个大三角形小削面，并用刀刃轻刮大削面两侧粗皮至露绿。接穗削后留2～4个芽(节)剪断。接着在砧木上选择形成层平直部位与断面垂直竖切一刀，深达木质部，长度2～3cm。竖口切好后随即用刀刃轻撬，使皮层与木质轻微分开，再将接穗对准切口，大削面向着木质部缓缓插入，直至大削面在锯口上露削口0.5cm左右。每个砧木断面可插2～4个接穗，接穗插好后用塑料薄膜带从接缝下端扎起，直至把接穗砧木扎紧扎严。1天后先将采集的接穗，保留隐芽，用报纸包好，外包塑料薄膜，以保存水分。一般采用劈接。其中，在双层保湿环节，先用20mm×20mm塑料袋包裹已嫁接的接穗，同时用2m×2m，厚度0.10～0.12mm聚乙烯流滴防老化膜围绕砧木搭建防风障，实现双重保湿，在气温上升且较稳定时撤掉防风障。

1.2.4　新品种保存圃环境

全年日照时数为2141.7h，四季分布为夏多冬少，春秋居中。年降水量601.6mm，降水多集中在7、8、9三个月(占全年降水量的52.8%)。年平均气温14.7℃，最热月为7月份，年平均气温为27.2℃；最冷月为1月，年平均气温为0.8℃。土壤为褐土，地下水位10m左右。土壤有机质含量1.13%，全氮0.071%，速效磷7.1mg/kg，速效钾113.9mg/kg，土壤pH8.02。属北亚热带向暖温带过渡的气候带，气候表现出显著的季节性、大陆性、多样性等特征。气候四季分明，冬季寒冷雨雪少，春季干旱大风多，夏季炎热多雨且集中，秋季晴和日照长。海拔400m。

1.3　嫁接后管理

1.3.1　浇水灌溉

根据气温和雨水情况酌情掌握灌溉时间和次数。气温高、降水少的日子，勤浇水。

1.3.2　除萌蘖

为确保接穗营养并良好生长，及时除去砧木和接穗周边发出的萌蘖，避免其争夺较多水分和养分。萌蘖条生长及发出速度较快，3～5天处理一次。洛阳春季有风的日子较多，为确保嫁接新梢免遭风折，其周边的萌蘖条切勿全部剔除，适当清除一部分，一部分可用手轻轻将其折断，打破其旺盛生长的势头即可；当接穗有绿芽萌发时，将绿芽外部所对应的塑料袋开3个左右7～9mm的小洞，以保持接穗处透风透气，旺盛生长，同时防止高温灼伤新梢。待新梢生长至15～25mm后解除塑料袋。

1.3.3　施肥

适当施复合肥，以改善肥力状况，促进新枝生长。3月中旬嫁接后至6月期间，施肥一次，施肥后新梢生长明显加快。

1.3.4　设支护

接芽成活后长出的新枝，由于嫁接处尚未愈合牢固，容易被风吹断。因此，在树上绑部分木棍作支护，俗称绑背。或用塑料绳将新枝与老枝适当捆绑搭连，起到牢固利于新梢生长的作用。

1.3.5　夏季修剪

当新梢60cm时，对用作骨干枝(主侧枝)培养的新梢，按整形要求轻拉，引绑到支棍上，调整到应有角度。其他枝采用曲枝、拉平、捋枝、压混球等办法，变枝条由直立生长为斜向、水平或下垂状态，以达到既不影响骨干枝生长，又能较多形成混合芽开花结果。

2　结果与结论

2.1　结果

2.1.1　隐芽嫁接珍稀新品种成活，成活率93%，接穗当年平均高生长量1.45m

常规的石榴采穗采集一般是在落叶后到萌芽前的整个休眠期进行，随剪随采(接穗一般保留3个芽以上，顶端为饱满芽)随贮藏(温度低于4℃，湿度达90%以上)，蜡封接穗，来年砧木芽开始萌动进行嫁接。项目组在生长季节，贮藏条件不十分有利的情况下，采集接穗，且为延长接穗生命力抹去已萌动的芽(即没有明芽)，利用隐芽萌发力进行嫁接(详见表1隐芽嫁接和常规嫁接比较表)，嫁接后采取一系列切实可行的保护措施，确保隐芽嫁接珍稀品种成活，成活率达93%，接穗当年平均高生长量1.45m。

表1　引进品种嫁接方法与常规嫁接办法比较

Table **1**　The comparison between introduced and conventional grafting method

嫁接方法 Grafting method	嫁　接 Grafting	
	新方法 New method	常规方法 Conventional method
接穗时间 Scion time	3月中旬 Mid march	3月下旬4月上旬 Late marchto early April
接穗处理 Scion treatment	生长季节采集，立即抹去已萌动的芽(即无明芽) Growing season collection, immediately wipe germinating bud (no Mingbuds)	落叶后至发芽前采集 After deciduous to not sprouting collection
接后处理 Graftingpost-processing	嫁接后套塑料袋、搭拱棚 Set plastic bag and arch shed after grafting	接后无处理 Without treatment after grafting
成活率 Survival rate	93%	Average 94%
接穗当年平均高生长量 Average growth of the year	1.45m	1.48m

2.1.2　隐芽嫁接石榴生长良好，并为后续嫁接繁殖和扦插繁殖提供保障

2013年春，利用隐芽嫁接成活以色列引进新品种后，同年9月和2014年6月两次将嫁接成活的以色列石榴品种，在项目组建造的全光照喷雾温室内，利用光雾工厂化快繁技术进行扩繁，并获得扩繁苗木15000余株。

2014年2月，在引进新品种保存圃采集已成活的以色列石榴，接穗采取蜡封和不蜡封，低温保湿保存。3月下旬，在本项目试验基地进一步进行嫁接扩繁，采用劈接的嫁接方法，蜡封接穗接口保湿，不蜡封接穗套袋保温保湿的方法嫁接，成活率达95%以上，截至6月底高生长量达1m左右。

2.1.3　新品种抗逆性强

接穗从以色列到引种地，由于路途遥远且因其他原因，路途耽搁多日，影响接穗生活力。嫁接半月后，陆续泛绿发芽。2013年3月下旬，正值嫁接后一周，寒流侵袭洛阳，栽培地大风肆虐，气温骤降，在设立的防风障的保护下，所有植株均未受冷害，表现出较强的抗逆性。2013年冬至2014年春，洛阳、郑州最冷月气温在零下10℃左右，比原产地最冷月气温(-2℃)低，除个别出现冻害症状，绝大多数没有出现冻害现象。随着气温的逐渐回暖及管护措施加强，受冻害石榴生长恢复正常。2014年7月30日，洛阳强降暴雨，引种石榴

保存圃石榴及周围树木受到较大损伤，枝条、树干折损严重。项目组及时清理，修剪和养护，尽量将受害程度降到最低，恢复情况有待进一步观察。

2.2 结论

针对珍稀软籽石榴品种的引进，在不是最佳采集接穗时间以及当前嫁接技术很难保证成活率的情况下，项目组创新试验研究，研制出一种利用隐芽嫁接新种软籽石榴的方法。此方法不但生产流程简单、可控，同时保证了嫁接的成活率，且不受严格时间限制，对农业生产特别是珍稀软籽石榴品种的繁殖具有指导意义。

参考文献

[1]冯玉增．软籽石榴优质高效栽培[M]．北京：金盾出版社，2011.

[2]丁宝章，王遂义．河南植物志[M]．郑州 ：河南人民出版社 ，1981.

[3]吕中伟，王鹏，王东升，刘许成，许领军．突尼斯软籽石榴丰产栽培技术[J]．湖北农业科学，2009(11).

[4]苟华书．突尼斯软籽石榴丰产栽培技术[J]．云南农业，2010(08).

[5]姚方，吴国新，司守霞．姚海雷引种以色列软籽石榴繁育及管理试验[J]．中国园艺文摘，2013(10).

[6]姚方，吴国新．马贯羊石榴产业发展的广阔空间和引进新品种的必要性[J]．经济研究导刊，2012(4).

石榴叶片发育过程中部分生理指标变化研究

冯立娟　尹燕雷*　杨雪梅　武冲　招雪晴

（山东省果树研究所，泰安　271000）

摘要：【目的】为了了解石榴叶片发育过程中相关生理指标变化。【方法】以'泰山红'和'三白'为试材，研究叶片发育过程中叶绿素、类胡萝卜素、花青苷、总黄酮和可溶性糖等生理指标的变化规律。【结果】随着发育天数的增加，两个石榴品种叶片长度和宽度不断增加，60天左右时发育成功能叶，'泰山红'功能叶大于'三白'；两个石榴品种叶片发育过程中叶绿素a、叶绿素b含量逐渐升高，叶绿素a/b整体呈升→降→升→降的变化趋势，类胡萝卜素含量呈现不同的变化趋势；花青苷含量随着天数的增加逐渐降低，总黄酮含量呈现降→升→降的变化趋势，可溶性糖含量呈现先升高后降低的变化趋势。【结论】相关分析表明石榴叶片中叶绿素与可溶性糖含量呈显著正相关，与花青苷、总黄酮均呈显著负相关；花青苷与可溶性糖含量呈显著负相关。

关键词：石榴；叶绿素；花青苷；总黄酮；可溶性糖

Studied on Somephysiological Indices of Pomegranate during Leaf Development

FENG Li-juan, YIN Yan-lei*, YANG Xue-mei, WU Chong, ZHAO Xue-qing

(*Shandong Institute of Pomology*, *Tai'an* 271000, *China*)

Abstract:【Objective】In order to understand related physiological indicators in the leaf development process of pomegranate.【Method】Change trends of some physiological indices in 'Taishanhong' and 'Sanbai' pomegranate leavesduring development stages were studied, such as chlorophyll, carotenoid, anthocyanin, total flavonoids and soluble sugar, so on.【Result】The result indicated that the leaf length and width of two pomegranate cultivars increased with the development days increased. The pomegranate leaves developed about sixty days into functional leaves. The functional leaves of 'Taishanhong' were bigger than that of 'Sanbai'. The content of chlorophyll a and chlorophyll b in two pomegranate cultivars increased gradually dur-

---

基金项目：山东省国际科技合作项目(2013GHZ31003)，科技基础性工作专项子课题(2012 FY110100-4)，山东省果树研究所所长基金(2013KY04)。

作者简介：冯立娟，女，在读博士，助理研究员，研究方向为果树遗传资源与育种。

* 通讯作者 Author for correspondence. E-mail: yylei66@sina.com。

ing leaf development. Change trend of chlorophyll a/b in two pomegranate cultivars were up→down→up→down during leaf development. The change trends of carotenoid in two pomegranate cultivars were different during leaf development. The content of anthocyanin decreased gradually with the development days increased. Change trend of total flavonoids in two pomegranate cultivars were down→up→down during leaf development. The content of soluble sugar in two pomegranate cultivars increased first and then decreasedduring leaf development. 【Conclusion】Correlation analysis indicated that chlorophyll had significant positive correlation with soluble sugar. There were significant negative correlations between chlorophyll and anthocyanin, total flavonoids. Anthocyanin had significant negative correlation with soluble sugar.

Key words: Pomegranate; Chlorophyll; Anthocyanin; Total flavonoids; Soluble sugar

石榴(*Punica granatum* L.)属石榴科(Punicaceae)石榴属(*Punica*)植物，原产印度、阿富汗等中亚地区，目前遍布世界各地。因叶片、花和果实等部位富含酚类物质，保健功能强，被誉为超级水果，越来越受到国内外消费者青睐[1,2]。石榴在我国栽培历史悠久，经过长期自然选择与人工驯化，形成了不同的生态栽培群体。据不完全统计，目前我国石榴栽培面积达 180 万亩，年总产量 100 万 t。国内外科研人员主要对石榴果实酚类物质组分及其抗氧化性[3,4]、褐变机理[5]、花青苷代谢机理[6]、花粉萌发特性和亚微形态结构[7]等方面进行了有益的探索，石榴叶片发育过程中相关生理指标变化方面的研究尚未见报道。

光合色素(叶绿素和类胡萝卜素)是叶片进行光合作用的基础，影响光合能力的强弱[8]。花青苷和类黄酮物质是叶片中的酚类物质，具有较强的抗氧化性[9]。花青苷和叶绿素的比例大小影响叶色的表现[10]。可溶性糖是花青苷合成的前体物质，可调节花青苷合成相关酶活性，诱导其基因表达[11]。石榴叶片发育过程中叶绿素、花青苷、总黄酮与可溶性糖等生理指标间的关系尚不清楚。因此，本研究以主栽石榴品种‘泰山红’和‘三白’为试材，明确其叶片发育过程中叶绿素、花青苷、总黄酮和可溶性糖含量的变化规律，以期为石榴的栽培调控提供理论依据。

1　材料与方法

1.1　试验材料

试验于 2013 年 4 月 25 日 ~ 7 月 15 日在山东省果树研究所环境与园艺植物研究室进行。材料为山东主栽石榴品种‘泰山红’和‘三白’，定植于山东省果树研究所石榴种质资源圃内。每个品种分别选取植株生长健壮、长势一致的 8 年生树 10 株，常规管理。

1.2　试验方法

4 月 25 日叶片发芽时采样，每隔 10 天采 1 次，直至 7 月 15 日发育成功能叶时为止。选取大小均匀、叶色一致、无伤病的叶片，每次每品种取相同部位的叶片，测定各品种生长期叶片中叶绿素、类胡萝卜素、花青苷、可溶性糖和总类黄酮含量等指标，每个测定指标重复 3 次。集中于上午 9：00 左右采样，采后立即用冰壶带回实验室。迅速将叶片擦拭干净，置于液氮中冷冻处理后，－80℃超低温冰箱保存。

每次采样时，利用游标卡尺(精确度 0.1mm)测定叶片长度和宽度。叶绿素、类胡萝卜

素含量用丙酮比色法测定，可溶性糖用蒽酮比色法测定[12]。利用 $AlCl_3$ 比色法测定总类黄酮含量[13]。

花青苷测定参考仝月澳[14]等的方法，称取 0.1g 叶片，用 1.5mol · L^{-1} HCl∶95% 乙醇 = 15∶85(V/V)混合液 10mL，在黑暗条件下浸提 24h，后用岛津 UV-2450 型紫外可见分光光度计检测 535nm 波长的光密度值，参照胡位荣[15]等的计算方法进行花青苷含量的计算。

利用 Microsoft Excel 软件作图，SPSS13.0 软件进行相关数据分析。

2 结果与分析

2.1 两个石榴品种叶片发育过程中长度和宽度的变化

'泰山红'和'三白'叶片发育过程中长度和宽度的变化趋势如图 1 所示，随着发育天数的增加，两个石榴品种叶长和叶宽不断增加，6 月 25 日(发育期 60 天左右)以后叶长和叶宽增幅较缓慢，发育成功能叶。'泰山红'功能叶长度和宽度分别为 10.20cm 和 2.99cm，高于'三白'叶片长度(7.90cm)和宽度(2.62cm)。

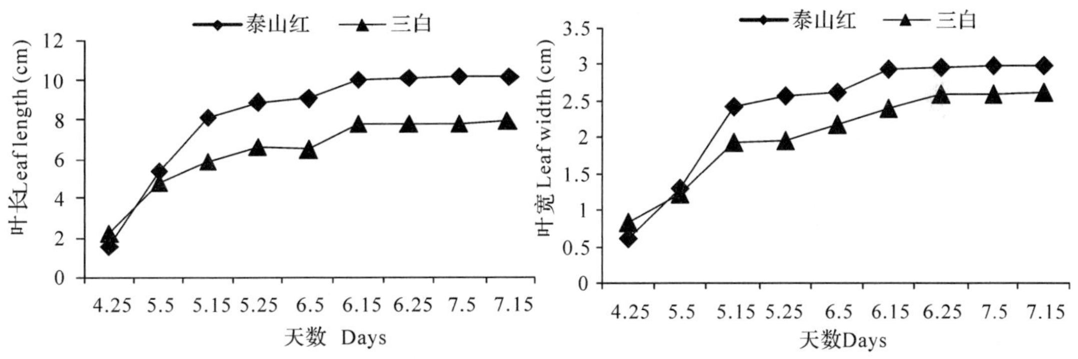

图 1 两个石榴品种叶片发育过程中长度和叶宽度的变化

Fig. 1 Changes of leaf length and width in two pomegranate cultivars during

2.2 两个石榴品种叶片发育过程中叶绿素和类胡萝卜素含量的变化

如图 2 所示，'泰山红'和'三白'叶片发育过程中叶绿素 a、叶绿素 b 均呈逐渐升高的变化趋势，在 7 月 15 日最高。4 月 25 日 ~5 月 15 日期间，'泰山红'和'三白'叶片中叶绿素 a 和叶绿素 b 含量随着天数的增加均迅速升高，5 月 15 日以后升高趋势较缓慢，但 6 月 25 日后两个石榴品种叶片中叶绿素 b 含量增高幅度较大。

'泰山红'和'三白'叶片发育过程中叶绿素 a/b 整体呈升→降→升→降的变化趋势(图 2)。'泰山红'叶片叶绿素 a/b 分别在 5 月 5 日和 6 月 5 日出现峰值，'三白'叶片叶绿素 a/b 分别在 5 月 5 日和 6 月 25 日出现峰值。随着叶片发育天数的增加，'泰山红'和'三白'叶片中类胡萝卜素含量呈现不同的变化趋势(图 2)。'泰山红'叶片中类胡萝卜素含量呈现先降低后升高的变化趋势，分别在 4 月 25 日和 7 月 15 日出现峰值；'三白'叶片中类胡萝卜素含量呈现升→降→升的变化趋势，分别在 5 月 15 日和 7 月 15 日出现峰值。

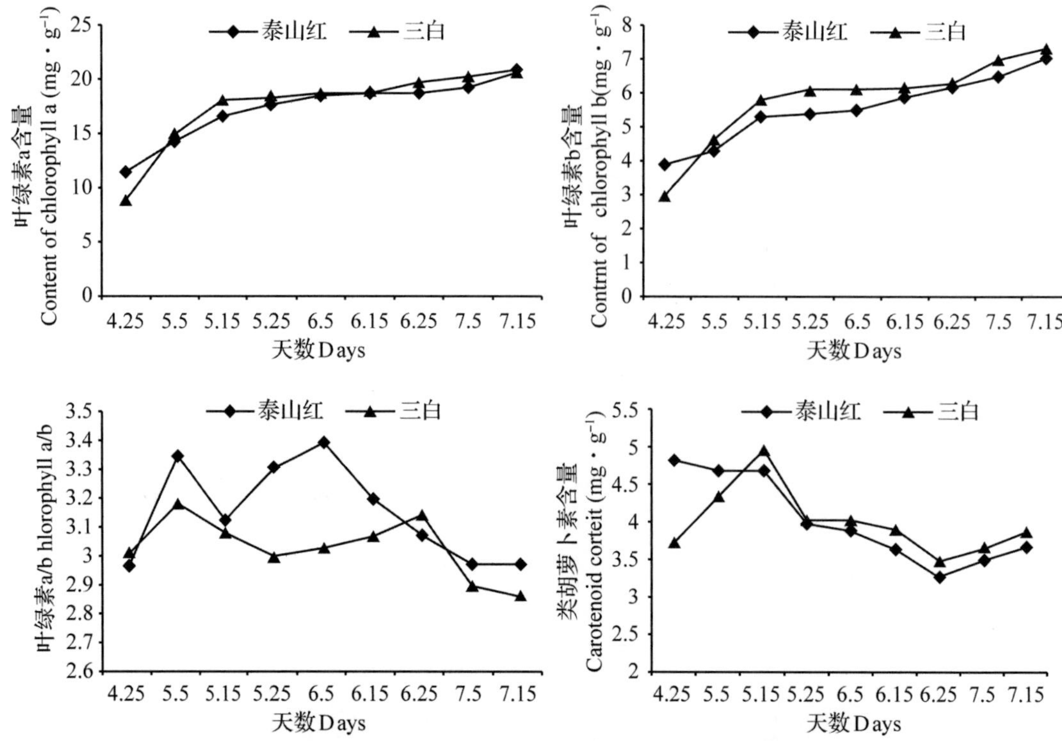

图2　两个石榴品种叶片发育过程中叶绿素和类胡萝卜素含量的变化

Fig. 2　Content changes of chlorophyll and carotenoid in two pomegranate

2.3　两个石榴品种叶片发育过程中花青苷和总黄酮含量的变化

‘泰山红’和‘三白’石榴叶片发育过程中花青苷和类黄酮含量的变化趋势如图3所示。随着发育天数的增加，‘泰山红’和‘三白’叶片中花青苷含量均呈现逐渐降低的变化趋势。‘泰山红’叶片发育过程中花青苷含量一直高于‘三白’。4月25日叶片发育初期时，‘泰山红’叶片呈红色，‘三白’叶片是绿色，故‘泰山红’嫩叶花青苷含量(0.339mg·g^{-1})明显高于‘三白’(0.225mg·g^{-1})。随着叶片的发育，两个品种叶片颜色均为绿色，花青苷含量逐渐降低。

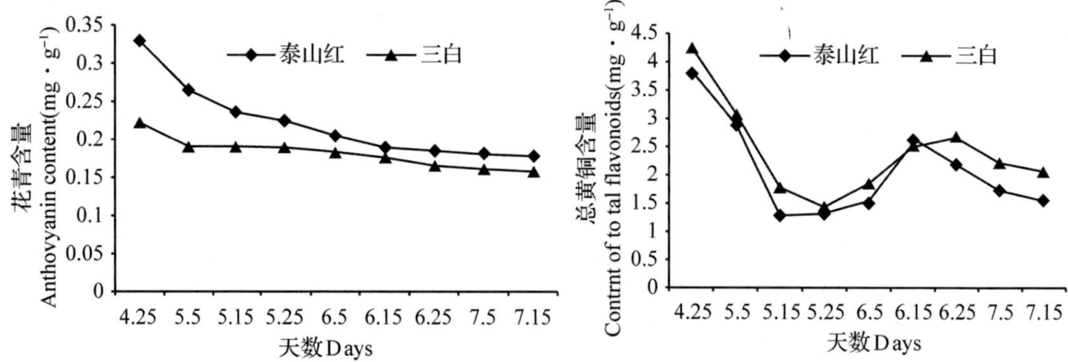

图3　两个石榴品种叶片发育过程中花青苷和总黄酮含量的变化

Fig. 3　Content changes of anthocyaninand total flavonoids in two pomegranate cultivars during

‘泰山红’和‘三白’叶片发育过程中总黄酮含量均呈现降→升→降的变化趋势，分别在4月25日和6月15日出现峰值(图3)。‘三白’叶片发育过程中总黄酮含量一直高于‘泰山红’。

2.4 两个石榴品种叶片发育过程中可溶性糖含量的变化

如图4所示，‘泰山红’和‘三白’叶片发育过程中均呈现先升高后降低的变化趋势，均在6月15日出现峰值，分别为0.793mg·g^{-1}和1.001mg·g^{-1}。4月25日至5月15日期间，‘泰山红’叶片中可溶性糖含量高于‘三白’，5月15日以后低于‘三白’。

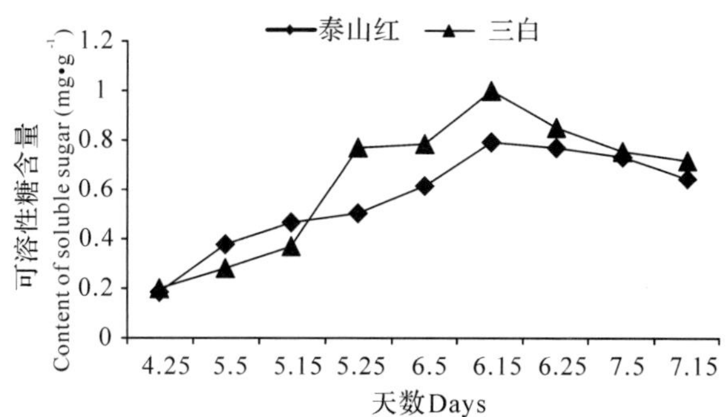

图4 两个石榴品种叶片发育过程中可溶性糖含量的变化

Fig. 4 Content changes of soluble sugar in two pomegranate cultivars during

2.5 两个石榴品种叶片中部分生理指标相关性分析

‘泰山红’和‘三白’叶片中部分生理指标相关性如表1所示。‘泰山红’叶片中叶绿素含量与可溶性糖含量极显著正相关，与类胡萝卜素含量呈极显著负相关，与花青苷、总黄酮均呈显著负相关。花青苷与类胡萝卜素和总黄酮含量均呈显著正相关。可溶性糖含量与类胡萝卜素、花青苷含量均呈显著负相关。总黄酮与类胡萝卜素、可溶性糖分别呈不显著正相关和负相关。

‘三白’叶片叶绿素含量与可溶性糖含量显著正相关，与花青苷、总黄酮均呈显著负相关。花青苷与可溶性糖呈显著负相关。其他生理指标间相关性均不显著。

表1 两个石榴品种叶片中部分生理指标相关性分析

Table 1 Correlation analysis of some physiological indexes in two pomegranate cultivars during leaf development

品种	指标	叶绿素	类胡萝卜素	花青苷	总黄酮	可溶性糖
泰山红	叶绿素	1				
	类胡萝卜素	-0.858 * *	1			
	花青苷	-0.977 *	0.882 *	1		
	总黄酮	-0.728 *	0.413	0.694 *	1	
	可溶性糖	0.888 * *	-0.928 *	-0.950 *	-0.489	1
三白	叶绿素	1				
	类胡萝卜素	-0.085	1			
	花青苷	-0.932 *	0.282	1		
	总黄酮	-0.806 *	-0.326	0.568	1	
	可溶性糖	0.779 *	-0.467	-0.699 *	-0.536	1

注：*表示在0.05水平显著，* *表示在0.01水平显著。

3 讨论与结论

叶片是光合作用的主要器官，果树叶片叶绿素含量多少和叶绿素 a/b 比值大小直接影响着其光合能力[16]。本研究结果表明，随着发育天数的增加，‘泰山红’和‘三白’石榴叶片长度和宽度不断增加，60 天左右发育成功能叶。两个石榴品种叶片中叶绿素 a 和叶绿素 b 含量随着发育天数的增加均逐渐升高，即随着叶片的发育光合能力逐渐增强。叶绿素 a/b 值反映了植物对光能利用的程度[8]，本研究中，‘泰山红’和‘三白’叶片发育过程中叶绿素 a/b 整体呈升→降→升→降的变化趋势，出现峰值的时间不同，这说明两个石榴品种叶片对光能的利用程度不同。

类胡萝卜素和叶绿素是植物叶片中两类重要的光合色素，多以色素蛋白复合体的形式存在于叶绿体的类囊体膜上[17]。本研究表明，‘三白’叶片发育初期两类色素含量迅速增加，这有利于快速增强叶片的光合作用，进而累积光合产物用以形态建成，这与王扬等[17]在银杏上的研究结果一致。随着叶片发育，叶绿素含量逐渐升高，类胡萝卜素含量却逐渐降低，6 月 25 日后，两种色素均随着天数的增加逐渐升高。相关分析表明，两个石榴叶片中叶绿素与类胡萝卜素含量均呈负相关，‘泰山红’叶片中二者呈显著负相关。这说明两类色素在叶片中的积累存在一定的相关性，由于类胡萝卜素在光保护中起重要作用[18]，所以两者的变化并不完全同步。‘泰山红’叶片类胡萝卜素含量随叶片发育逐渐降低，但发育初期含量最高，这可能与其嫩叶呈红色有关，具体机理还有待研究。

花青苷和黄酮类化合物属于酚类物质，是植物次生代谢的产物，具有较高的抗氧化性[9]。本研究发现，叶片发育初期‘泰山红’叶片中花青苷含量高于‘三白’，这是由于泰山红嫩叶呈红色的缘故。两个石榴品种叶片中总黄酮含量也是发育初期最高，‘三白’叶片高于‘泰山红’。这说明，石榴嫩叶中花青苷和总黄酮等酚类物质含量高，抗氧化性强，适宜用来加工石榴茶。

糖是花青苷形成的必需成分，一般情况下，随着糖含量增加，叶片中花青苷的含量增加[19]。本研究结果表明，石榴叶片发育过程中，可溶性糖含量先升高后降低，花青苷含量逐渐降低。相关性分析表明，两个石榴品种叶片中可溶性糖与花青苷含量均呈显著负相关，与叶绿素含量呈显著正相关。叶绿素与花青苷、总黄酮含量均呈显著负相关，这可能是由于石榴叶片主要呈现绿色，随着叶片发育，可溶性糖含量的增加促进了叶绿素的形成，不利于花青苷和黄酮类物质的形成。

参考文献

[1]冯立娟，尹燕雷，苑兆和，等．不同发育期石榴果实果汁中花青苷含量及品质指标的变化[J]．中国农学通报，2010，26(3)：179－183.

[2]汪小飞，周耘峰，黄埔，等．石榴品种数量分类研究[J]．中国农业科学，2010，43(5)：1093－1098.

[3]李建科，李国秀，赵艳红，等．石榴皮多酚组成分析及其抗氧化活性[J]．中国农业科学，2009，42(11)：4035－4041.

[4]Fischer U A，Carle R，Kammerer D R. Thermal stability of anthocyanins and colourless phenolics in pomegranate (*Punica granatum* L.) juices and model solutions[J]. Food chemistry，2013，138(2)：1800－1809.

[5]张有林，张润光．石榴贮期果皮褐变机理[J]．中国农业科学，2007，40(3)：573－581.

[6]Zhao X Q, Yuan Z H, Fang Y M, et al. Characterization and evaluation of major anthocyanins in pomegranate (*Punica granatum* L.) peel of different cultivars and their development phases[J]. European Food Research and Technology, 2013, 236(1): 109 - 117.

[7]杨尚尚. 石榴花粉亚微形态结构与萌发特性研究[D]. 山东农业大学硕士论文, 2013.

[8]闫萌萌, 王铭伦, 王洪波, 等. 光质对花生幼苗叶片光合色素含量及光合特性的影响[J]. 应用生态学报, 2014, 25(2): 483 - 487.

[9]刘安成, 李慧, 王亮生, 等. 石榴类黄酮代谢产物的研究进展[J]. 植物学报, 2011, 46 (2): 129 - 137.

[10]Hara M, Oki K, Hoshilvo K, et al. Enhancement of anthocyanin biosynthesis by sugar in radish (*Raphanus sativus*) hypocotyls [J]. Plant Sci, 2003, 164: 259 - 265.

[11] Hara M, Oki K, Hoshilvo K, et al. Effects of sucrose on anthocyanin production in hypocotyl of two radish (*Raphanus sativus*) varieties[J]. Plant Biotech, 2004, 21 (5): 401 - 405.

[12]邹琦. 植物生理学实验指导[M]. 北京: 农业出版社, 2001.

[13]周建华, 刘松艳, 巩发永. 两种分光光度法测定苦荞中黄酮含量的比较[J]. 江苏农业科学, 2008, 5: 247 - 251.

[14]仝月澳, 周厚基. 果树营养诊断法[M]. 北京: 中国农业出版社, 1982: 112 - 115.

[15]胡位荣, 张昭其, 季作梁, 等. 酸处理对采后荔枝果皮色泽与生理活性的影响[J]. 食品科学, 2004, 25 (7) : 176 - 180.

[16]杨丹, 曲柏宏. 苹果梨叶片叶绿素含量的变化规律[J]. 湖北农业科学, 2007, 46(4): 585 - 587.

[17]王扬, 房荣春, 林明明, 等. 银杏叶片生长发育过程中生理生化指标动态变化[J]. 江苏农业科学, 2011, 39(4): 155 - 158.

[18] Cardinif F, Bonzi L M. Carotenoid composition and its chemotaxonomic significance in leaves of ten species of the genus Ceratozamia (Cycads) [J]. Journal of Plant Physiology, 2005, 162(5): 517 - 528.

[19]张学英, 张上隆, 骆军, 等. 果实花色素苷合成研究进展[J]. 果树学报, 2004, 21(5): 456 - 460.

石榴科花粉亚微形态结构的观察与研究

张春芬[1]　邓舒[1]　肖蓉[1]　孟玉平[1,2]　曹秋芬[1,2,3]*　曹尚银[4]　郝兆祥[5]

([1] 山西省农业科学院果树研究所，太谷　0308015；[2] 山西省农业科学院生物技术研究中心，太原　030031；[3]农业部黄土高原作物基因资源与种质创制重点实验室，太原　030031；[4] 中国农业科学院郑州果树研究所，郑州　450009；[5] 山东省枣庄市石榴研究中心，枣庄　277300)

摘要：花粉与其他器官相比不易受外界自然环境的影响，其形态特点较稳定，因此研究花粉形态可以进行植物科属种的分类和鉴定。本文利用扫描电镜观察了86个石榴品种的花粉亚显微形态特征，并探讨了品种间的亲缘和演化关系，从而为石榴品种的分类、种质创新提供理论依据。

关键词：石榴；花粉；亚微形态结构；观察

Observation and Research of Punicaceae Pollen Submicron Morphological Structure

ZHANG Chun-fen[1], DENG Shu[1], XIAO Rong[1], MENG Yu-ping[1,2],
CAO Qiu-fen[1,2,3]*, CAO Shang-yin[4], HAO Zhao-xiang[5]

([1]*Pomology Institute, Shanxi Academy of Agricultural Sciences, Taigu* 0308015, *China*; [2]*Agricultural Biotechnology Research Center of Shanxi Province, Taiyuan* 030031, *China*; [3]*Key Laboratory of Crop Genetic Resources and Germplasm Created on the Loess Plateau, Ministry of Agriculture of the People's Repulic of China, Taiyuan* 030031, *China*;[4]*Zhengzhou Fruit Ressearch Institute, CAAS, Zhengzhou* 450009, *China*; [5]*Pomegranate Research Center of Zaozhuang, Zaozhuang* 277300, *China*)

Abstract: Compared with other organs, Pollen is stable whose shape and characteristics are not susceptible to the outside natural environment. So the pollen morphology can be used for the classification and identification of plant. The paper observes the 86 pomegranates on the varieties of pollen submicroscopic morphology by using scanning electron microscope in this paper, and discusses the kinship and evolution of the relationship between varieties, which provide theoretical basis for germplasm innovation and classification of pomegranate cultivars.

Key words: Pomegranate; Pollen; Submicron morphological structure; Observation

花粉与其他器官相比不易受外界自然环境的影响，其形态特点较稳定，因此，很多学者认为研究花粉形态有助于解决某些植物在分类系统上的地位问题(王伏雄等，1997)。近年

基金项目：科技部科技基础性工作专项子课题(2012FY110100-5)。

作者简介：张春芬，助理研究员，研究方向为果树发育生物学。E-mail：zchunfen2013@163.com。
*通讯作者 Author for correspondence. E-mail：qiufencao@163.com。

来，越来越多的学者开始利用扫描电镜观察花粉的形态特征，进行植物科属种的分类和鉴定。关于石榴的花粉形态特征方面的研究也有过一些报道，但尚无系统又完善的研究。作者利用扫描电镜观察了86个石榴品种的花粉亚显微形态特征，并探讨了品种间的亲缘和演化关系，从而为石榴品种的分类、种质创新提供理论依据。

1 材料与方法

试验材料采自山东枣庄市，采集铃铛花期的花粉，剥取花药自然干燥，散出花粉。测定时将花粉直接粘于双面胶纸上然后离子溅射镀金，在日立S-570型扫描电子显微镜下观察并照相。每个品种测量花粉10粒，测量极轴长(P)、赤道轴(E)和沟长，取平均值。观察赤道面观、极面观形状、萌发器官和外壁纹饰等特点。利用SPSS分析软件进行聚类分析。

2 观察结果

2.1 花粉亚微形态与大小

如表1所示，86个石榴品种的花粉赤道面观为长球形，其大小值变化范围为极轴长(P) 19.1～31.1μm，赤道轴(E)12.0～25.7μm，极轴与赤道轴的比值为1.29～1.96，其中体积最大的品种为淮北二白一红，体积最小的为美国优系红花大果。3孔沟，沟长12.5～25.7μm，与极轴比值在0.56～0.90，极面观呈三角形和三裂圆形两种形态，其中77个品种花粉粒的极面观呈三角形，呈三裂圆形的品种只有9个，为'峄城玛瑙石榴'、'临潼净皮甜'、'峄城红花重瓣紫皮甜'、'峄城青皮谢花甜'、'美国优系红花大果'、'蒙自滑皮沙子'、'峄城大青皮酸'、'河南粉红牡丹'、'邳州单瓣白'。

表1 供试石榴品种的花粉形态特征

Table **1** Pollen morphology of the test pomegranate cultivars

编号 No.	品种 Cultivars	极轴长(P) Equator axis length (E)(μm)	赤道轴长(E) Polar axis length (E)(μm)	沟长(C) Colpus length (C)(μm)	P/E	C/E	极面观 Polar view	萌发器 Aperture hole membrane form	表面纹饰 Exine ornamentation
1	澳大利亚蓝宝石	26.8	15.4	21.6	1.74	0.81	三角形	不外突	细小疣状
2	河北小满天红甜	30.0	25.7	16.8	1.17	0.56	三角形	不外突	平滑疣状
3	河南大红甜	28.2	15.1	22.5	1.87	0.80	三角形	不外突	粗糙疣状
4	河南粉红牡丹	29.6	15.7	24.6	1.89	0.83	三裂圆形	不外突	粗糙疣状
5	怀远大青皮甜	28.6	15.0	22.5	1.91	0.79	三角形	不外突	粗糙疣状
6	怀远玛瑙籽	29.3	17.3	24.3	1.69	0.83	三角形	不外突	细小疣状
7	怀远玉石籽	29.3	18.2	23.6	1.61	0.81	三角形	不外突	粗糙疣状
8	淮北半口红皮酸	30.7	17.9	24.1	1.72	0.79	三角形	外突	平滑疣状
9	淮北大青皮酸	27.9	17.1	22.1	1.63	0.79	三角形	不外突	细小疣状
10	淮北二白一红	31.1	17.9	25.0	1.74	0.80	三角形	不外突	粗糙疣状
11	淮北红皮软子	29.6	16.1	22.5	1.84	0.76	三角形	不外突	细小疣状
12	淮北红皮酸	27.1	17.1	22.1	1.58	0.82	三角形	不外突	细小疣状
13	淮北红皮甜	29.3	17.9	22.5	1.64	0.77	三角形	不外突	细小疣状
14	淮北抗裂果青皮	29.3	17.1	22.5	1.71	0.77	三角形	不外突	粗糙疣状
15	淮北玛瑙籽	28.2	16.1	22.5	1.75	0.80	三角形	不外突	粗糙疣状
16	淮北青皮	28.6	15.7	20.7	1.82	0.72	三角形	不外突	细小疣状

(续)

编号 No.	品种 Cultivars	极轴长(P) Equator axis length (E)(μm)	赤道轴长(E) Polar axis length (E)(μm)	沟长(C) Colpus length (C)(μm)	P/E	C/E	极面观 Polar view	萌发器 Aperture hole membrane form	表面纹饰 Exine ornamentation
17	淮北软子 2 号	29. 3	17. 7	24. 6	1. 66	0. 84	三角形	外突	粗糙疣状
18	淮北软子 5 号	24. 6	14. 3	19. 5	1. 72	0. 79	三角形	不外突	粗糙疣状
19	淮北塔山红	27. 1	15. 7	20. 7	1. 73	0. 76	三角形	不外突	细小疣状
20	淮北小红皮	30. 6	17. 9	25. 0	1. 71	0. 82	三角形	不外突	粗糙疣状
21	淮北小青皮酸	27. 1	15. 7	21. 4	1. 73	0. 79	三角形	外突	细小疣状
22	淮北一串铃	26. 7	16. 5	24. 1	1. 62	0. 90	三角形	外突	粗糙疣状
23	淮北硬子青皮	29. 6	16. 6	22. 9	1. 78	0. 77	三角形	外突	细小疣状
24	淮北紫皮甜	28. 2	16. 1	22. 9	1. 75	0. 81	三角形	不外突	细小疣状
25	开封四季红	27. 1	15. 7	22. 9	1. 73	0. 85	三角形	不外突	粗糙疣状
26	临潼红皮甜	30. 9	18. 2	25. 7	1. 70	0. 83	三角形	不外突	粗糙疣状
27	临潼净皮甜	26. 1	14. 3	19. 3	1. 83	0. 74	三裂圆形	不外突	粗糙疣状
28	临潼三白	27. 9	15. 4	23. 6	1. 81	0. 85	三角形	不外突	粗糙疣状
29	鲁红榴 2 号	29. 3	16. 4	23. 9	1. 79	0. 82	三角形	不外突	平滑疣状
30	鲁青榴 1 号	29. 6	17. 9	24. 8	1. 65	0. 84	三角形	不外突	平滑疣状
31	洛克 4 号(新疆)	29. 6	15. 7	23. 6	1. 89	0. 80	三角形	不外突	粗糙疣状
32	美国 002	29. 2	17. 6	22. 9	1. 66	0. 78	三角形	不外突	粗糙疣状
33	美国 003	28. 0	16. 5	21. 6	1. 70	0. 77	三角形	不外突	粗糙疣状
34	美国 004	28. 6	17. 8	23. 7	1. 61	0. 83	三角形	不外突	粗糙疣状
35	美国 005	26. 9	16. 5	21. 6	1. 63	0. 80	三角形	不外突	细小疣状
36	美国 007(重白)	28. 0	15. 6	21. 9	1. 79	0. 78	三角形	不外突	粗糙疣状
37	美国粉红(重粉红)	28. 2	19. 0	24. 2	1. 48	0. 86	三角形	不外突	粗糙疣状
38	美国红花复瓣甜	25. 3	16. 5	20. 8	1. 53	0. 82	三角形	不外突	细小疣状
39	美国普兰甜	27. 2	17. 0	23. 1	1. 60	0. 85	三角形	不外突	细小疣状
40	美国喜爱	28. 0	16. 4	22. 6	1. 71	0. 81	三角形	不外突	细小疣状
41	美国优系红花大果	19. 1	12. 0	15. 2	1. 59	0. 80	三裂圆形	不外突	粗糙疣状
42	蒙阳红	27. 5	15. 7	20. 4	1. 75	0. 74	三角形	不外突	粗糙疣状
43	蒙自白花	23. 6	15. 5	18. 1	1. 52	0. 77	三角形	不外突	粗糙疣状
44	蒙自红花白皮	29. 3	15. 5	21. 4	1. 89	0. 73	三角形	不外突	粗糙疣状
45	蒙自厚皮沙子	26. 8	18. 9	21. 8	1. 42	0. 81	三角形	不外突	平滑疣状
46	蒙自滑皮沙子	27. 9	16. 1	22. 5	1. 73	0. 81	三裂圆形	不外突	平滑疣状
47	蒙自火炮	26. 8	17. 0	20. 7	1. 58	0. 77	三角形	外突	细小疣状
48	蒙自酸绿籽	27. 1	17. 1	21. 8	1. 58	0. 80	三角形	外突	粗糙疣状
49	蒙自甜光颜	27. 7	17. 9	22. 7	1. 55	0. 82	三角形	不外突	粗糙疣状
50	蒙自甜绿籽	28. 0	17. 8	21. 1	1. 57	0. 75	三角形	不外突	粗糙疣状
51	缅甸巨型	26. 0	15. 2	20. 3	1. 71	0. 78	三角形	不外突	细小疣状
52	邳州单瓣白	27. 5	15. 4	23. 6	1. 79	0. 86	三裂圆形	不外突	细小疣状
53	四川粉红牡丹	25. 0	18. 2	15. 7	1. 37	0. 63	三角形	不外突	细小疣状
54	四川海棠石榴	28. 6	15. 7	23. 2	1. 82	0. 81	三角形	外突	粗糙疣状
55	四川红皮酸	30. 0	16. 8	25. 7	1. 79	0. 86	三角形	不外突	粗糙疣状

（续）

编号 No.	品种 Cultivars	极轴长(P) Equator axis length (E)(μm)	赤道轴长(E) Polar axis length (E)(μm)	沟长(C) Colpus length (C)(μm)	P/E	C/E	极面观 Polar view	萌发器 Aperture hole membrane form	表面纹饰 Exine ornamentation
56	四川黄皮酸	26.8	17.0	21.4	1.58	0.80	三角形	不外突	粗糙疣状
57	四川黄皮胭脂	27.5	14.6	21.2	1.88	0.77	三角形	不外突	细小疣状
58	四川江驿石榴	27.0	15.4	21.4	1.75	0.79	三角形	不外突	粗糙疣状
59	四川青皮软子	30.4	18.6	24.3	1.63	0.80	三角形	不外突	粗糙疣状
60	突尼斯软子	24.7	16.1	20.0	1.53	0.81	三角形	不外突	细小疣状
61	新疆和田酸	26.6	15.0	22.1	1.77	0.83	三角形	不外突	粗糙疣状
62	新疆和田甜	25.0	14.6	19.3	1.71	0.77	三角形	外突	粗糙疣状
63	新疆红皮	27.5	15.4	20.7	1.79	0.75	三角形	外突	细小疣状
64	新疆皮亚曼	29.3	19.6	23.6	1.49	0.81	三角形	不外突	粗糙疣状
65	杨凌黑子酸	27.9	16.8	21.8	1.66	0.78	三角形	不外突	平滑疣状
66	伊朗软子	28.2	16.8	23.7	1.68	0.84	三角形	不外突	粗糙疣状
67	峄城超青	28.9	16.4	24.6	1.76	0.85	三角形	不外突	细小疣状
68	峄城大青皮酸	25.7	15.7	21.1	1.64	0.82	三裂圆形	外突	粗糙疣状
69	峄城大青皮甜	30.0	17.0	24.3	1.76	0.81	三角形	不外突	细小疣状
70	峄城粉红重瓣白皮甜	24.2	15.8	16.4	1.53	0.68	三角形	不外突	细小疣状
71	峄城岗榴	28.2	17.4	21.4	1.62	0.76	三角形	不外突	平滑疣状
72	峄城红花重瓣青皮甜	26.0	15.8	21.1	1.65	0.81	三角形	外突	细小疣状
73	峄城红花重瓣紫皮甜	28.2	18.2	21.8	1.55	0.77	三裂圆形	外突	粗糙疣状
74	峄城红牡丹	28.9	17.9	23.2	1.61	0.80	三角形	不外突	粗糙疣状
75	峄城抗寒砧木 2 号	28.6	15.7	25.7	1.82	0.90	三角形	不外突	细小疣状
76	峄城玲珑牡丹	28.8	16.7	24.1	1.72	0.84	三角形	外突	细小疣状
77	峄城玛瑙石榴	20.4	14.3	12.5	1.43	0.61	三裂圆形	不外突	细小疣状
78	峄城青皮谢花甜	26.1	16.4	20.7	1.59	0.79	三裂圆形	外突	粗糙疣状
79	峄城三白	25.4	15.4	20.4	1.65	0.80	三角形	不外突	粗糙疣状
80	峄城小红牡丹	27.2	15.7	22.1	1.73	0.81	三角形	不外突	细小疣状
81	峄城月季石榴	30.0	16.5	23.1	1.82	0.77	三角形	外突	粗糙疣状
82	峄城重瓣白皮酸	26.4	15.4	21.1	1.71	0.80	三角形	不外突	粗糙疣状
83	峄城重瓣粉红酸	28.9	16.4	25.0	1.76	0.87	三角形	不外突	粗糙疣状
84	峄城竹叶青	28.9	17.9	22.9	1.61	0.79	三角形	不外突	粗糙疣状
85	豫大籽	25.4	15.2	20.3	1.67	0.80	三角形	不外突	粗糙疣状

注：表中品种名单引号省略。下同。

2.2 花粉萌发器官

萌发器的孔膜形态有外突与不外突之分，其中孔膜外突的品种有 16 个品种，孔膜不突的品种有 70 个品种。

2.3 花粉表面纹饰

86 个石榴品种花粉表面纹饰的基本类型为疣状突起，但表面纹饰的疣状突起分成 3 种类型：平滑疣状、细小疣状和粗糙疣状。其中具有平滑疣状纹饰有 8 个品种，细小疣状纹饰有 30 个品种，粗糙疣状纹饰有 48 个品种。

2.4 石榴品种花粉亚微形态聚类分析

采用等级数量编码方法将三个定性指标(极面观、萌发器和表面纹饰)进行编码，极面观和萌发器为二元形状，编号为0(三裂圆形/不外突)，1(三角形/外突)，表面纹饰为三元形状标号为1(平滑疣状)，2(细小疣状)，3(粗糙疣状)，数值性状直接用于数学运算。根据石榴花粉的量化指标(表2)，应用SPSS分析软件对86个石榴品种的花粉形态进行聚类分析，聚类方法采用系统聚类中的离差平方和法(Ward)。

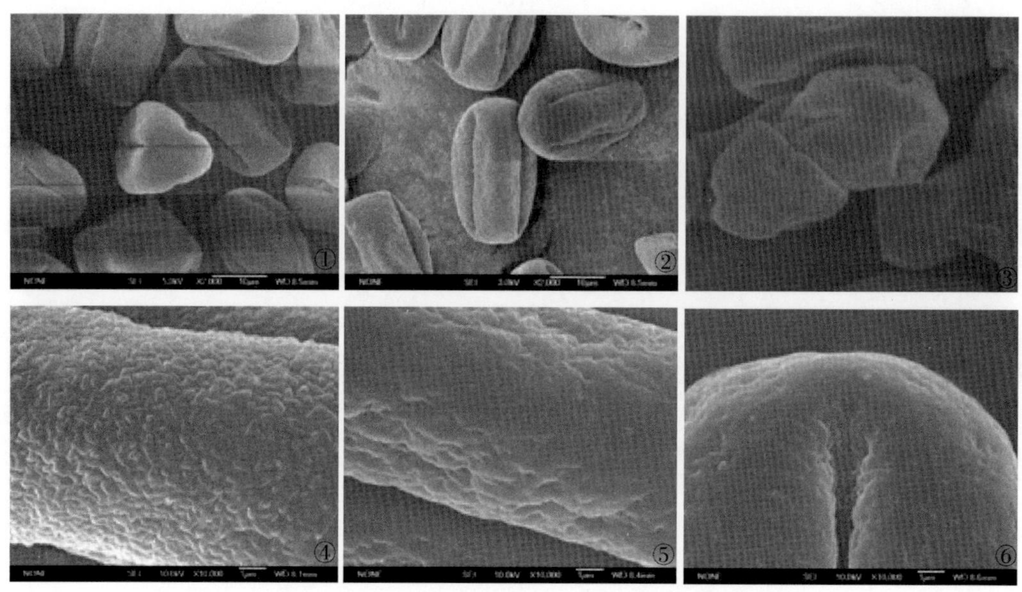

图1　扫描电镜下石榴品种花粉的形态特征观察

Fig. 1　Observation of pollen morphology by scanning electron microscope

①三角形；②三裂圆形，孔膜不外突；③三裂圆形，孔膜外突；④粗糙疣状；⑤细小疣状；⑥平滑疣状

①Triangele; ②Three crack round, No evagination; ③Three crack round, Evagination;

④Scabrate verrucae; ⑤Micromesh verrucae; ⑥Smoothly verrucae

表2　花粉形态分析指标数据表

Table 2　The list of data analysis indexes

编号 No.	品种 Cultivars	极轴长(P) Equator axis length (E)(μm)	赤道轴长(E) Polar axis length (E)(μm)	沟长(C) Colpus length (C)(μm)	P/E	C/E	极面观 Polar view	萌发器 Aperture hole membrane form	表面纹饰 Exine ornamentation
1	澳大利亚蓝宝石	26.8	15.4	21.6	1.74	0.81	1	0	2
2	河北小满天红甜	30.0	25.7	16.8	1.17	0.56	1	0	1
3	河南大红甜	28.2	15.1	22.5	1.87	0.80	1	0	3
4	河南粉红牡丹	29.6	15.7	24.6	1.89	0.83	0	0	3
5	怀远大青皮甜	28.6	15.0	22.5	1.91	0.79	1	0	3
6	怀远玛瑙籽	29.3	17.3	24.3	1.69	0.83	1	0	2
7	怀远玉石籽	29.3	18.2	23.6	1.61	0.81	1	0	3
8	淮北半口红皮酸	30.7	17.9	24.1	1.72	0.79	1	1	1
9	淮北大青皮酸	27.9	17.1	22.1	1.63	0.79	1	0	2
10	淮北二白一红	31.1	17.9	25.0	1.74	0.80	1	0	3

（续）

编号 No.	品种 Cultivars	极轴长(P) Equator axis length (E)(μm)	赤道轴长(E) Polar axis length (E)(μm)	沟长(C) Colpus length (C)(μm)	P/E	C/E	极面观 Polar view	萌发器 Aperture hole membrane form	表面纹饰 Exine ornamentation
11	淮北红皮软子	29.6	16.1	22.5	1.84	0.76	1	0	2
12	淮北红皮酸	27.1	17.1	22.1	1.58	0.82	1	0	2
13	淮北红皮甜	29.3	17.9	22.5	1.64	0.77	1	0	2
14	淮北抗裂果青皮	29.3	17.1	22.5	1.71	0.77	1	0	3
15	淮北玛瑙籽	28.2	16.1	22.5	1.75	0.80	1	0	3
16	淮北青皮	28.6	15.7	20.7	1.82	0.72	1	0	2
17	淮北软子2号	29.3	17.7	24.6	1.66	0.84	1	1	3
18	淮北软子5号	24.6	14.3	19.5	1.72	0.79	1	0	3
19	淮北塔山红	27.1	15.7	20.7	1.73	0.76	1	0	2
20	淮北小红皮	30.6	17.9	25.0	1.71	0.82	1	0	3
21	淮北小青皮酸	27.1	15.7	21.4	1.73	0.79	1	1	2
22	淮北一串铃	26.7	16.5	24.1	1.62	0.90	1	1	3
23	淮北硬子青皮	29.6	16.6	22.9	1.78	0.77	1	1	2
24	淮北紫皮甜	28.2	16.1	22.9	1.75	0.81	1	0	2
25	开封四季红	27.1	15.7	22.9	1.73	0.85	1	0	3
26	临潼红皮甜	30.9	18.2	25.7	1.70	0.83	1	0	3
27	临潼净皮甜	26.1	14.3	19.3	1.83	0.74	0	0	3
28	临潼三白	27.9	15.4	23.6	1.81	0.85	1	0	3
29	鲁红榴2号	29.3	16.4	23.9	1.79	0.82	1	0	1
30	鲁青榴1号	29.6	17.9	24.8	1.65	0.84	1	0	1
31	洛克4号(新疆)	29.6	15.7	23.6	1.89	0.80	1	0	3
32	美国002	29.2	17.6	22.9	1.66	0.78	1	0	3
33	美国003	28.0	16.5	21.6	1.70	0.77	1	0	3
34	美国004	28.6	17.8	23.7	1.61	0.83	1	0	3
35	美国005	26.9	16.5	21.6	1.63	0.80	1	0	2
36	美国007(重白)	28.0	15.6	21.9	1.79	0.78	1	0	3
37	美国粉红(重粉红)	28.2	19.0	24.2	1.48	0.86	1	0	3
38	美国红花复瓣甜	25.3	16.5	20.8	1.53	0.82	1	0	2
39	美国普兰甜	27.2	17.0	23.1	1.60	0.85	1	0	2
40	美国喜爱	28.0	16.4	22.6	1.71	0.81	1	0	2
41	美国优系红花大果	19.1	12.0	15.2	1.59	0.80	0	0	3
42	蒙阳红	27.5	15.7	20.4	1.75	0.74	1	0	3
43	蒙自白花	23.6	15.5	18.1	1.52	0.77	1	0	3
44	蒙自红花白皮	29.3	15.5	21.4	1.89	0.73	1	0	3
45	蒙自厚皮沙子	26.8	18.9	21.8	1.42	0.81	1	0	1
46	蒙自滑皮沙子	27.9	16.1	22.5	1.73	0.81	0	0	1
47	蒙自火炮	26.8	17.0	20.7	1.58	0.77	1	1	2
48	蒙自酸绿籽	27.1	17.1	21.8	1.58	0.80	1	1	3
49	蒙自甜光颜	27.7	17.9	22.7	1.55	0.82	1	0	3

（续）

编号 No.	品种 Cultivars	极轴长(P) Equator axis length (E)(μm)	赤道轴长(E) Polar axis length (E)(μm)	沟长(C) Colpus length (C)(μm)	P/E	C/E	极面观 Polar view	萌发器 Aperture hole membrane form	表面纹饰 Exine ornamentation
50	蒙自甜绿籽	28.0	17.8	21.1	1.57	0.75	1	0	3
51	缅甸巨型	26.0	15.2	20.3	1.71	0.78	1	0	2
52	邳州单瓣白	27.5	15.4	23.6	1.79	0.86	0	0	2
53	四川粉红牡丹	25.0	18.2	15.7	1.37	0.63	1	0	2
54	四川海棠石榴	28.6	15.7	23.2	1.82	0.81	1	1	3
55	四川红皮酸	30.0	16.8	25.7	1.79	0.86	1	0	3
56	四川黄皮酸	26.8	17.0	21.4	1.58	0.80	1	0	3
57	四川黄皮胭脂	27.5	14.6	21.2	1.88	0.77	1	0	2
58	四川江驿石榴	27.0	15.4	21.4	1.75	0.79	1	0	3
59	四川青皮软子	30.4	18.6	24.3	1.63	0.80	1	0	3
60	突尼斯软子	24.7	16.1	20.0	1.53	0.81	1	0	2
61	新疆和田酸	26.6	15.0	22.1	1.77	0.83	1	0	3
62	新疆和田甜	25.0	14.6	19.3	1.71	0.77	1	1	3
63	新疆红皮	27.5	15.4	20.7	1.79	0.75	1	1	2
64	新疆皮亚曼	29.3	19.6	23.6	1.49	0.81	1	0	3
65	杨凌黑子酸	27.9	16.8	21.8	1.66	0.78	1	0	1
66	伊朗软子	28.2	16.8	23.7	1.68	0.84	1	0	3
67	峄城超青	28.9	16.4	24.6	1.76	0.85	1	0	2
68	峄城大青皮酸	25.7	15.7	21.1	1.64	0.82	0	1	3
69	峄城大青皮甜	30.0	17.0	24.3	1.76	0.81	1	0	2
70	峄城粉红重瓣白皮甜	24.2	15.8	16.4	1.53	0.68	1	0	2
71	峄城岗榴	28.2	17.4	21.4	1.62	0.76	1	0	3
72	峄城红花重瓣青皮甜	26.0	15.8	21.1	1.65	0.81	1	1	2
73	峄城红花重瓣紫皮甜	28.2	18.2	21.8	1.55	0.77	0	1	3
74	峄城红牡丹	28.9	17.9	23.2	1.61	0.80	1	0	3
75	峄城抗寒砧木 2 号	28.6	15.7	25.7	1.82	0.90	1	0	2
76	峄城玲珑牡丹	28.8	16.7	24.1	1.72	0.84	1	1	2
77	峄城玛瑙石榴	20.4	14.3	12.5	1.43	0.61	0	0	2
78	峄城青皮谢花甜	26.1	16.4	20.7	1.59	0.79	0	1	3
79	峄城三白	25.4	15.4	20.4	1.65	0.80	1	0	3
80	峄城小红牡丹	27.2	15.7	22.1	1.73	0.81	1	0	2
81	峄城月季石榴	30.0	16.5	23.1	1.82	0.77	1	1	3
82	峄城重瓣白皮酸	26.4	15.4	21.1	1.71	0.80	1	0	3
83	峄城重瓣粉红酸	28.9	16.4	25.0	1.76	0.87	1	0	3
84	峄城竹叶青	28.9	17.9	22.9	1.61	0.79	1	0	3
85	豫大籽	25.4	15.2	20.3	1.67	0.80	1	0	3

对 86 个石榴品种进行聚类分析，如图 2 所示，在 La = 2 处展开，所有品种分为 10 类，第一类共 10 个品种，包括‘峄城小红牡丹’、‘邳州单瓣白’、‘美国普兰甜’、‘新疆和田

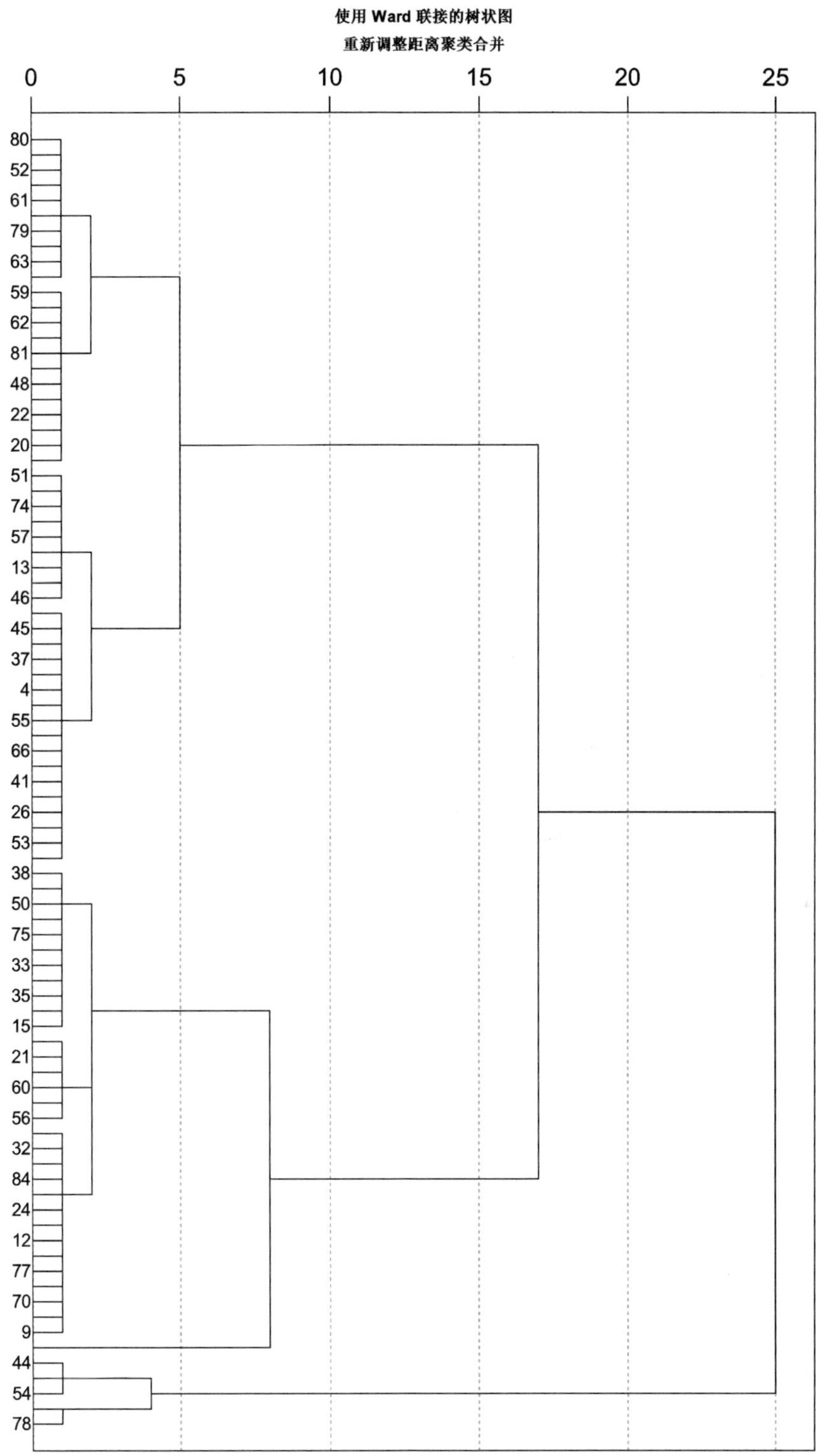

使用 Ward 联接的树状图

重新调整距离聚类合并

0 5 10 15 20 25

80
52
61
79
63
59
62
81
48
22
20
51
74
57
13
46
45
37
4
55
66
41
26
53
38
50
75
33
35
15
21
60
56
32
84
24
12
77
70
9
44
54
78

图 2　86 个石榴品种 Ward 法聚类分析树状图

Fig. 2　Dendrogram of 86 pomegranate cultivars obtained by the ward culster

酸’、‘峄城大青皮甜’、‘峄城三白’、‘淮北塔山红’、‘新疆红皮’、‘临潼三白’。第二类共 12 个品种，包括‘四川青皮软籽’、‘峄城重瓣粉红酸’、‘新疆和田甜’、‘河北小满天红甜’、‘峄城月季石榴’、‘四川江驿石榴’、‘蒙自酸绿籽’、‘峄城红花重瓣紫皮甜’、‘淮北一串铃’、‘新疆皮亚曼’、‘淮北小红皮’、‘蒙自白花’。第三类共 9 个品种，包括‘缅甸巨型’、‘峄城红花重瓣青皮甜’、‘峄城红牡丹’、‘蒙自甜光颜’、‘四川黄皮胭脂’、‘淮北二白一红’、‘淮北红皮甜’、‘美国 007’(‘重白’)、‘蒙自滑皮砂籽’。第四类共 17 个品种，包括‘淮北软籽 2 号’、‘蒙自厚皮砂籽’、‘淮北青皮’、‘美国粉红’(‘重粉红’)、‘美国 004’、‘河南粉红牡丹’、‘怀远玛瑙籽’、‘四川红皮酸’、‘蒙自火炮’、‘伊朗软籽’、‘开封四季红’、‘美国优系红花大果’、‘美国喜爱’、‘临潼红皮甜’、‘鲁红榴 2 号’、‘四川粉红牡丹’、‘淮北硬籽青皮’。第五类共 11 个品种，包括‘美国红花复瓣甜’、‘杨凌黑子酸’、‘蒙自甜绿籽’、‘峄城超青’、‘峄城抗寒砧木 2 号’、‘豫大籽’、‘美国 003’、‘淮北半口红皮酸’、‘美国 005’、‘淮北抗裂果青皮’、‘淮北玛瑙籽’。第六类共 6 个品种，包括‘淮北红皮软籽’、‘淮北小青皮酸’、‘临潼净皮甜’、‘突尼斯软籽’、‘淮北软籽 5 号’、‘四川黄皮酸’。第 7 类共 14 个品种，包括‘怀远大青皮甜’、‘美国 002’、‘峄城大青皮酸’、‘峄城竹叶青’、‘峄城玲珑牡丹’、‘淮北紫皮甜’、‘峄城重瓣白皮酸’、‘淮北红皮酸’、‘鲁青榴 1 号’、‘峄城玛瑙石榴’、‘怀远玉石籽’、‘峄城粉红重瓣白皮甜’、‘洛克 4 号’(新疆)、‘淮北大青皮酸’。第 8 类只有河‘南大红甜’一个品种。第 9 类共三个品种，包括‘蒙自红花白皮’、‘峄城岗榴’、‘四川海棠石榴’。第 10 类包括‘蒙阳红’和‘峄城青皮谢花甜’。在 $La=5$ 处展开，所有品种分为五大类，第一类共 22 个品种，第二类共 26 个品种，第三类共 31 个品种，第四类只有河南大红甜一个品种，第五类包括 5 个品种。在 $La=10$ 处展开，共分为三个大类，第一大类 48 个品种，第二类共 32 个品种，第三类有 5 个品种。

3 讨论

花粉由于其保守特性，被广泛用来进行品种间的鉴定和分类。国际上最早研究石榴花粉的额尔特曼(1962)研究报告发现巴拉圭的石榴花粉具 4 孔沟，而中国的花粉具 3 孔沟。国内研究者的报告(中国科学院植物研究所形态室孢粉组，1960；赵先贵和肖玲，1996；尹燕雷等，2011)都证实了国内栽培品种石榴花粉具有 3 孔沟。花粉表面纹饰在不同研究者的报告中则存在不同差异，中国科学院植物所研究者认为花粉表面为细网状雕纹(中国科学院植物研究所形态室孢粉组，1960)。而赵先贵和肖玲(1996)的观察结果认为石榴花粉表面纹饰为细绉块状，不是网状雕纹，不同变种间存在明显差异。本研究对 86 个国内外石榴品种进行研究，结果显示所有品种均为长球形，具有 3 孔沟，表面纹饰为疣状突起，各品种间存在差异，分为粗糙疣状、细小疣状、平滑疣状。

花粉壁的构造及纹饰和花粉的萌发器官对鉴定花粉具有十分重要的意义。周俊英(2003)在观察曼陀罗的花粉形态结构时认为各个种之间的主要区别在于外壁雕纹之间的差异。杨德奎等(2005)在对山东的槐属花粉粒进行亚显微形态结构观察研究时，也指出以表面纹饰为主要分类依据。本研究 86 个品种花粉壁的疣状突起及光滑度等方面存在一定的差异，引起差异的原因或者说石榴品种可以根据这些差异进行分类还有待于进一步研究。

此外，在本试验中花粉粒亚显微结构观察结果和尹燕雷等(2011)在怀远玉石籽、峄城大青皮酸、峄城大青皮酸等品种存在差异，造成这一现象的主要原因可能是受外界环境条件

的影响或者观察者在主观意识上的辨别差异，当然也不排除不同地区间品种的“同名异物”或者引种过程无意识错误造成的品种混乱。在本试验中还发现在同一品种的花粉中，存在表现不同形态特征的花粉，具体表现为既有孔膜外突的花粉，也有孔膜不外突的花粉，而且孔膜外突和不外突的花粉在大小和形状上存在一定差异，我们猜测可能是处在不同发育时期的花粉具有不同的形态特征。还有一些花粉不同部位的表面纹饰表现很不相同，这可能是由于花粉表面镀膜不均匀导致显微镜下观察时存在视觉差异。因此，我们建议在今后的工作中，利用花粉的亚显微形态结构用于分类分析时最好能在不同年份做重复观察，并能确保所采同种花粉来源相同。

参考文献

[1]额尔特曼 G. 花粉形态与植物分类[M]. 王伏雄译. 北京：科学出版社，1962：310.

[2]王伏雄. 中国植物花粉形态第二版[M]. 北京：科学出版社，1997：256 -264.

[3]中国科学院植物研究所形态室孢粉组. 中国植物花粉形态[M]. 北京：科学出版社，1960：202 - 203.

[4]杨德奎，郭小燕，王善娥，李霞. 山东槐属植物的花粉亚显微形态研究[J]. 广西科学，2005，12 (2)：158 - 160.

[5]尹燕雷，苑兆和，冯立娟，招雪晴，陶吉寒. 山东 20 个石榴品种花粉亚微形态学比较研究[J]. 园艺学报，2011，38(5)：955 -962.

[6]赵先贵，肖玲. 中国石榴科花粉形态的研究[J]. 西北植物学报，1996，16 (1)：52 - 55.

[7]周俊英. 中药曼陀罗花粉亚显微形态结构研究[J]. 山东科学，2003，(6)：26 - 28.

石榴果实成熟期果皮色泽差异蛋白质组比较分析

曹尚银[1] 牛娟[1] 曹达[2] 李好先[1] 薛辉[1] 陈利娜[1] 张富红[1] 赵弟广[1]
([1] 中国农业科学院郑州果树研究所，郑州 450009；[2] 河南师范大学，新乡 453000)

摘要：【目的】应用差异蛋白质组学技术，从蛋白表达丰度差异的变化上揭示果实成熟时不同石榴品种果皮色泽差异的分子机理。【方法】运用双向电泳和 MALDI-TOF-TOF MS 质谱鉴定技术研究‘三白’硬籽石榴和‘中农红’软籽石榴品种果实成熟时果皮蛋白质表达谱的变化。【结果】对‘中农红’和‘三白’石榴进行 2-DE 和质谱分析，发现每一张重复胶上都可以检测到 884 个蛋白点，与‘三白’相比，在‘中农红’果皮图谱中共检测到 36 个表达量相差 2 倍以上的蛋白质点，通过质谱鉴定和数据库检索注释了其中 4 个蛋白质点。相对于‘三白’，‘中农红’有 20 个蛋白质点(28.6%)上调表达量，16 个蛋白质点(22.9%)下调表达量。其中，‘中农红’和‘三白’各有 1 个(1.43%)特异表达蛋白质点。功能分类表明，它们分别参与光合作用、代谢途径、抗氧化胁迫等细胞过程。【结论】光合作用在‘中农红’石榴中减弱，而在‘三白’果皮中蛋白丰度很高，这可能揭示了石榴果实的着色与叶绿素的消长变化具有重要关系。另外，‘三白’硬籽石榴比‘中农红’软籽石榴更具有抵御非生物胁迫的能力，可能揭示了硬籽石榴比软籽石榴具有较强抗性的原因。

关键词：石榴；果皮颜色；蛋白组

Comparative Proteomics Analysis of Fruit Skin Color in Pomegranate (*Punica granatum* L.)

CAO Shang-yin [1], NIU juan[1], CAO da[2], LI Hao-xian[1], XUE hui[1], Chen Li-na[1], ZHANG Fu-hong, ZHAO Di-guang [1]
([1] *Zhengzhou Fruit Research Institute*, *CAAS*, *Zhengzhou* 450009, *China*; [2] *Henan Normal University*, *Xinxiang* 453000, *China*)

Abstract: 【Objective】To understand the molecular mechanism of ripe fruit skin color in different varieties of pomegranate at the proteomic level. 【Method】Total proteins of the ripe fruit skin

---

基金项目：科技基础性工作专项“我国优势产区落叶果树农家品种资源调查与收集”(2012FY110100)；中国农业科学院科技创新工程专项经费项目(CAAS－ASTIP－2015－ZFRI－03)。

作者简介：曹尚银，男，研究员，研究方向为果树遗传育种与分子生物学。E-mail：s.y.cao@163.com。

color in 'Zhongnonghong' soft-seeded pomegranate and 'Sanbai' hard-seeded pomegranate were analysed by two-dimensional electrophoresis(2-DE) and MALDI-TOF-TOF MS.【Result】884 protein spots were detected on 2-DE gels in both varieties pomegranates, the proteomic analysis shown that the fruit skin color in 'Zhongnonghong' had 36 protein spots with more than 2 times differential expression compared to 'Sanbai', in which 4 were identified and annotated. Compared to 'Sanbai'($p < 0.05$), 'Zhongnonghong' had 20 proteins spots (28.6%) up-regulated, 16 proteins spots (22.9%) down-regulated. Among them, 'Zhongnonghong' and 'Sanbai' had 1 (1.43%) specific proteins, respectively. The functional classification of the differentially expressed proteins belonged to photosynthesis, metabolic pathway and plant resistance to oxidative stress.【Conclusion】The photosynthesis decreased in 'Zhongnonghong', while enhancement in 'Sanbai', may reveal the pomegranate fruit coloring has important relation in the succession of the chlorophyll. In addition, the 'Sanbai' hard-seeded pomegranate much more resistance abiotic stress than 'Zhongnonghong' soft-seeded pomegranate, it may reveal the reasons of hard-seeded pomegranate much more resistance to oxidative stress than soft-seeded pomegranate.

Key words: Pomegranate; Skin color; Proteomics

石榴(*Punica granatum* L.)是中国近年来发展迅速的优良小杂果类果树之一，它以较高的经济价值、营养价值、医药价值和保健功能，越来越受到消费市场的青睐[1]。石榴果实色泽是石榴果实品质形成的重要组成部分，也是影响果品商品和价值重要因素之一。由于石榴遗传背景比较复杂，因此，对性状的遗传变异研究较困难，从分子上研究石榴果实外观着色机制尚未见报道。因此，通过开展不同石榴品种果实发育过程中色泽形成的分子差异研究，为改善果实外观品质、提高果品商品性的栽培技术提供理论依据。目前对石榴果实外观品质的研究主要集中在果皮的外观性状、光洁度及糖、酸等内含物变化的研究上。Messaoud等[2]采取主成分和 UPGMA 聚类分析，对 11 个突尼斯石榴品种进行分析，结果表明果实大小、果皮颜色、果汁成分中 pH 是品种主要鉴别依据；Martinez[3]等研究了西班牙东南部 5 个石榴品种种子的形态特征、果汁的可溶性固形物含量、pH 值、可滴定酸含量和成熟度等；AlSaid[4]等对阿曼、苏丹石榴品种的果实品质和生理生化特性进行研究，把 4 个石榴品种分为硬籽和软籽两类。在石榴的育种方面，Jalikop[5]等通过杂交育种从 16 个 F1 代和 10 个 F2 代中选育出果皮深红色、果皮红色、品质佳的优良品种。由于针对不同石榴品种果实发育过程中色泽形成的分子差异研究尚未见报道。本研究利用红果的'中农红'软籽石榴和白果的'三白'硬籽石榴为试材，采用差异蛋白质组学技术对石榴果实成熟时果皮色泽差异蛋白丰度变化情况进行分析，探讨果皮红色性状形成的分子机理，为石榴的品质改良提供依据。

1 材料与方法

1.1 试验材料

以中国农业科学院郑州果树研究所石榴优良品种资源圃七年生红花、红果、红籽'中农红'(果皮硬度 3.6kg/cm^2)软籽石榴与白花、白果、白籽'三白'(果皮硬度 4.3kg/cm^2)硬籽

石榴(两品种都是扦插苗定植)为试材，从石榴园中选取树体健壮、大小一致、无病虫害的每品种9株结果树，每3株为一组，每品种共3次重复。在幼果期标记大小基本一致的幼果，于9月20日果实成熟时分别取标记的果实，迅速切取果实中部果皮，立刻用液氮保存，然后，放入 -80℃冰箱保存备用。

1.2 石榴果皮蛋白质组学分析

1.2.1 石榴果皮总蛋白提取

采用TCA—丙酮沉淀法提取石榴果皮总蛋白。称取1.5g石榴果皮于预冷的研钵中，加入液氮研磨粉碎(研磨过程中加入适量PVP)，将磨好的样品粉末放入50mL离心管中，加入 -20℃预冷的10% TCA-丙酮溶液(含0.1% DTT和1mmol/L PMSF)， -20℃静置2h。随后，4℃，12000rpm/min，离心20min，弃上清；然后在沉淀物中加入 -20℃预冷的丙酮溶液(含0.1% DTT和1mmol/L PMSF)，涡旋混匀后于 -20℃静置2h。静置过程中涡旋两次，4℃，12000rpm/min，离心20min，弃上清，重复操作两次。将沉淀物放入冷冻真空干燥机中干燥30min，将干燥的蛋白粉末置于 -20℃冰箱中保存备用。采用Bradford法[6]进行蛋白质定量。

1.2.2 双向电泳

第一向固相pH梯度等电聚焦(IEF)：IPG干胶条为24cm，pH4 ~7(线性)，双向电泳时蛋白质上样量为1000μg，水化液(8M尿素，4% CHAPS，18mmol/L DTT，0.15% IPG Buffer，0.01%溴酚蓝)与样品溶液终体积为450μL。电泳参数设定：50μA/rip，200V(1h)，500V(1h)，1000V(1h)，8000V(5h)，8000V(10000V/h)，500V(forever)。

第二向SDS-PAGE垂直板电泳：等电聚焦完成后胶条用平衡液I(0.375M Tris-HCl，pH8.8，6mol/L尿素，20%甘油，2% SDS，10 DTTmg/mL，痕量溴酚蓝)和平衡液II(0.375mol/L Tris-HCl，pH8.8，6mol/L尿素，20%甘油，2% SDS，10mg/mL DTT，2.5%碘乙酰胺，痕量溴酚蓝)分别平衡15min。配制浓度为12%的聚丙烯酰胺凝胶，待胶凝固后，用将胶条轻轻推入玻璃板中，然后用0.15%琼脂糖(电极缓冲液配制)封顶。开始电泳(5mA/gel/24cm，待溴酚蓝前沿移动到凝胶上加大电流20 ~30mA/gel/24cm)，直至溴酚蓝前沿跑至离胶底部0.5 ~1cm处，停止电泳。

凝胶染色方法采用考马斯亮蓝染色法[7]，每种处理设置3个重复。

1.2.3 图像与数据分析

采用ImageScanner扫描仪(GE Healthcare)对凝胶进行图像扫描，采用PDQuest7.2软件(BioRad，Hercules，CA，USA)进行图像分析，如蛋白点检测、背景扣除、人工校正和凝胶匹配等分析。建立比较组，对同一处理的3次重复间进行匹配，只有3次重复中都存在的点被确定为事实存在的蛋白点，即重复组蛋白点；采用Total quantity in analysis set进行蛋白质定量的均一化，表达量呈现1.5倍以上变化且差异显著($P < 0.05$)的点被认为是差异表达蛋白点。

1.2.4 质谱鉴定及数据库检索

蛋白质胶内酶切与质谱分析委托上海日初生物科技有限公司代为完成。胶内酶解：把差异表达的蛋白点用移液枪头从凝胶上取出，切碎后放到Ependorf管中，加入25mmol/L的NH_4HCO_3清洗。再加入50μL含有50%的乙腈(acetonitrile，ACN)的25mmol/L的NH_4HCO_3，振荡10min后离心，弃上清液，重复上述步骤2次，真空干燥。加入10μL 12.5ng/μL胰蛋白酶溶液，4℃下放置45min。取出后在37℃反应过夜。酶解产物的抽提：加入20μL

100mmol/L 的 NH_4HCO_3缓冲液(pH 7.8 ~ 8.0)，超声 10min。再加入 20μL 50% 的 ACN 和 0.1% TFA，超声 15min 后离心，取上清液，真空冷冻干燥。在干燥的样品中加入 10μL 0.1% TFA，再用 10μL C18Zi(pMillpore)脱盐，用于质谱鉴定。

质谱鉴定：使用 4800 型 MALDI-TOF-TOF 质谱仪(Applied Biosystems，USA)对样品进行质谱分析。采用氮：氩激光。波长为 355nm，激发时间 3~7ns，频率为 200Hz，激光强度为 4000，加速电压为 20kV，使用正离子反射模式；PMF 质量扫描范围为 800~4000D，采用自动获得数据的模式采集数据。数据库检索：所得到的结果用 4800 型 MALDI-TOF-TOF 质谱仪配备的数据库工作站 GPS Explorer 3.6(Applied Biosystems)和 MASCOT 软件进行蛋白质检索。检索数据库为 NCBInr，检索种属为绿色植物，数据库检索的方式为 combined，质量误差为 ± 0.3OD，最大允许漏切位点为 1，酶为胰蛋白酶；质量误差范围设置：PMF 100 × 10^{-6}，MS/MS 为 0.2D。亚细胞定位采用 CBS 软件进行预测(http：//www.cbs.dtu.dk/services/TargetP)。

2 结果与分析

2.1 ‘中农红’和‘三白’石榴果皮色泽蛋白表达丰度比较分析

在等电点 4.0~7.0 和分子量 14.4~116.2kD 的范围内，‘中农红’软籽石榴(图 1)和‘三白’硬籽石榴(图 2)果皮每张凝胶上都可以检测到 884 个重复蛋白点。将表达量差异在 1.5 倍以上或低于 0.66 倍的点定为差异蛋白点，与‘三白’石榴果皮图谱相比较，‘中农红’

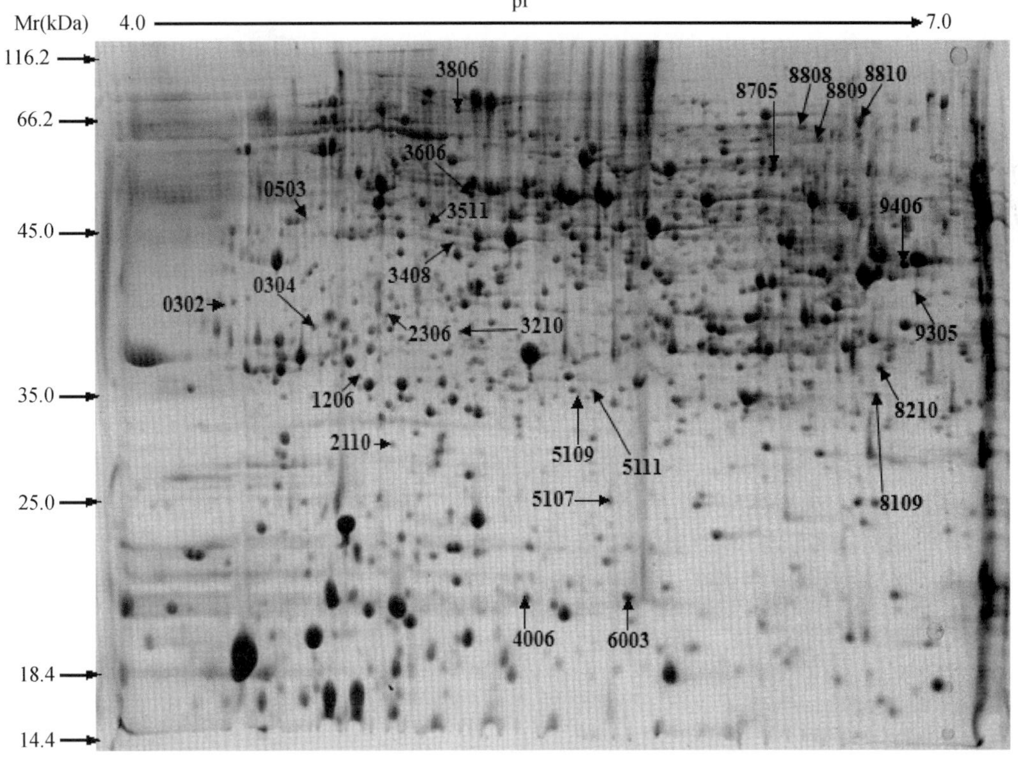

图 1 ‘中农红’软籽石榴果皮蛋白双向电泳图谱

Fig. 1 2-DE protein maps of ‘Zhongnonghong’ fruit skin of Pomegrante

石榴果皮差异表达蛋白点共有70个，其中上调表达的有28个，下调表达的有42个。在28个上调表达的蛋白中，差异表达量变化在2倍以上的有20个(蛋白编号为：1306、7711、3606、2705、6003、3806、2611、6209、2404、4006、8210、9305、8810、1507、8705、8808、1206、0302、0503、5107)，占总差异表达蛋白质总数的28.6%。在42个下调表达的蛋白点中，差异表达量变化在2倍以上的有16个(蛋白编号为：1402、0013、2011、4005、4105、2706、5108、1506、5203、8109、4104、5714、6615、5110、3408、3607)，占总差异表达蛋白质总数的22.9%。另外，在得到的‘中农红’和‘三白’石榴果皮图谱中，分别有1个蛋白质点为特异表达的蛋白质点(蛋白编号为：0503)(蛋白编号为：1402)，均占总差异表达蛋白质总数的1.43%。

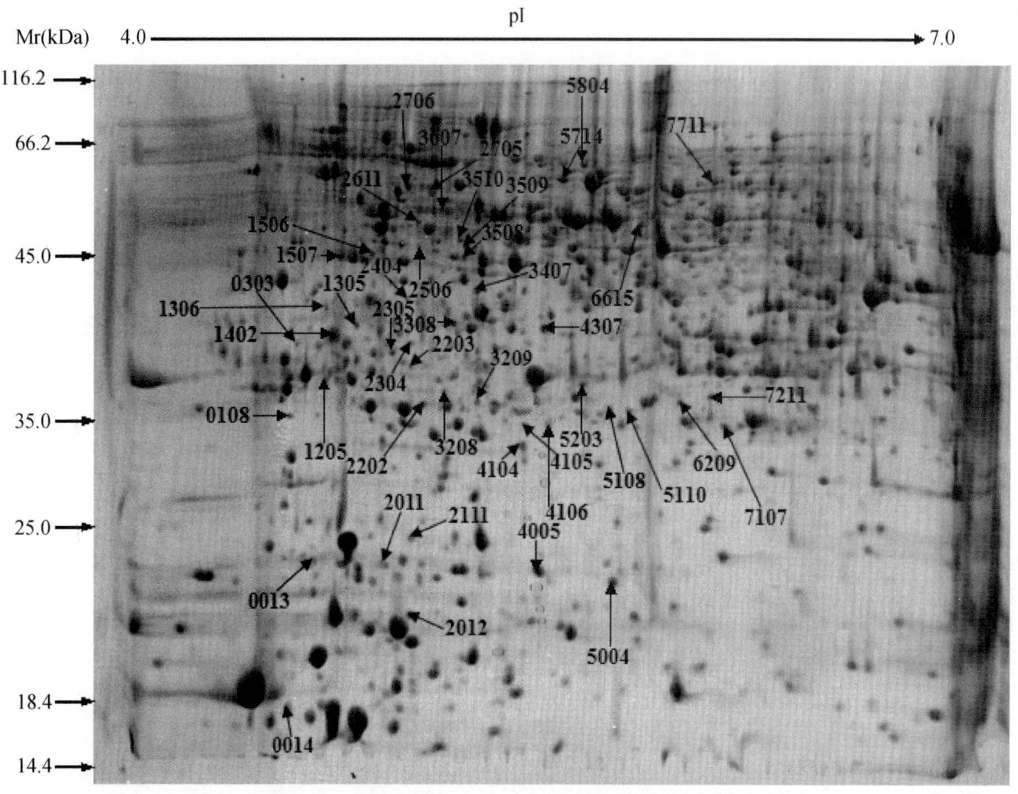

图2 ‘三白’硬籽石榴果皮蛋白双向电泳图谱

Fig. 2 2-DE protein maps of ‘Shangbai’ fruit skin of Pomegrante

2.2 ‘中农红’和‘三白’石榴果皮色泽差异蛋白质谱分析和功能鉴定

差异蛋白点经胶内酶解，对‘中农红’和‘三白’石榴果皮蛋白质双向电泳凝胶上4个2倍差异表达的蛋白点进行MALDI-TOF-TOF MS质谱分析，得到的图谱信号都比较强且基线平稳，质谱图质量较高，得到的MS/MS数据以蛋白点1402为例(如图3)。通过GPS-MASCOT的离子搜索模式检索NCBInr真核生物蛋白质数据库，共鉴定成功(score >66)4个差异蛋白(表1)，及其它们在双向电泳图谱中所在的位置(图1，图2)。鉴定得到的4个蛋白中与植物抗氧化胁迫相关的蛋白为半胱氨酸合酶1(sport1402)；与光合作用相关的蛋白有细胞色素b6-f复合体(sport0013)、叶绿素a/b结合蛋白(sport5108)、与代谢途径相关的蛋白为

果糖激酶 2-like(sport0503)。

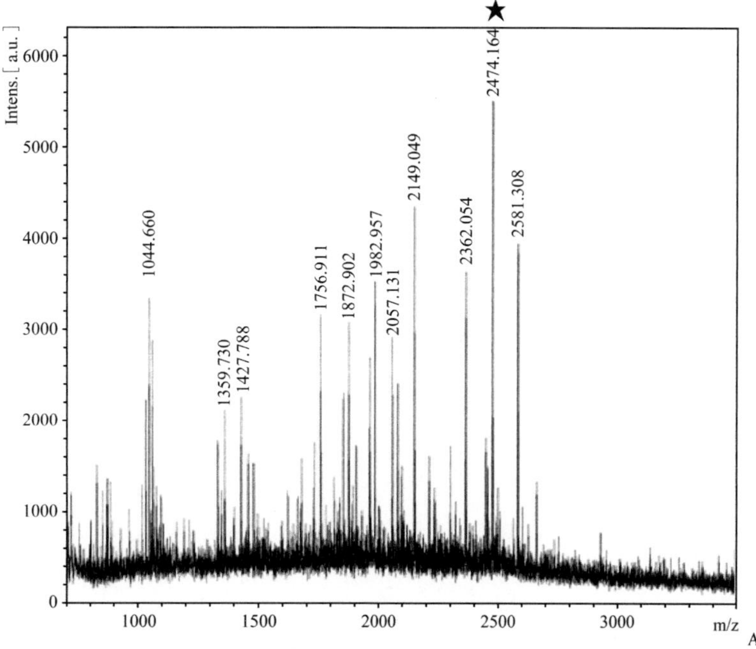

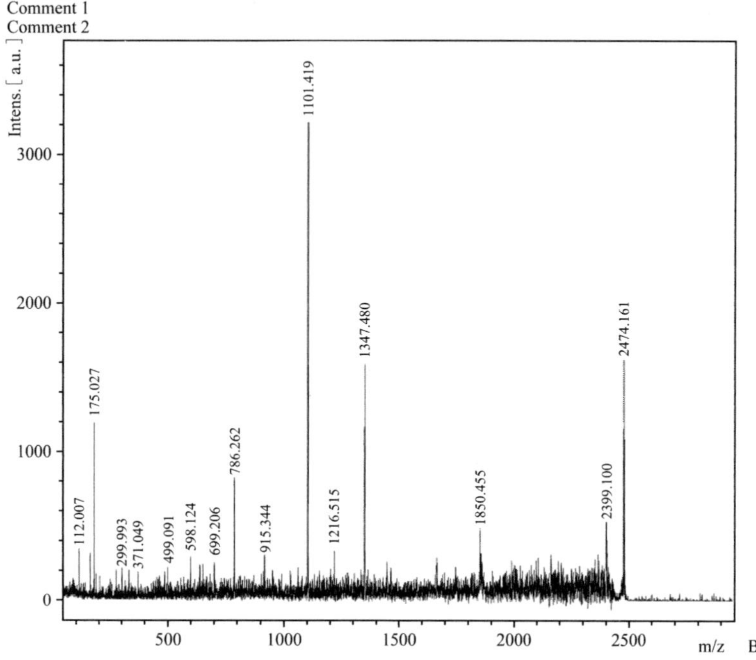

图 3　蛋白点 1402 的 MALDI-TOF-TOF MS 质谱图

Fig. 3　Mass spectrum of 1402 protein from MALDI-TOF-TOF MS.

注：A. 白 1402 肽指纹图谱；B. 蛋白 1402 肽碎片图谱

Note：A. MALDI peptide mass fingerprint of 1402 protein；

B. The MS/MS map of peptide of 2474. 164 spec#1 （labeled with ＊ in A）

表 1　石榴果皮差异蛋白质的 MALDI-TOF-TOF MS 鉴定

Table 1　Identification of differentially expressed proteins inpomegrante fruit skin by MALDI-TOF-TOF MS

蛋白编号 [a]Spot No.	蛋白名称 [b]Protein name	物种登录号 [c]Accession No.	理论等电点/实际等电点 [d]TpI/EpI	理论分子量/实际分子量 [e]TMr/EMrs	得分 * [f]score	[g]SC	序列覆盖率(%) [h]MP	亚细胞定位 [i]SL
1402	半胱氨酸合酶 1 Cysteine synthase isoform 1	可可 gi丨508719254 Theobroma cacao	4. 78/5. 22	40. 5/34. 4	101	9	2	线粒体 Mitochondrial
0013	细胞色素 b6-f 复合体 Cytochrome b6-f complex iron	豌豆/ gi丨136707 Pisum sativum	4. 65/8. 63	21. 8/24. 7	92	10	2	叶绿体 Chloroplast
5108	叶绿素 a/b 结合蛋白 Putative chlorophyll a/b-binding protein	蝴蝶兰/ gi丨4512125 Phalaenopsis hybrid cultivar	5. 65/5. 49	35. 3/29. 7	74	6	1	线粒体 Mitochondrial
0503	果糖激酶 2-like Probable fructokinase-2-like	森林草莓 gi丨470148532 Fragaria vesca subsp. vesca	4. 72/4. 94	35. 0/45. 9	105	7	2	分泌通路 Secretory pathway location

[a] 双向电泳图谱(fig1-2)中对应的蛋白编号

[a] Numbering corresponds to the 2-DE gel in Fig. 1- 2

[b] 从 NCBInr 数据库中搜索由的 MASCOT 软件得到的蛋白的名称和物种

[b] Names and species of the proteins obtained via the MASCOT software from the NCBInr database

[c] 从 NCBInr 数据库查找蛋白序列号

[c] Accession number from the NCBInr database

[d] 蛋白的理论等电点和实际等电点

[d] TpI and EpI are theoretical isoelectric point and experimental isoelectric point, respectively

[e] 蛋白的理论分子量和实际分子量

[e] TMr and EMr are theoretical molecular mass and experimental molecula rmass, respectively

[f] 蛋白的 MOWSE 得分概率值

[f] MOWSE score probability for the entire protein

[g] 鉴定蛋白的序列覆盖度

[g] The sequence coverage of identified proteins

[h] 鉴定的肽段总数量

[h] The total number of identified peptide

[i] 鉴定蛋白的亚细胞定位预测

[i] The Subcellular Location of identified proteins

3　讨论

3.1　与光合作用相关差异表达蛋白质分析

研究发现，荔枝果实的着色主要为果皮中叶绿素和花青苷的消长所控制，而受其他色素的影响很小[8]。王惠聪等[9]研究发现‘妃子笑’果实着色不良的主要原因是果皮中的高叶绿素含量。Saure[10]指出，只有在叶绿素开始降解或完成时，花青素形成才有可能。胡桂兵[11]

等发现，在荔枝果实成熟时，叶绿素、类胡萝卜素都随着花青苷的大量合成而降解。在本研究中得到的参与光合作用的重要蛋白：细胞色素 b6-f 复合体(spot0013)、捕光叶绿素 a/b 结合蛋白(spot5108)，在'中农红'石榴中蛋白丰度很低，而在'三白'石榴果皮中蛋白丰度很高，可能揭示了石榴果实的着色与叶绿素的消长变化具有重要关系，在'中农红'果实后期，伴随叶绿素的大量降解，降低了果面的显色背景，导致了果皮逐渐呈现红色。

3.2 与代谢相关差异表达蛋白质分析

果糖激酶作为己糖激酶的一种，能够影响糖酵解的过程[12]。另外，它首先被认为在果糖等己糖调节光合作用和乙醛酸循环周期的基因表达时作为己糖感受器[13]。Muccilli 等[14]对成熟过程中不同基因型的柑橘(鲜艳香甜型和一般型)进行了比较蛋白质组学研究，发现在鲜艳香甜型果实中，糖代谢和花色苷合成的蛋白表达较多，在普通型的果实中，胁迫反应和防御蛋白表达较多。本研究中得到的果糖激酶 2-like(spot0503)在'中农红'软籽石榴中表现为蛋白丰度很高，在'三白'硬籽石榴中蛋白丰度非常低，可能揭示了果糖激酶与果实着色具有一定的关联，同时说明植物果糖激酶基因的表达在不同品种中具有组织特异性。

3.3 与抗氧化胁迫相关差异表达蛋白质分析

半胱氨酸合成酶(cystaine synthase，Cys)的过量表达能够增加半胱氨酸和谷胱甘肽(GSH)的含量[15]，提高植物对过氧化物的清除能力进而提高植物本身抗氧化胁迫能力。Gotor[16,17]实验室连续发现了 CS-like protein 和 CS26 都与叶片活性氧(ROS)稳态维持有关。Ning 等[18]将大豆胞质 OAS-TL 的 cDNA 转入烟草，发现 Cys 显著升高，转化植株对镉的抗性也明显增强。刘明坤等[19]从西伯利亚蓼中克隆的半胱氨酸合成酶基因 PcCSase1 具有耐高盐的作用。在本研究中得到的半胱氨酸合酶 1(spot1402)在'三白'硬籽石榴果皮中蛋白丰度很高，而在'中农红'软籽石榴蛋白丰度很低，预示了硬籽石榴比软籽石榴更具有抗氧化应激等非生物胁迫的能力。我们在籽粒中得到的分子伴侣热激蛋白(HSP)70.1(spot9006)同样在'三白'硬籽石榴中表现为上调表达，而在'中农红'软籽石榴中几乎不表达，而 HSP 能够提高植物的耐热性、耐冷性等逆境胁迫能力。这可能与硬籽石榴比软籽石榴更加耐寒、抗逆性有关。

4 结论

采用差异蛋白质组学技术，对'三白'和'中农红'石榴果皮差异蛋白质组进行分析，并通过质谱鉴定了不同品种果皮色泽的差异蛋白。将 70 个差异表达蛋白中的 4 个 2 倍差异表达的蛋白质进行质谱鉴定，发现这 4 个差异表达蛋白共参与了 3 种代谢途径和细胞过程，分别为光合作用、代谢途径及抗氧化胁迫。其中与光合作用相关的蛋白比例最多，而且光合作用在'中农红'中减弱，而在'三白'中增强，可能揭示了石榴果实的着色与叶绿素的消长变化具有重要关系。抗氧化胁迫途径相关基因在'三白'中增强，而在'中农红'中减弱，说明不同石榴品种果实的发育、抗氧化胁迫及植物的耐冷性具有一定的差异，这可能是硬籽石榴比软籽石榴抗逆性较强的原因。

参考文献

[1]曹尚银，侯乐峰．中国果树志·石榴卷[M]．北京：中国林业出版社，2013.

[2]Messaoud M, Mohamed M. Diversity of pomegranate (*Punica granatum* L.)germplasm in Tunisia[J]. Genetic Resources and Crop Evolution, 1999, 46: 461 -467.

[3]Martinez J J, Melgarejo P, Hernandez F, Salazar D M, Martinez R. Seed characterisation of five new pomegranate (*Punica granatum* L.) varieties[J]. Scientia Horticulturae , 2006, 110(3): 241 -246.

[4]Al-Said F A, Opara L U, Al-Yahyai R A. Physico-chemical and textural quality attributes of pomegranate cultivars (*Punica granatum* L.) grown in the Sultanate of Oman[J]. J Food Eng, 2009, 90: 129 - 134.

[5]Jalikop S H, Kumar P S, Rawal R D, Ravindra Kumar. Breeding pomegranate for fruit attributes and resistance to bacterial blight[J]. Indian Journal of Horticulture, 2006, 63(4): 352 -358.

[6]Bradford M M. A rapid and sensitive method for the quantitation of microgram quantities of protein utilizing the principle of protein-dye binding[J]. Analytical biochemistry, 1976, 72: 248 -254.

[7]Candiano G, Bruschi M, Musante L, Santucci L, et al. Blue silver: A very sensitive colloidal Coomassie G-250 staining for proteome analysis[J]. Electrophoresis, 2004, 25: 1327 -1333.

[8]李开拓. 荔枝果实成熟过程中的差异蛋白质组学研究[D]. 福建农林大学, 2011.

[9]王惠聪, 黄辉白. ‘妃子笑’荔枝果实着色不良原因的研究[J]. 园艺学报, 2002, 29(5): 408 -412.

[10]Saure M C. External control of anthocaynin formation of apple[J]. Sci Hort, 1990, 42: 181 -218.

[11]胡桂兵, 陈大. 荔枝果皮色素酚类物质与酶活性的动态变化[J]. 果树科学, 2000, 17(1); 35 -40.

[12]Granot D. Role of tomato hexose kinase[J]. Funct Plant Biol, 2007, 34: 564 -570.

[13]Rolland F, Baena-Gonzalez E, Sheen J. Sugar sensing and signaling in plants: Conserved and novel mechanisma. Annu Rev Plant Biol, 2006, 57: 675 -709.

[14]Muccilli V, Licciardello C, Fontanini D, Russo M P, Cunsolo V, Saletti R, Recupero G R, Foti S. Proteome analysis of *Citrus sinensis* L. (Osbeck) flesh at ripening time[J]. J Proteomics, 2009, 73 (1): 134 -152

[15]Noji M, Saito M, Nakamura M, Aono M, Saji H, Saito K. Cysteine synthase overexpression in tobacco confers tolerance to sulfur-containing environment pollutants[J]. Plant Physiol, 2001, 126(3): 973 -980.

[16]Álvarez C, Calo L, Romero L C, García I, Gotor C. An O-acetylserine (thiol) lyase homolog with L-cysteine desulfhydrase activity regulates cysteine homeostasis in *Arabidopsis thaliana* [J]. Plant Physiol, 2010, 152: 656 -669.

[17]Bermúdez M A, Páez-Ochoa M A, Gotor C, Romero L C. *Arabidopsis* S-sulfocysteine synthase activity is essential for chloroplast function and long-day light-dependent redox control[J]. Plant Cell, 2010, 22: 403 -416.

[18]Ning H X, Zhang C H, Yao Y, Yu D Y. Overexpression of a soybean O-ac etyl serine (thiol) lya se-e ncodi ng g ene GmOASTL4 in tobacco increases cysteine levels and enhances tolerance to cadmium stress[J]. Biotechnol Lett, 2010, 32: 557 -564.

[19]刘明坤, 刘关君等. 西伯利亚蓼半胱氨酸合成酶基因的克隆与表达[J]. HEREDITAS (Beijing), 2008, 30(10): 1363 -1371.

石榴果实成熟期籽粒差异蛋白质组比较分析

牛娟[1]　曹尚银[1*]　曹达[2]　李好先[1]　薛辉[1]　陈利娜[1]　张富红[1]　赵弟广[1]

([1] 中国农业科学院郑州果树研究所，郑州　450009；[2] 河南师范大学，新乡　453000)

摘要：【目的】应用差异蛋白组学技术，从蛋白表达水平上揭示果实成熟时不同石榴品种籽粒硬度差异的分子机理。【方法】运用双向电泳和 MALDI-TOF-MS 质谱鉴定技术研究'中农红'软籽石榴品种和'三白'硬籽石榴果实成熟时籽粒蛋白质表达谱的变化。【结果】'中农红'软籽石榴和'三白'硬籽石榴进行 2-DE 和质谱分析，发现每一张重复胶上都可以检测到 890 个蛋白点，与'三白'石榴相比，在'中农红'籽粒图谱中共检测到 76 个 1.5 倍差异的蛋白点，在这 76 个差异蛋白点中，检测到 24 个表达量相差 2 倍以上的蛋白质点，并通过 MALDI-TOF-TOF MS 质谱鉴定和数据库检索注释了其中 5 个蛋白质点。与'三白'石榴相比，'中农红'软籽石榴有 3 个蛋白质点(3.95%)特异性表达，14 个蛋白质点(18.4%)上调表达量，10 个蛋白质点(13.2%)下调表达量；而'三白'硬籽石榴有 2 个(2.63%)特异表达蛋白质点。【结论】功能分类表明，它们分别参与三羧酸循环、糖代谢、抗逆境胁迫等过程。在'中农红'软籽石榴中参与三羧酸循环的关键酶：丙酮酸脱氢酶 E1-β 家族蛋白(spot4609)、丙氨酸转氨酶 2-like(spot5608)、线粒体甘氨酸脱羧酶复合 P 蛋白(spot5803)蛋白丰度很高，而在'三白'硬籽石榴中蛋白丰度很低；为此，某些蛋白的丰度变化可能与石榴籽粒种皮木质化程度有关。另外，试验结果显示分子伴侣热激蛋白 70.1(spot9006)在'三白'硬籽石榴中上调表达量，而在'中农红'软籽石榴中蛋白丰度很低。这可能是硬籽石榴比软籽石榴更加耐寒的原因。

关键词： 石榴；籽粒；蛋白质组学

Comparative Proteomics Analysis of Ripe Aeeds in Pomegranate Fruit

NIU juan[1], CAO Shang-yin [1*], CAO da[2], LI Hao-xian[1], XUE hui[1], Chen Li-na[1], ZHANG Fu-hong[1], ZHAO Di-guang [1]

([1] *Zhengzhou Fruit Ressearch Institute*, *CAAS*, *Zhengzhou* 450009, *China*; [2] *Henan Normal University*, *Xinxiang* 453000, *China*)

Abstract: 【Objective】To understand the mechanism of seeds hardness in different varieties of pomegranates ripe fruit at proteomic level by proteomics technology. 【Method】The protein expression changes of ripe seeds in 'Zhongnonghong' soft-seeded pomegranates and 'Sanbai'

基金项目：科技基础性工作专项"我国优势产区落叶果树农家品种资源调查与收集"(2012FY110100)；中国农业科学院科技创新工程专项经费项目(CAAS-ASTIP-2015-ZFRI-03)。

作者简介：牛娟，女，硕士，研究方向为果树遗传育种。E-mail：18530982362@163.com。

* 通讯作者 Author for correspondence. E-mail：s.y.cao@163.com。

hard-seeded pomegranates were analysed by two-dimensional electrophoresis(2-DE) and MALDI-TOF MS. 【Result】890 protein spots from the seeds of ripe fruit were detected on 2-DE gels in both varieties pomegranates, a total of 76 proteins pots showed a more than 1.5-fold or less than 0.66-fold difference ($P < 0.05$) in expression values in 'Zhongnonghong' soft-seeded pomegranates compared to 'Sanbai' hard-seeded pomegranates. In the 76 proteins, where there are 24 proteins spots with more than 2-fold differential expression, in which 5 were identified and annotatedby MALDI-TOF MS. Compared with 'Sanbai' hard-seeded pomegranates, 'Zhongnonghong' soft-seeded pomegranates had 3 (3.95%) specifically expressed, 14 (18.4%) up-regulated, 10(13.2%) down-regulated proteins. Whilst 'Sanbai' hard- seeded pomegranates had 2(2.63%) specific proteins. 【Conclusion】 The functional classification of the differentially expressed proteins belonged to tricarboxylic acid cycle(TCA), glucose metabolism, plant abiotic stress and so on. The key enzymes involved in TCA in 'Zhongnonghong' soft-seeded pomegranates: alanine aminotransferase 2-like (spot5608), Pyruvate dehydrogenase E1-βfamily protein (spot4609), mitochondrial glycine decarboxylase complex P-protein (spot5803) were found to be significantly up-regulated and low expression in 'Sanbai', so speculated that the expression pattern of proteins may play a role in seed coat lignification of pomegranates fruit. In addition, the experimental results show that the dnaK-type molecular chaperone hsc70.1 (spot9006) was up-regulated in 'Sanbai' and low expression in 'Zhongnonghong' soft-seeded pomegranates, it may reveal that the reasons of hard-seeded pomegranates much more cold resistance than 'Zhongnonghong' soft-seed pomegranates.

Key words: Pomegranates; Seeds; Proteomic

石榴(*Punica granatum* L.)在中国已有2100多年的栽培历史，是中国近年来发展迅速的优良小杂果类果树之一[1]。具有较高的经济、营养、药用及观赏价值，特别是软籽石榴以其果实硕大、汁液甘甜、籽多仁软、品质优良等而深受消费者的喜爱，其优良的经济性状堪称石榴果中珍品，发展潜力非常大。但目前我国对软籽石榴的研究不多，生产中软籽品种所占的比例很低，尚不足5%[2]。为此，研究石榴籽粒软硬形成的的分子机理，培育出更多的软籽石榴品种对石榴产业的发展意义重大。陆丽娟等[3]根据种子硬度，可将石榴品种划分为软籽(种子硬度<3.67kg/cm^2)、半软籽(种子硬度在3.67~4.2kg/cm^2)、硬籽(种子硬度>4.2kg/cm^2)3个类别；张爱民[4]等对软籽石榴组织培养过程中外植体褐化的因素进行了研究；闫志佩[5]对枣庄峄城石榴园中濒危品种软籽石榴进行组培挽救；Messaoud等[6]采取主成分分析和UPGMA聚类分析研究了突尼斯的11个石榴品种30个样本果实的大小、果皮色、果汁成分及pH值等进行了分析；巩雪梅等[7]测定了石榴种子的硬度，探讨了石榴软籽性状的形成机理；陆丽娟[3,8]认为石榴种子硬度可能是由微效多基因控制的数量性状，并可能有与环境条件相关的调节基因存在。但针对石榴籽粒软硬形成的蛋白质组学差异的比较分析究尚未见报道。本研究利用软籽的'中农红'石榴和硬籽的'三白'石榴为材料，并利用双向电泳技术(2-DE)对石榴果实成熟时籽粒差异蛋白表达情况进行分析，探讨与籽粒硬度形成相关的蛋白和其生物学功能，以期更好地为中国软籽石榴的良种选育及新种质的挖掘提供依据。

1　材料与方法

1.1　试验材料

以中国农业科学院郑州果树研究所石榴优良品种比较圃七年生红花、红皮、软籽‘中农红’(籽粒硬度3.6kg/cm^2)软籽石榴(图1A)与白花、白皮、硬籽‘三白’(籽粒硬度4.3kg/cm^2)硬籽石榴(图1B)为试材(2品种都是扦插苗定植)。石榴园土壤为壤土，土肥水管理较好。从石榴园中选取树体健壮、大小一致、无病虫害的每品种9株结果树，每3株为一组，每品种共3次重复。在幼果期标记大小基本一致的幼果，于9月20日分别取标记的果实，迅速切开果实，取出果实中部的籽粒，立刻用液氮保存，迅速运回实验室，放入-80℃冰箱保存备用。试验从材料的选取到双向电泳都重复三次。

图1　‘中农红’软籽石榴(A)和‘三白’硬籽石榴(B)

Fig. 1　‘Zhongnonghong’ soft-seeded pomegranates (A); ‘Sanbai’ hard-seeded pomegranates(B)

1.2　石榴籽粒蛋白质组学分析

1.2.1　石榴总蛋白提取及双向电泳

采用TCA—丙酮沉淀法提取石榴籽粒总蛋白。称取1g石榴种子于预冷的研钵中，加入液氮研磨粉碎(研磨过程中加入适量PVP)，将磨好的样品粉末放入50mL离心管中，加入-20℃预冷的10% TCA-丙酮溶液(含0.1% DTT和1mmol/L PMSF)，-20℃静置2h。随后，4℃,10000rpm/min，离心20min，弃上清；然后在沉淀物中加入-20℃预冷的丙酮溶液(含0.1% DTT和1mmol/L PMSF)，用玻璃棒将沉淀捣碎，-20℃静置2h。静置过程中涡旋两次，4℃，10000rpm/min，离心20min，弃上清，重复操作两次。然后将沉淀物放入冷冻真空干燥机中干燥20min，将干燥的蛋白粉末至于-40℃冰箱中保存备用。采用Bradford法[9]进行蛋白质定量。

第一向固相pH梯度等电聚焦(IEF)：IPG干胶条为24cm，pH4~7(线性)，双向电泳时蛋白质上样量为110μg，水化液(8mol/L尿素，4% CHAPS，18mmol/L DTT，0.15% IPG Buffer，0.01%溴酚蓝)与样品溶液终体积为450μL。电泳参数设定：50μA/rip，200V(1h)，500V(1h)，1000V(1h)，8000V(5h)，8 000V(110000V/h)，500V(forever)。

第二向SDS-PAGE垂直板电泳：等电聚焦完成后胶条用平衡液I(0.375mol/L Tris-HCl，pH8.8，6mol/L尿素，20%甘油，2% SDS，10 DTTmg/mL^{-1}，痕量溴酚蓝)和平衡液II

(0.375mol/L Tris - HCl，pH8.8，6mol/L 尿素，20% 甘油，2% SDS，10mg/mL^{-1} DTT，25mg/mL^{-1}碘乙酰胺，痕量溴酚蓝)分别平衡 15min。配制浓度为 12% 的聚丙烯酰胺凝胶，待胶凝固后，将胶条轻轻推入玻璃板中，然后用 15% 琼脂糖(电极缓冲液配制)封顶。开始电泳(5mA/gel/24cm，待溴酚蓝前沿移动到凝胶上加大电流 20 ~ 30mA/gel/24cm)，直至溴酚蓝前沿跑至离胶底部 0.5 ~ 1cm 处，停止电泳。

凝胶染色方法采用考马斯亮蓝染色法[10]，每种处理设置 3 个重复。

1.2.2　图像与数据分析

采用 Image Scanner 扫描仪(GE Healthcare)对凝胶进行图像扫描，采用 PDQuest7.2 软件(Bio-Rad，Hercules，CA，USA)进行图像分析，包括蛋白点检测、背景扣除、人工校正和凝胶匹配等几个步骤，获取每一个蛋白点在不同凝胶上的相对体积值。建立比较组，对同一处理的 3 次重复间进行匹配，只有 3 次重复中都存在的点被确定为事实存在的蛋白点，即重复组蛋白点；采用 Total quantity in analysis set 进行蛋白质定量的均一化，表达量呈现 1.5 倍以上变化且差异显著($P < 0.05$)的点被认为是差异表达蛋白点。

1.2.3　质谱鉴定及数据库检索

蛋白质胶内酶解：把差异表达的蛋白点用移液枪头从凝胶上取出来放到 ependoff 管中，加入 25mmol/L 的 NH_4HCO_3 清洗。再加入 50μL 含有 50% 的乙腈(acetonitrile，ACN)的 25mmol/L 的 NH_4HCO_3，振荡 10min 后离心，弃上清液，重复上述步骤 2 次，真空干燥。加入 10μL 12.5ng /μL 胰蛋白酶溶液，4℃下放置 45min。取出后在 37℃反应过夜。酶解产物的抽提：加入 20μL 100mmol/L 的 NH_4HCO_3 缓冲液(pH 7.8 ~ 8.0)，超声 10min。再加入 20μL 50% 的 ACN 和 0.1% TFA，超声 10min 后离心，取上清液，真空干燥。在干燥的样品中加入 10μL 0.1% TFA，再用 10μL C18Zi(pMillpore)脱盐，用于质谱鉴定。

质谱鉴定：使用 4800 型 MALDI-TOF-TOF 质谱仪(Applied Bio systems，USA)对样品进行质谱分析。采用氮：氩激光。波长为 355nm，激发时间 3 ~ 7ns，频率为 200Hz，激光强度为 4000，加速电压为 20kV，使用正离子反射模式；PMF 质量扫描范围为 800 ~ 4000D，采用自动获得数据的模式采集数据。数据库检索：所得到的结果用 4800 型 MALDI-TOF-TOF 质谱仪配备的数据库工作站 GPS Explorer 3.6(Applied Bio systems)和 MASCOT 软件进行蛋白质检索。检索数据库为 NCBInr，检索种属为绿色植物，数据库检索的方式为 combined，质量误差为 ± 0.3D，最大允许漏切位点为 1，酶为胰蛋白酶；质量误差范围设置：PMF 100×10^{-6}，MS/MS 为 0.2D。

2　结果与分析

2.1　‘中农红’和‘三白’石榴籽粒蛋白表达丰度比较分析

在等电点 4.0 ~ 7.0 和分子量 14.4 ~ 116.2kD 的范围内，‘中农红’(图 2)和‘三白’石榴(图 3)籽粒每张凝胶上都可以检测到 890 个重复蛋白点。将表达量差异在 1.5 倍以上或低于 0.66 倍的点定为差异点，与‘三白’石榴籽粒图谱相比较，‘中农红’石榴籽粒差异表达蛋白点共有 76 个，其中上调表达的有 47 个，下调表达的有 29 个。在 47 个上调表达的蛋白中，差异表达量变化在 2 倍以上的有 14 个(蛋白编号为：5608、6205、7305、4609、8410、5803、7307、7106、5004、7408、8109、6611、4105、7306)，占总差异表达蛋白质总数的 18.4%。在 29 个下调表达的蛋白点中，差异表达量变化在 2 倍以上的有 10 个(蛋白编号为：8108、

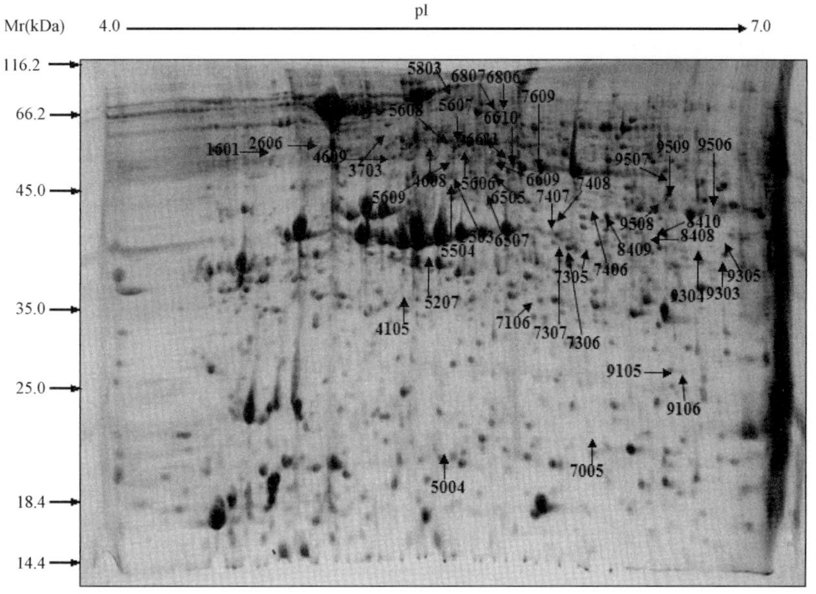

图 2　‘中农红’石榴籽粒蛋白双向电泳图谱

Fig. 2　2-DE protein maps of ‘Zhongnonghong’ seed of pomegrante

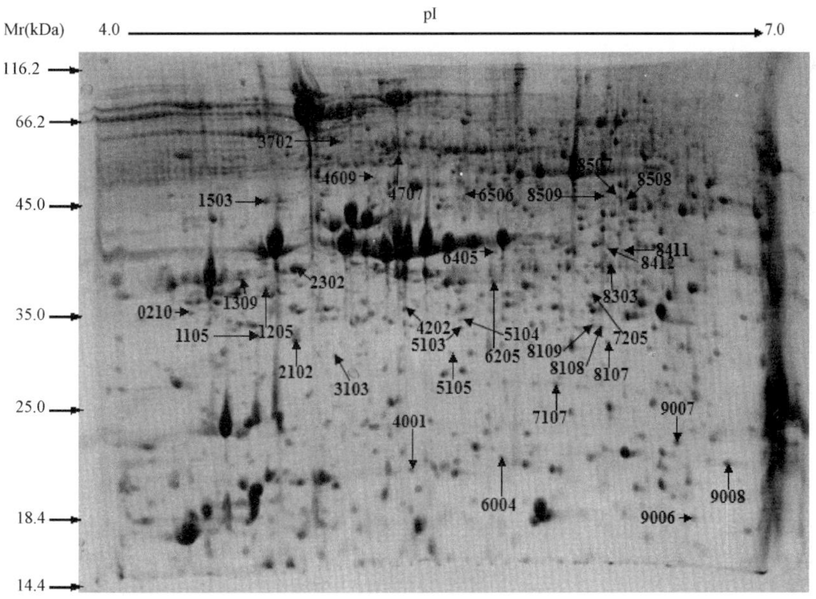

图 3　‘三白’石榴籽粒蛋白双向电泳图谱

Fig. 3　2-DE protein maps of ‘Sanbai’ seed of pomegrante

箭头与代号标示为差异蛋白点

8409、6507、6609、3703、2606、7107、4707、9508、8411），占总差异表达蛋白质总数的13.2%。另外，有3个蛋白质点为特异表达的蛋白质点(蛋白编号为：5608、4609、5803)，占总差异表达蛋白质总数的3.95%，在得到的‘三白’石榴籽粒图谱中，有2个蛋白质点为特异表达的蛋白质点(蛋白编号为：9006、8411)，占总差异表达蛋白质总数的2.63%。

2.2 ‘中农红’和‘三白’石榴籽粒差异蛋白质谱分析和功能鉴定

差异蛋白点经胶内酶解，对‘中农红’和‘三白’石榴籽粒蛋白质双向电泳凝胶上5个特异表达的蛋白点(图2，图3)进行MALDI-TOF-TOF/MS质谱分析，得到的图谱信号都比较强且基线平稳，质谱图质量较高，得到的MS/MS数据以蛋白点5608为例(如图4)。通过GPS-MASCOT的离子搜索模式检索NCBInr真核生物蛋白质数据库，共鉴定成功(score >71)5个差异蛋白(表1)，及其它们在双向电泳图谱中所在的位置(图1，图2)。鉴定得到的5个蛋白分别参与了植物逆境胁迫(sport9006)；三羧酸循环(sport4609，5608，5803)及糖代谢(sport8411)。

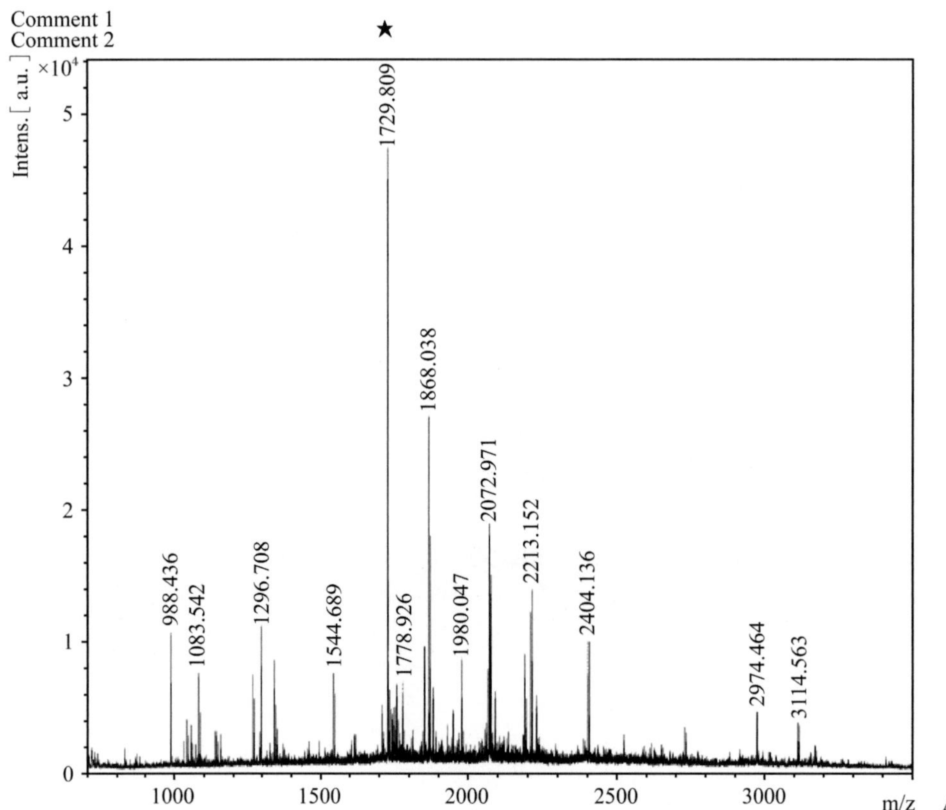

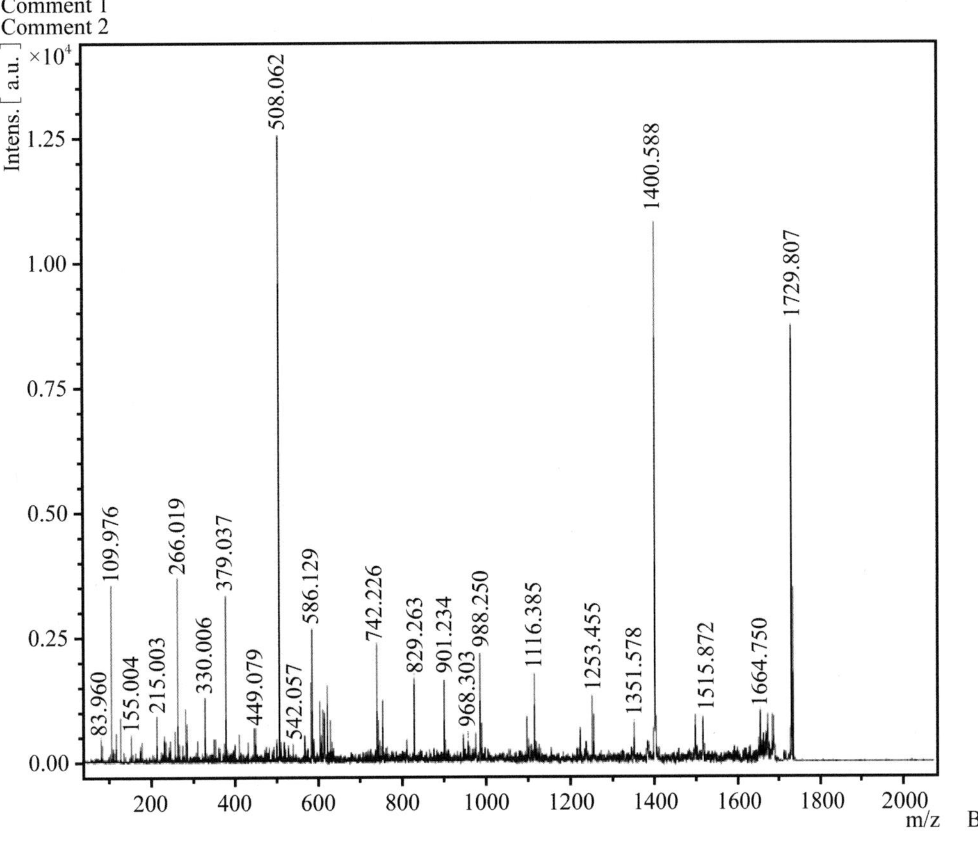

图 4 蛋白点 5608 的 MALDI-TOF-TOF MS 质谱图

Fig. 4 Mass spectrum of 5608 protein from MALDI-TOF-TOF MS

注：A. 为肽质量指纹图谱(PMF)；B. MALDI-TOF-TOF MS 分析肽段 1729. 81(在 A 中用 * 标出)

Note：A. MALDI peptide mass fingerprint of 5608 protein;

B. Tthe MS/MS map of peptide of 1729. 81 spec#1 (labeled with * in A)

表 1 石榴籽粒差异蛋白质的 MALDI-TOF-TOF-MS 鉴定

Table **1** Identification of differentially expressed proteins inpomegrante seed by MALDI-TOF-TOF MS

蛋白编号 [a]Spot No	蛋白名称/物种 [b]Protein name/Species	登录号 [c]Accession No.	理论等电点/实际等电点 [d]TpI/EpI	理论分子量/实际分子量 [e]TMr/EMrs	得分* [f]score	序列覆盖率 (%)[h]MP	亚细胞定位 [i]SL
5608	丙氨酸转氨酶 2-like alanine aminotransferase 2-like	二穗短柄草 /gi丨357121912 Brachypodium distachyon	5. 53/5. 51	62. 8/62. 7	137	5	线粒体 Mitochondrial
4609	丙酮酸脱氢酶 E-β 家族蛋白 Pyruvate dehydrogenase E1 BETA family protein	毛果杨 /gi丨224141339 Populus trichocarpa	5. 91/5. 18	45. 1/51. 1	210	3	叶绿体 Chloroplast

(续)

蛋白编号 [a]Spot No	蛋白名称/物种 [b]Protein name/Species	登录号 [c]Accession No.	理论等电点/实际等电点 [d]TpI/EpI	理论分子量/实际分子量 [e]TMr/EMrs	得分* [f]score	序列覆盖率(%)[h]MP	亚细胞定位 [i]SL
5803	线粒体甘氨酸脱羧酶复合P蛋白 mitochondrialglycine decarboxylase complex P-protein	欧洲山杨 /gi丨134142800 Populus tremuloides	6.9/5.51	116.0/78.7	385	5	线粒体 Mitochondrial
9006	假设的分子伴侣热激蛋白70.1 putativednaK-type molecular chaperone hsc70.1	扁桃 gi丨148807150 Prunus dulcis	5.07/6.43	20.2/18.5	105	8	其他 Any other location
8411	PfkB碳水化合物激酶家族 PfkB-like carbohydrate kinase family protein	可可 gi丨508712952 Theobroma cacao	5.26/6.12	35.4/40.4	137	8	其他 Any other location

[a] 双向电泳图谱(fig2-2)中对应的蛋白编号

[a] Numbering corresponds to the 2-DE gel in Fig. 2-2

[b] 从NCBInr数据库中搜索由的MASCOT软件得到的蛋白的名称和物种

[b] Names and species of the proteins obtained via the MASCOT software from the NCBInr database

[c] 从NCBInr数据库查找蛋白序列号

[c] Accession number from the NCBInr database

[d] 蛋白的理论等电点和实际等电点

[d] TpI and EpI are theoretical isoelectric point and experimental isoelectric point, respectively

[e] 蛋白的理论分子量和实际分子量

[e] TMr and EMr are theoretical molecular mass and experimental molecula rmass, respectively

[f] 蛋白的MOWSE得分概率值

[f] MOWSE score probability for the entire protein

[g] 鉴定蛋白的序列覆盖度

[g] The sequence coverage of identified proteins

[h] 鉴定的肽段总数量

[h] The total number of identified peptide

[i] 鉴定蛋白的亚细胞定位预测

[i] The Subcellular Location of identified proteins

4 讨论

软籽石榴以其果实硕大、汁液甘甜、籽多仁软、品质优良，具有较高的经济、营养、药用及观赏价值等而深受消费者的喜爱，其优良的经济性状堪称石榴果中珍品，发展潜力非常大。探讨石榴籽粒软硬形成的分子机理，特别是识别出与软籽形成高度相关的一组蛋白质，未来据此开发出软籽石榴杂交后代的早期鉴定方法和开展软籽石榴的分子辅助育种、培育出更多的软籽石榴品种意义重大。本实验对软籽和硬籽石榴成熟时籽粒的蛋白质差异进行研究，‘中农红’软籽石榴籽粒差异表达蛋白点上调表达的有 47 个，其中差异表达量变化在 2 倍以上的有 14 个，进一步筛查发现其中 3 种特异表达的蛋白质点(蛋白编号为：5608、4609、5803)，可作为软籽性状的“标记物”，据此可用作判断软籽性状，这将为大规模筛选石榴杂交后代的软籽性状提供了新的希望。通过对 47 个筛选出的差异表达蛋白质点进行质谱鉴定和数据搜索，成功注释了 5 个蛋白质点，蛋白质功能分析表明，它们分别参与三羧酸循环、糖代谢、防御/抗胁迫等细胞过程(表 1)。

4.1 与三羧酸循环相关差异表达蛋白质分析

Dalimov 等[11]指出石榴籽粒中木质素含量较高，是构成籽粒硬度的重要因素。Dardick 等[12]对硬核期桃内果皮的转录组分析结果显示丙酮酸脱氢酶 E1 的另一个亚基—β 亚基的丰度在内果皮硬核过程中出现了高达 40 倍的上调。胡昊[13]对桃硬核期内果皮和中果皮的差异表达蛋白进行分析，发现硬核期内果皮的主要代谢途径受了到明显抑制，但是其中参与三羧酸循环的关键酶—丙酮酸脱氢酶的丰度却出现了异常增高，且其丰度变化与内果皮木质素变化呈高度正相关。

本研究中得到的参与三羧酸循环的关键酶：丙酮酸脱氢酶 E1-β 家族蛋白(spot4609)、丙氨酸转氨酶 2-like(spot5608)、线粒体甘氨酸脱羧酶复合 P 蛋白(spot5803) 在‘中农红’软籽石榴中表达量较高，在‘三白’硬籽石榴中蛋白丰度很低，三羧酸循环途径在‘中农红’中增强，而在‘三白’中减弱，推测三羧酸循环中某些蛋白的丰度变化可能与石榴籽粒种皮木质化程度存在一定关联，但这一推论尚需进一步试验验证。

4.2 与糖代谢相关差异表达蛋白质分析

Borsani 等[14]研究了采后果实蛋白质组的变化，并认为其中糖代谢相关蛋白参与了果实的采后成熟。Chan 等[15]报道了外施酵母菌和水杨酸后桃果实蛋白质组的变化，研究发现了 25 个差异表达蛋白，其中抗氧化相关、抗病性以及糖代谢相关蛋白丰度的提高被认为与增加果实抗病能力的增强有关。本研究中得到的 PfkB 碳水化合物激酶家族(spot8411)它包括核糖激酶、PFK1、PFK2、果糖激酶、腺嘌呤核苷激酶等激酶，在‘三白’ 硬籽石榴中蛋白丰度较高，在‘中农红’ 软籽石榴中蛋白丰度很低。这可能对于进一步探讨石榴籽粒糖信号对石榴籽粒糖代谢的调控机制、提高果实的品质提供参考依据。

4.3 与逆境相关差异表达蛋白质分析

热激蛋白(heat shock protein，HSP)除了能够提高植物的耐热性，对于植物耐冷性的提高[16]也起着重要的作用，而且通过热激诱导提高耐冷性的现象日益得到人们的重视。Lara[17]等对果实进行了冷藏的热处理，并比较了处理前后的蛋白质表达谱变化，发现经热处理后的果实抗逆相关蛋白的丰度表达大幅提高，并认为这些蛋白可能在后期冷藏中可以帮助果实提高抗冷害能力。研究证明，茉莉酸甲酯和茉莉酸可以诱导番茄果实 HSPs 转录的增加，这些产物可以使植物体内的蛋白处于可溶状态，因而提高植物的抗寒性[18]。本研究中中得到的分子伴侣热激蛋白 70. 1(spot9006)在‘三白’硬籽石榴中蛋白丰度较高，而在‘中农红’软籽石榴中蛋白丰度很低。由于大部分软籽石榴如‘突尼斯’、‘中农红’软籽石榴，耐寒性较差，其抗冻性低于硬籽的‘三白’石榴[8]，从而验证了供试的两品种热激蛋白的表达有较大的差异。

5 结论

采用差异蛋白质组学技术，对‘中农红’软籽石榴和‘三白’硬籽石榴籽粒蛋白进行分析，并通过质谱鉴定不同籽粒硬度的差异蛋白。将76个差异表达蛋白中的5个特异性表达的蛋白质进行质谱鉴定，发现这5个差异表达蛋白共参与3个代谢途径和细胞过程，分别为三羧酸循环、糖代谢及逆境胁迫。其中与三羧酸循环相关的蛋白比例最多，三羧酸循环途径在‘中农红’中增强，而在‘三白’中减弱，推测三羧酸循环中某些蛋白的丰度变化可能与石榴籽粒种皮木质化程度存在一定关联；糖代谢、逆境胁迫途径在‘三白’中增强，而在‘中农红’中减弱，说明糖代谢与逆境胁迫在不同石榴品种籽粒的发育及耐冷性有所不同。本研究为进一步进行石榴籽粒硬度相关蛋白基因分离和石榴软籽性状分子机制的深入研究奠定了基础。

参考文献

[1]曹尚银，侯乐峰．中国果树志·石榴卷[M]．北京：中国林业出版社，2013．

[2]朱立武，张水明，巩雪梅．软籽石榴品种‘红玉石籽’[J]．园艺学报，2005，32(5)：965．

[3]陆丽娟．中国石榴品种资源种子硬度形状研究[J]．安徽农业大学学报，2006b，33(3)：356－359．

[4]张爱民，李佳娣．降低软籽石榴组织培养过程中外植体褐化的研究[J]．安徽农业科学，2011，39(6)：3182－3183．

[5]闫志佩．濒危品种软籽石榴的组织培养和快速繁殖[J]．植物生理学通讯，2004，40(3)：331．

[6]Messaoud M，Mohamed M．Diversity of pomegranate (*Punica granatum* L.) germplasm in Tunisia[J]．Genetic Resources and Crop Evolution，1999，46：461－467．

[7]巩雪梅．石榴品种资源遗传变异分子标记研究[D]．安徽农业大学，2004：12－13．

[8]陆丽娟．石榴软籽性状基因连锁标记的克隆与测序[D]．安徽农业大学，2006a．

[9]Bradford M M．A rapid and sensitive method for the quantitation of microgram quantities of protein utilizing the principle of protein-dye binding[J]．Analytical biochemistry，1976，72：248－254．

[10]Candiano G，Bruschi M，Musante L，Santucci L，Ghiggeri G M，Carnemolla B，Orecchia P，Zardi L，Righetti P G．Blue silver：A very sensitive colloidal Coomassie G-250 staining for proteome analysis[J]．Electrophoresis，2004，25：1327 － 1333．

[11]Dalimov D N，Dalimova G N，Bhatt M．Chemical composition and lignins of tomato and pomegranate seeds[J]．Chemistry of natural compounds，2003，39 (1)：37－40．

[12]Dardick C，Callahan A，Chiozzotto R，et al．Stone formation in peach fruit exhibits spatial coordination of the lignin and flavonoid pathways and similarity to *Arabidopsis* dehiscence [J]．BMC Biology，2010，8(1)：13．

[13]胡昊．桃果实硬核期差异蛋白质组及木质化相关转录因子表达谱的分析[D]．北京林业大学，2012．

[14]Borsani J，Budde CO，Porrini L，et al．Carbon metabolism of peach fruit after harvest：changes in enzymes involved in organic acid and sugar level modifications [J]．Journal of Experimental Botany，2009，60(6)：1823－1837．

[15]Chan Z，Qin G，Xu X，et al．Proteome approach to characterize proteins induced by antagonist yeast and salicylic acid in peach fruit [J]．Journal of Proteome Research，2007，6(5)：1677－1688．

[16]方丽平，李进步．植物热激蛋白研究进展[J]．淮北煤炭师范学院学报：自然科学版，2007，28(1)：43－47．

[17]Lara M V，Borsani J，Budde C O，et al．Biochemical and proteomic analysis of ‘Dixiland’peach fruit(*Prunus persica*) upon heat treatment [J]．Journal of Experimental Botany，2009，60(15)：4315－4333．

[18]Wang C Y，Ding C K，Gross K C，et al．Reduction of chilling injury and transcriptaccumulationof heats hock proteins In tomato fruit by methyl jasmonate and methyl salicylate[J]．Plant Sci，2001，161(6)：1153－1159．

花粉管通道法遗传转化石榴的研究

李好先[1]　牛娟[1]　曹秋芬[2]　孟玉平[2]　薛辉[1]
陈利娜[1]　张富红[1]　赵弟广[1]　曹尚银[1*]
([1]中国农业科学院郑州果树研究所，郑州　450009；[2]山西农业科学院生物技术研究中心，太原　030031)

摘要：【目的】为了提高石榴遗传转化成功率，加快石榴品系的遗传改良进程。【方法】以'突尼斯软籽'为试材，对石榴花粉管通道法转基因技术进行了探索性研究。【结果】利用花粉管通道法将 *rol*B 基因转入'突尼斯软籽'，获得了转基因后代。并分析了花粉粒携带法对石榴坐果率的影响，发现其对胚的机械损伤较小，对坐果率的影响不显著。通过对 F1 代转基因植株进行 PCR 鉴定，结果表明，部分转基因植株后代已经整合了 *rol*B 基因。另外，利用激光共聚焦荧光显微镜对鉴定成功的转基因植株进行了观察分析。发现转基因植株叶片的主脉和叶缘荧光较强，而对照植株无荧光表达。另外，将植株进行生根培养，发现转 *rol*B 基因植株在生根数量、根长等方面比对照植株呈现上升趋势。说明转基因植株更容易生根。【结论】利用花粉粒携带法初步获得了石榴转基因植株，为花粉管通道法在石榴中的进一步研究指明了方向。

关键词：花粉管通道法；*rol*B 基因；转基因石榴

Transformation of *rol*B Gene Via the Pollen-tube Pathway to Obtain Transgenic Pomegranate Plants

LI Hao-xian[1], NIU juan[1], CAO Qiu-fen[2], Meng Yu-ping[2], XUE hui[1], Chen Li-na[1], ZHANG Fu-hong[1], ZHAO Di-guang [1], CAO Shang-yin[1*]
([1]*Zhengzhou Fruit Ressearch Institute*, *CAAS*, *Zhengzhou* 450009, *China*;
[2]*Shanxi Agricultural Science and Technology*, *Taiyuan* 030031, *China*)

Abstract:【Objective】In order to enhance the efficiency of gene transformation and accelerate the process of genetic improvement in pomegranate strains. 【Method】A pollen-tube pathway explorative study was conducted using transgenic technology in the 'Tunisia' pomegranate vari-

基金项目：科技基础性工作专项"我国优势产区落叶果树农家品种资源调查与收集"(2012FY110100)；中国农业科学院科技创新工程专项经费项目(CAAS-ASTIP-2015-ZFRI-03)。

作者简介：李好先，男，助理研究员，研究方向为果树种质资源与遗传育种。E-mail：443682316li@163.com。

*通讯作者 Author for correspondence. E-mail：s.y.cao@163.com。

ety. 【Result】The *rol*B gene was transferred into Tunisia soft-seeded pomegranates via the pollen-tube pathway method, and transgenic pomegranate plants were obtained. We analyzed the influence of exogenous DNA on pomegranate fruit-setting rates by the pollen-carrying method, which showed only minor mechanical damage to the embryo and no obvious influence on fruit-setting rates. Polymerase chain reaction identification of the T1 generation of transgenic plants showed that some transgenic plants had integrated the *rol*B gene. In addition, laser confocal fluorescence microscopy demonstrated that a fluorescent protein marker was highly expressed in the midrib and leaf margin of the transgenic plants, while control plants showed no fluorescence expression. Following culture in rooting medium, *rol*B-transferred plants showed a tendency to have a higher number of roots and greater root lengths compared to control plants, indicating that transgenic plants are more likely to take root. 【Conclusion】Therefore, using the method of a mixture of pomegranate pollen and exogenous DNA, transgenic pomegranate plants were successfully obtained, demonstrating the potential of the pollen-tube pathway method for further pomegranate research.

Key words: Pollen-tube pathway; *Rol*B gene; Transgenic pomegranate

花粉管通道法(pollen-tube pathway)是利用植物授粉后柱头内形成的花粉管通道，经珠心通道，将外源总DNA或基因导入适当时期的胚囊，实现遗传转化的外源DNA导入方法。其主要的转化方法有花粉粒携带法、柱头涂抹法、柱头滴加法、子房注射法等方法。相比传统育种，其具有显著的优势，通过定向的导入外源基因，即可获得遗传多样性丰富的转化群体，选择余地大；而且，可直接收获种子，能缩短育种周期[1,2]。花粉管通道法从创立至今，已在多种植物，特别是农作物的转基因育种中取得成功，如中国的棉花[3]、水稻[4]、小麦[5]、烟草[6]、黄瓜[7]、番茄[8]等60多种农作物与蔬菜上得到开发与应用。在果树基因转化中，花粉管通道法的相关研究少有报道，仅限于初步尝试，尤其在石榴中还未见有报道。张玲[9]将外源DNA片段溶液滴入杏花粉管，观察了杂交和外源DNA对杏坐果率和果实发育的影响；侯立群等[10]利用花粉管通道法转化核桃，比较了几种方法的坐果率，获得了畸形果，未对后代植株进行鉴定。王晓曼[11]以不同核桃品种为试材，采用花粉管通道法将外源基因导入核桃中，并对外源DNA浓度、导入时间、导入方法等因素进行了研究。利用花粉管通道法进行基因转化获得的果实种子，既可保持原有品种的特性，又可定向改良某一性状，因此，更具优势。

发根农杆菌(*Agrobacterium rhizogenes*)属根瘤菌科的一种土壤细菌，早期一些研究发现，发根农杆菌的致根性与其所携带的一个诱根质粒(root inducing plasmid, Ri)有关，其上的T_DNA片段可以整合进入被发根农杆菌侵染的双子叶植物的核基因组中并能稳定表达，从而导致毛根(hair root)的发生(White and Nester, 1980)，现已证实控制毛根形成的主要因子是Ri质粒T_DNA上的*rol*基因(Whiteetal, 1985)。Ri质粒上含有诱发毛根形成的基因(*rooting loci*, *rol*)即*rol*基因，目前已鉴定的四个基因分别为*rol*A、B、C、D[12]。将Ri质粒或单个或几个*rol*基因组合导入植物基因组均能提高植物的生根能力，但是某些植物在转入*rol*基因后会诱发植株出现植株矮化、顶端优势散失、节间变短、分枝能力增强等性状，对植物的

生长发育产生很大的影响。曹燕燕[13]根据已报道的文献资料整理，将23种植物转化不同*rol*基因所产生的表型变异情况进行了总结。本实验利用花粉管通道法将外源*rol*B基因导入石榴，观察花粉携带法对石榴坐果率的影响。利用RT-PCR转基因表达分析，并利用荧光显微镜、激光共聚焦显微镜等方法对荧光报告基因在植株体内的位置进行了观察，为改良石榴品系奠定理论基础。

1 材料与方法

1.1 试验材料

试验于2013~2014年在中国农业科学院郑州果实研究所荥阳石榴资源圃内完成。试材为7年生‘突尼斯(Tunisia)软籽’石榴树。

*rol*B基因cDNA序列从GenBank上查找，克隆在pSPORT1载体。表达载体PEZR(K)-LNY(含有CaMV 35S启动子)结构图由山西省农业科学院生物技术研究中心提供(图1)。

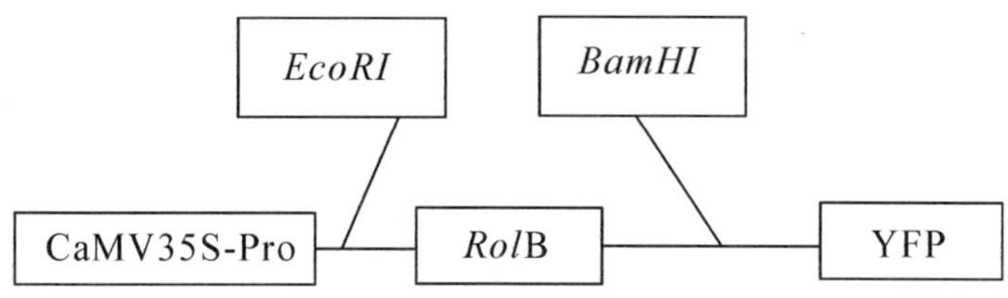

图1 *rol*B基因植物表达载体PEZR(K)-LNY结构图

Fig. 1 Plant expression vector PEZR (K)-LNY structure of *rol*B gene

1.2 试验设计与方法

1.2.1 石榴人工授粉

采集尚未开放的‘中农红软籽’钟状花，室内晾干后收集花粉备用。石榴雌蕊柱头接受花粉的能力直接影响坐果率的高低。当能够辨别出‘突尼斯软籽’筒状花、钟状花的花蕾时，即可对尚未开放的筒状花进行人工授粉，并套袋隔离。

1.2.2 质粒DNA制备及花粉管通道法导入外源DNA

将携带*rol*B质粒载体的农杆菌菌株LBA4404分别在YEP+Km(卡那霉素)50mg/L的固体、液体培养基中平板活化及悬浮培养，悬浮液OD600值为0.5~0.8时采用碱裂解法提取质粒DNA，经紫外分光光度计和琼脂糖凝胶电泳进行纯度和片段大小分析，用0.1% TE溶液稀释为150μg/mL浓度进行花粉管DNA导入。将稀释好的质粒DNA溶液与收集好的花粉充分混匀，过夜，用混有外源DNA的花粉对石榴植株授粉。秋后收获T0代果实，并统计所获种子数。

1.2.3 PCR扩增

*rol*B基因扩增长度片段825bp，引物Ⅰ：5’-GAATTCATGCTGCACGGTCCG AA G-3’，引物Ⅱ：5’-GGATCCTTAAGCAG AGGTA CGAGTTTCACC-3’，引物合成是生工生物工程(上海)股份有限公司完成。PCR扩增的条件：94℃3min，1个循环，94℃ 45s，60℃ 30s，72℃ 45s，34个循环。最后72℃ 延伸10min。

1.2.4 转基因后代的鉴定

外源基因导入后分别调查处理与对照的坐果率。将转化果实与非转化果实进行种胚离体

培养，成苗后分别提取卡那霉素抗性植株和对照植株 DNA，进行 PCR 检测。从筛选培养基上剪取新萌发的芽上的无菌叶片，从每个萌发的植株剪取不同部位的叶片，利用激光共聚焦显微镜观察转基因植株体内黄色荧光标记基因的表达。仪器型号为 PCR 扩增仪(T Professional, Germany)、凝胶成像系统(212PRO，中国锐珂)、激光共聚焦显微镜(Leica TCS SP5, Germany)。

2 结果与分析

2.1 花粉管通道法导入外源 DNA 对石榴坐果率的影响

通过将 150μg/mL 质粒 DNA 与花粉混合后进行授粉，结果表明将花粉与质粒 DNA 溶液混合与只授粉的对照相比，坐果率分别为 16.7%、23.3%，相差不明显。说明花粉管介导法对胚的损伤较小，有利于形成正常的种子。

表 1 质粒 DNA 浓度对石榴坐果率的影响

Table 1 Effects of concentration of plasmid DNA on fruit set rates in pomegranate

DNA 浓度(μg/mL) DNA concentration	花朵数 Number of flowers	果实数 Number of fruits	坐果率(%) Fruit set rate	Number of hybrid seeds
不处理(对照)None(Control)	30	5	16.7	459
150μg/mL	30	7	23.3	441

2.2 花粉管通道法石榴基因转化植株的获得

将经遗传转化和对照的石榴果实，分别切取种胚进行离体培养，成苗后，从组培苗幼嫩叶片提取石榴 F1 代基因组 DNA 作为模板，利用设计的特异性引物进行 PCR 扩增(图 2)。结果在 441 棵苗中有 2 株呈阳性反应，扩增出的特异条带与阳性对照扩增出的特异条带一致。初步证明外源基因 *rol*B 已经整合到石榴基因组中。

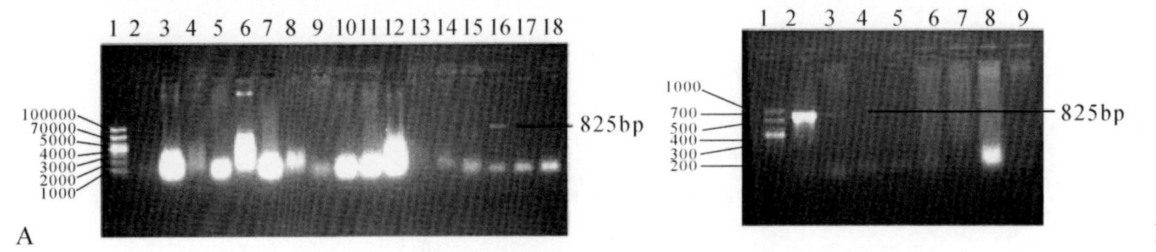

图 2 石榴转基因植株的 PCR 分析

Fig. 2 PCR analysis of transgenic pomegranate plants with *rol*B primers

注：(A)1. 1000 bpDNA；2～15，17～18. 未转化植株；16. 阳性克隆；

(B)1. 1000 bpDNA；2～3，转基因植株，4～9 未转化植株

Note: (A) Lane 1. 1000-bp DNA ladder marker; Lanes 2～15 and 17－18. non-transgenic plant; Lane 16. transgenic line;

(B) Lane 1. 1000-bp DNA ladder marker; Lanes 2～3. positive control; Lanes 4～9. non-transgenic plant

2.3 转基因植株体内黄色荧光蛋白的鉴定

从筛选培养基上剪取新萌发的芽上的无菌叶片，从每个萌发的植株剪取叶尖部位的叶片，利用激光共聚焦荧光显微镜分别对通过 PCR 鉴定出的转基因植株及对照植株进行观察分析。发现转基因植株的叶片的主脉和叶缘荧光较强，而对照植株无荧光表达。

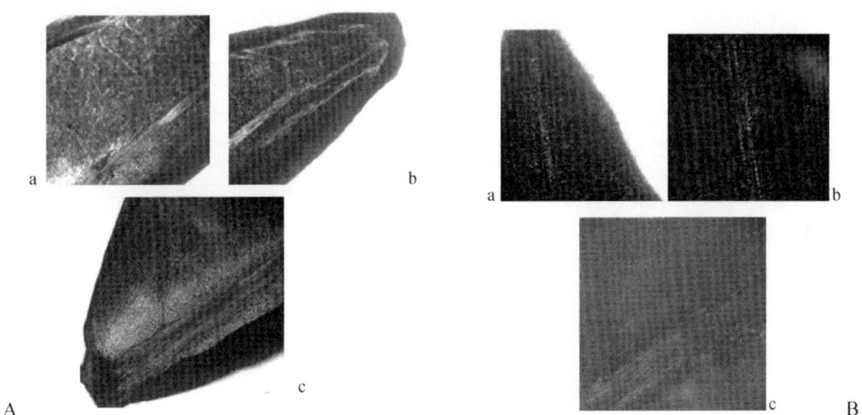

图3 YFP 荧光蛋白在石榴叶片内的表达

Fig. 3 Yellow fluorescent protein expression in pomegranate leaf

注：A. YFP 荧光蛋白在转基因石榴叶片内的表达；B. YFP 荧光蛋白在对照石榴叶片内的表达

Note: A. Yellow fluorescent protein expression in transgenic leaf (a. top of the transgenicleaf; b. middle part of the transgenic leaf; c. bottom of the transgenic leaf);

B. Yellow fluorescent protein expression in control leaf (a. top of the controlleaf; b. middle part of the control leaf; c. bottom of the control leaf)

2.4 *rol*B 基因对植株根的影响

将转 *rol*B 基因的组培苗与对照的幼嫩茎段培养在同一激素配比的 MS 培养基中，发现转 *rol*B 基因的植株比对照植株在生根数量、根长度等方面呈上升趋势。此结果表明，转 *rol*B 基因的植株更容易生根(图4)，同时也证明了 *rol*B 基因是影响植物生根能力的关键基因，与前人的研究结果相一致。

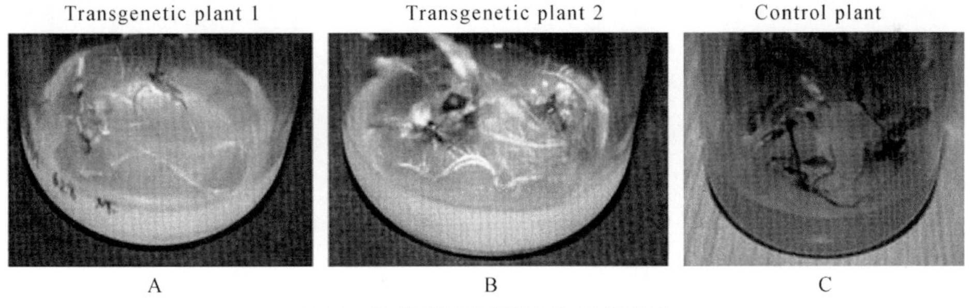

图4 *Rol*B 基因对植株生根的影响

Fig. 4 The influencer of *rol*B gene on plant root growth

A. 转化株系 1 的毛状 B. 转化株系 2 的毛状 C. 对照的毛状根

Note: A. Hairy root growth of transgenetic plant 1; B. Hairy root growth of transgenetic plant 2; C. Hairy root growth of control plant

3 讨论

中国科学院上海生命科学研究院植物生理生态研究所周光宇教授早在20 世纪 70 年代就提出了在植物远缘杂交中存在着 DNA 片段杂交的假说，为花粉管通道法提供了理论基础[14]，并于 1983 年成功地将外源海岛棉 DNA 导入陆地棉，培育出抗枯萎病的栽培品种，创立了花粉管通道法。目前，花粉管通道法已成为植物遗传转化的重要手段。确定适宜的方法和导入的准确时期是提高转化成功率的关键。若导入时间过晚，花粉管通道老化，变得收缩和干瘪，且胚胎已形成，珠心组织呈封闭状态，外源 DNA 很难进入；若导入过早，花粉管还未伸长或未到达胚珠，DNA 溶液中的水分蒸发会大大降低转化效率[15]。本实验通过花粉携带法得到的果实与对照相比，坐果率分别为 16.7%、23.3%，差异很小，说明该方法对胚的机械损伤较小，同时省去了外源 DNA 导入的时期，还比子房注射法对胚的损伤小得多，造成不育和畸形的比率较小，有利于形成正常的种子[16]。比较适合于石榴导入外源 DNA。而且它以花粉粒为载体，可以直接获得转基因种子，缩短了育种年限，具有广阔的应用前景。

本实验通过花粉管通道法进行石榴的基因转化，通过 PCR 扩增检测后，结果显示在 441 棵转化株系中，有 2 株转化株系扩增出的特异性条带和阳性对照一致，说明外源基因已经整合到石榴基因组中。进一步利用激光共聚焦显微镜对转化植株的活体叶片进行照射观察，可以看到细胞内有黄色荧光蛋白表达。今后还将进一步优化其体系，PCR 阳性后代还将进行进一步的分子检测和抗逆性评价，为花粉管通道法进行石榴遗传转化提供更多的理论依据。

参考文献

[1]林栖凤，李冠一，黄骏麒．植物分子育种[M]．北京：科学出版社，2004a：52－53.

[2]林栖凤．耐盐植物研究[M]．北京：科学出版社，2004b：193－196，223－232.

[3]马盾，黄乐平，黄全生，等．花粉管通道法在棉花转基因上的应用[J]．新疆农业科学，2004，41(1)：29－30.

[4]孟昭河，刘新军，王玉菊，等．利用花粉管通道法将外源 DNA 导入水稻之研究进展[J]．农业生物技术科学，2006，6(22)：52－56.

[5]尹钧，余桂荣，任江萍，等．小麦花粉管通道及子房注射法转化 Anti-TrxS 基因[J]．西北植物学报，2004，24(5)：776－780.

[6]李雪君，段旺军，李耀宇，等．薄荷总 DNA 导入烟草的变异后代研究[J]．烟草科技，2008(3)：53－62.

[7]张文珠，魏爱民，杜胜利，等．黄瓜农杆菌介导法与花粉管通道法转基因技术[J]．西北农业学报，2009，18(1)：217－220.

[8]刘风珍，万勇善，薛其勤．国槐 DNA 导入花生栽培品种选育抗叶斑病新种质的鉴定[J]．华北农学报，2010，25(6)：113－117.

[9]张玲．杏转化抗寒基因的初步研究[D]．山东农业大学，2004.

[10]侯立群，李秀芬，崔 刚，李际华，乔玉玲，王露琴．几种遗传转化技术在核桃转基因育种中的应用[J]．山东林业科技，2004(1)：8－9.

[11]王晓蔓．核桃花粉管通道法基因转化效率因子的研究[D]．河北农业大学，2009.

[12]Riker A J，Banfield W M，Wright W H，et al. Studies on infectious hairy root of nursery apple trees[J]. J Agr. Res.，1930，41：507－540.

[13]曹燕燕．*rol* 基因在棉花基因组中转录及转基因系耐旱性研究[D]．华中农业大学植物科学技术学院，2008.

[14]黄骏麒，钱思颖，周光宇，等．外源抗枯萎病棉 DNA 导入感病棉的抗性转移[J]．中国农业科学，1986，19(3)：32－36.

[15]张庆祝，韩天富．植物非组培遗传转化方法研究的进展[J]．分子植物育种，2004，2 (1)：85－91.

[16]Li Y H，Tremblay F M，Seguin A. Transient transformation of pollen andembryogenic tissues of white spruce resulting from micro projectile bombardment [J]. Plant Cell Rep，1994，13：661－665.

4 种改良 CTAB 法提取石榴成熟叶片 DNA 的研究

谭小艳[1]　马耀华[1*]　明东风[1]　马丽[1]　侯乐峰[2]　牛善壮[1]

([1] 枣庄学院生命科学系，枣庄　277160；[2] 枣庄市石榴研究中心，枣庄　277300)

摘要：【目的】研究从成熟石榴叶片中提取高质量基因组 DNA 的方法。【方法】根据成熟石榴叶片组织中富含多酚、多糖的特点，以峄城中国石榴种质资源圃 20 种石榴成熟叶片为材料，分别采用改良 CTAB 法（Ⅰ、Ⅱ、Ⅲ、Ⅳ）4 种方法提取成熟石榴基因组 DNA，通过琼脂糖凝胶、紫外分光光度计分析、ISSR 扩增等方法检测所提取 DNA 的质量。【结果】(1) 改良的 CTABⅣ法能从各个石榴品种的成熟叶片中提取出基因组 DNA，琼脂糖电泳胶孔干净，无拖带，且 DNA 的纯度和完整性都较好，OD_{260nm}/OD_{280nm} 的比值均在 1.8～2.0 之间，无降解现象，其质量、产量都高于其他改良 CTAB 法。(2) 经 ISSR- PCR 扩增结果表明，此方法提取的基因组总 DNA 比较适于 ISSR 分析。其主要步骤是：在石榴叶片的研磨中添加 Vc、PVP 等抗氧化物质，加入 CTAB 提取液后 65℃ 水浴 30min 后冷却至室温，离心条件为 15℃，10000r/min，10min，DNA 粗提液用氯仿抽提 3 次，可获得高质量的 DNA。【结论】改良的 CTABⅣ法能有效地从石榴成熟叶片中提取到高质量的基因组 DNA。

关键词： 石榴；成熟叶片；改良 CTAB 法；基因组 DNA；提取

Study on Genomic DNA Extract Methods from Mature Leaves of Pomegranate

TAN Xiao-yan[1], MA Yao-hua[1*], MING Dong-feng[1], MA Li[1], HOU Lefeng[2], NIU Shan-zhuang[1]

([1] *Department of Life Science*, *Zaozhuang College*, *Zaozhuang* 277160, *China*;
[2] *Pomegranate Research Center*, *Zaozhuang* 277300, *China*)

Abstract: [Objective] To develop an efficient and stable method for extracting high-quality genomic DNA from mature leaves of pomegranate. [Method] The mature leaves of pomegranate are rich in polyphenols, polysaccharides, 20 pomegranate cultivars leaves from China germplasm nursery at Yicheng of Zaozhuang were used as studying materials. The genomic DNA was extracted using the improved CTAB method (Ⅰ, Ⅱ, Ⅲ, Ⅳ), and the purity and quantity of each DNA sample obtained was evaluated by agarose gel electrophoresis, UV scanning and ISSR polymorphic analysis. [Results] (1) Each of the genomic DNA extracted from mature leaves of

基金项目：山东省科技发展计划项目(2011GNC11006)；国家林业公益性行业科研专项资助项目(201204402)；国家林业局林木种苗工程资助项目([2012]888 号)；枣庄市科技发展计划项目(201233 -2)。

作者简介：谭小艳，讲师，硕士，主要从事植物病害生物防治研究；E-mail：tomhaha168@ 126. com。

* 通讯作者 Author for correspondence. E-mail：yaohuama@ 163. com。

20 pomegranate cultivars by this method was pure, integral, and the sample hole was clean and no pulling, the value of $OD_{260\ nm}/OD_{280\ nm}$ was 1.8 to 2.0, no degradation phenomena. And its quality and yield was high than that extracted by other improved CTAB methods. (2) The ISSR-PCR amplification results showed that this method of extracting total genomic DNA meet the analysis requirements. The main steps are: add antioxidants: Vc and PVP in the milling process of the leaves, 65℃ water bath for 30min after add the CTAB buffer, cooling to room temperature, centrifugation conditions are 15℃, 10 000 r/min and10min. The crude DNA was extracted 3 times with chloroform, can high-quality DNA is obtained. [Conclusion] The improved CTABⅣ method could be used for extracting high-quality genomic DNA from matured pomegranate leaves effectively.

Key words: Pomegranate (*Punica granatum* L.); Mature leaves; The improved CTAB method; Genomic DNA; Extraction

石榴具有独特的营养、药用、观赏价值和较强的适应性，逐渐由“小水果”变为备受关注的“大水果”。近年来，石榴种质资源及其分子标记的研究[1-3]、石榴重要性状基因的克隆[4-7]、EST文库的构建成为石榴分子生物学研究的热点。而高质量DNA、RNA的提取是分子生物学研究的必要步骤。幼嫩叶片DNA提取的研究有较多报道[8-10]，但石榴成熟叶片的DNA提取方法的报道较少[11-12]，且获得的DNA产量低，实验的可重复率较低，对石榴种质资源研究和其他分子生物学操作带来很大的不便。幼嫩、新鲜叶片为提取DNA的材料，受季节限制而取样时间短。另外，对于石榴幼苗的鉴定，只能通过观察其叶、花、果等形态特征后取样较为准确。然而由于成熟石榴叶片含有多糖和酚类物质[8,13-14]较幼嫩组织中多，这些物质与DNA结合程度较高，增加了DNA的提取难度。本研究对常用于植物DNA提取方法—CTAB提取法进行多次改进研究，以探讨适合石榴成熟叶片DNA提取的方法。

1 材料与方法

1.1 实验材料

以成熟石榴叶作为实验材料，材料来源于峄城中国石榴种质资源圃，于2010年8月采集，并编号为1~42，冷冻保存于-70℃冰箱。

1.2 石榴叶片基因组DNA的提取

1.2.1 改良CTABⅠ法提取DNA采用赵丽华等人优化的方法Ⅱ[11]

①取2g石榴叶片放入预冷的研钵中，加入0.02g抗坏血酸(Vc)和0.05g聚乙烯吡咯烷酮(PVP)于研钵中，用液氮将研钵预冷，将除去叶脉的叶片放入研钵中，加入液氮将叶片快速研磨至粉末状，迅速转移至10mL离心管中，加入冰浴的CTAB缓冲液4mL，混匀，冰浴10min，在4℃、5000r/min下离心10min，收集沉淀。②在沉淀中加入65℃预热CTAB裂解液4mL，混匀，65℃水浴30~40min，中间轻轻振荡3次，放气1次。③在溶液中加入5mol/L KAc 1mL，混匀，冰浴20min。④加入4mL氯仿:异戊醇=24:1，轻柔颠倒混匀，乳化10min，于20℃、12000r/min下离心10min，吸取上清液，转入新离心管中，此步骤再重复一次。⑤对以上所得溶液分别加入1/5体积的3mol/LNaAc及等体积-20℃预冷的无水乙醇，混匀，冰上沉淀30min；于室温、12000r/min下离心10min，弃上清液，将沉淀转入1.5mL离心管中；用75%乙醇漂洗5min，重复1次，再用无水乙醇漂洗5min，沉淀置于室

温下干燥至无酒精味；加入 100μL TE 溶解沉淀，进行 DNA 纯化或放入 -20℃冰箱备用。⑥在粗提 DNA 溶液中分别加入 5μL RNase A，37℃水浴 40min，电泳查看 RNA 是否除净。⑦向除净 RNA 的 DNA 溶液中补加 400μL TE，加入 500μL 酚：氯仿：异戊醇 =25:24:1，颠倒混匀 5min，静置 10min。⑧20℃、12000 r/min 下离心 10min，吸取上清液，转入新离心管中；补加 TE 至总体积 500μL，加入 4mL 氯仿：异戊醇 = 24:1，轻柔颠倒混匀，乳化 10min，20℃、12000 r/min 下离心 10min，吸取上清液，转入新离心管中；再重复 1 次。⑨向 CTAB I 法粗提 DNA 中加入 5mol/L NaCl，使 CTAB I 溶液中的 NaCl 终浓度为 2mol/L，再加入 1.5 倍体积 -20℃预冷无水乙醇，混匀，冰上沉淀 30min；于室温、10000r/min 下离心 10min，弃去上清液，将沉淀转入 1.5mL 离心管中。⑩用 75% 乙醇漂洗 5min，重复 1 次，再用无水乙醇漂洗 5min，沉淀置于室温下干燥至无酒精味；加入 100μL TE，溶解沉淀，放入 -20℃冰箱备用。

1.2.2 改良 CTABⅡ法提取 DNA

改良 CTABⅡ法在改良 CTABⅠ的基础上改进：将步骤①中的冰浴的 CTAB 缓冲液改为 65℃水浴的 CTAB 缓冲液，放弃冰浴和离心过程；步骤⑤中不加入 1/5 体积的 3mol/L NaAc 只加等体积 -20℃预冷的无水乙醇。其余步骤同 CTABⅠ方法。

1.2.3 改良 CTABⅢ法提取 DNA

改良 CTABⅢ法在改良 CTABⅡ的基础上改进，在步骤①加入适量石英砂，提高快速研磨能力。步骤②与上述 CTABⅠ相同。③取出样品管，冷却片刻(可置于冰上)，加入等体积的氯仿:异戊醇(V:V =24:1)，剧烈震荡几下样品管，10000rpm，4℃，离心 10min，取上清。重复抽提 1 次。④加入 2/3 上清液体积的预冷异丙醇(-20℃)，冰上沉淀 30min 后，用灭菌玻璃钩轻轻勾出 DNA 沉淀。⑤DNA 沉淀转移到新的 1.5mL EP 管并加适量(约 100 ~200μL)高盐 TE 缓冲液溶解，如不能完全溶解，可 65℃水浴 10min。⑥加入 2μL 的 RNase 酶，37℃温浴 30min。⑦同步骤③，但需要轻柔颠倒混匀。⑧同步骤。⑨DNA 沉淀用 70% ~75% 乙醇漂洗 5min，重复 1 次，再用无水乙醇漂洗 5min，置于超净台上干燥至无酒精味，溶解于灭菌的 TE 溶液中，于 -20℃下保存备用。

1.2.4 改良 CTABⅣ法提取 DNA

对改良 CTABⅢ法进行改进，将离心温度由 4℃设置为 15℃。其余步骤同 CTABⅢ。

1.3 石榴基因组 DNA 质量检测方法

1.3.1 DNA 纯度和产率的紫外检测

取纯化后的待测 DNA 取 3μL，加无菌水 57μL，混匀后转入石英微量比色皿，用紫外分光光度法检测 DNA 的含量，检测 260nm、280nm 处的 OD 值，计算得出 DNA 的含量与纯度。

1.3.2 琼脂糖凝胶电泳、PCR 扩增反应检测 DNA 的完整性

总 DNA 用 0.6% 琼脂糖凝胶中稳压(5cm/V)电泳结束后，观察并拍照。PCR 反应总体积 25μL，其中引物(10μmol/ L)1μL，Premix Ex Taq™ 12.5μL，模板 DNA (约 25ng/L) 1μL，剩余体积用 ddH_2O 来补齐。扩增程序为 95℃预变性 4min，94℃变性 45s，51.2℃退火 1min，72℃延伸 2min，进行 30 个循环，72℃延伸 10min，4℃保存[21]。扩增产物在 1.2% 琼脂糖凝胶中电泳，稳压 5cm/V。在凝胶成像系统上观察、照相。

2 结果与分析

2.1 石榴基因组 DNA 的提取结果分析

2.1.1 四种提取方法 DNA 的检验

改良 CTAB Ⅰ法、改良 CTAB Ⅱ法提取成熟石榴叶片 DNA，样品电泳结果如图 1 所示。

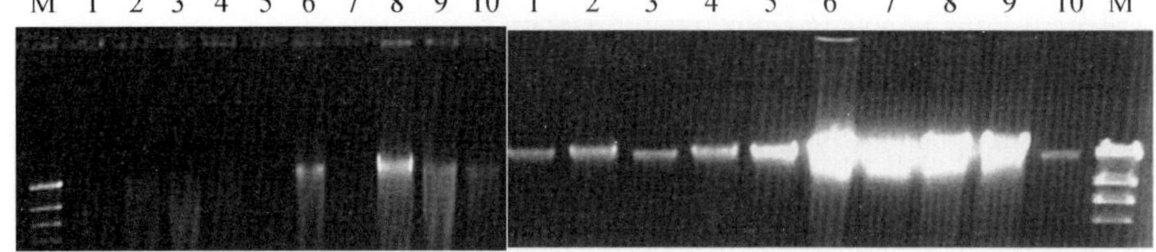

图 1 改良 CTAB Ⅰ、Ⅱ、Ⅲ、Ⅳ法提取成熟石榴叶基因组 DNA 的部分结果

Fig. 1 The extraction results of genomic DNA from mature pomegranate leaves by improved CTAB Ⅰ, Ⅱ, Ⅲ, Ⅳ methods

由图 1(A)可知，利用改良 CTAB Ⅰ法提取的 DNA 有降解现象，且 DNA 的浓度不高；改良 CTAB Ⅱ法提取 DNA 获得的 DNA 谱带，加样孔有亮点，并且有拖尾现象，说明提取的 DNA 样品被多糖或者蛋白杂质污染并有降解现象。利用改良 CTAB Ⅲ法提取 DNA 虽然纯度较高，但产量不高；利用改良 CTABⅣ法提取 DNA 获得的 DNA 谱带，电泳时加样孔干净，无拖带降解现象，DNA 浓度较高，见图 1(B)。

2.1.2 DNA 纯度和浓度测定结果分析

用紫外分光光度计测定改良 CTAB 法(Ⅰ、Ⅱ、Ⅲ、Ⅳ)提取的 DNA 的 OD_{260} 和 OD_{280} 的吸收值，并计算 OD_{260}/OD_{280} 的比值，分析 DNA 的浓度和纯度，结果表明：改良 CTAB Ⅰ法提取的部分品种 DNA 的 OD_{260}/OD_{280} 均小于 1.8，且 DNA 浓度不高；改良 CTAB Ⅱ法提取的部分品种 DNA 的 OD_{260}/OD_{280} 大部分小于 1.8，即提取的 DNA 不纯，含有较多的蛋白质或酚类物质。改良 CTAB Ⅲ、Ⅳ法提取的部分品种 DNA 的 OD_{260}/OD_{280} 均大于 1.8，即提取的 DNA 纯度较高，经计算，CTABⅣ法获得 DNA 的浓度也较高，产率为：78.75 ~ 80.25μg/g。

2.2 ISSR 标记引物的 ISSR-PCR 电泳结果

利用 UBC811 随机引物对用改良 CTABⅣ法提取的 DNA 进行 ISSR-PCR 扩增反应，以便用于石榴种质资源遗传多样性研究，电泳照片显示结果见图 2。

从图 2，表 1 可见，DNA 经 ISSR 扩增多态性良好。这表明，改良 CTAB Ⅳ法提取的基因组总 DNA 能进行 ISSR-PCR 扩增反应。

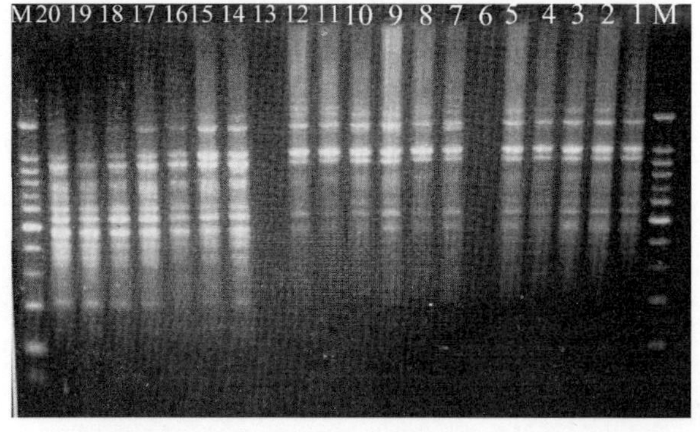

图 2 引物 UBC811 扩增基因组 DNA 的结果

Fig. 2 The DNA amplification results by primer UBC811

表 1　引物 UBC811 ISSR-PCR 多态性条带统计结果

Table **1**　The ISSR-PCR polymorphic results of genomic DNA by primer UBC**811**

引物 Primer	扩增总条带数目 Number of total bands	多态性条带数目 Number of Polymorphic bands	多态性比率 Percentage of polymorphic(%)	片段大小 Fragment Size(bp)
UBC811	22	15	93.6	520－2250

3　结论

本研究以中国石榴种质资源圃石榴成熟叶片为材料，采用改良 CTAB 法(Ⅰ，Ⅱ，Ⅲ，Ⅳ)提取石榴了基因组 DNA，实验结果表明：用改良的 CTAB Ⅳ 法能够提取基因组总 DNA，其完整性和纯度较好、浓度较高，其质量、产量都高于其他改良 CTAB 法。以 20 个石榴品种基因组 DNA 为模板，使用改良的 CTAB Ⅳ 法提取的 DNA 进行石榴 ISSR-PCR 扩增，ISSR 扩增条带的多态性好，表明此方法提取的石榴成熟叶片基因组总 DNA 比较适用于 ISSR 分析。因此，采用改良的 CTAB Ⅳ 法是提取石榴成熟叶片 DNA 的较佳方法，可获得成熟石榴叶片中高质量的基因组 DNA。

参考文献

[1]Ma Li, Ma Yaohua, Hao Zhaoxiang, Ming Dongfeng, Hou Lefeng. Genomic DNA Extraction and RAPD Primer Screening of Pomegranate (*Punica granatum* L.)[J]. Chinese Agricultural Science Bulletin, 2014, 30(13): 142－146. 马丽，马耀华，郝兆祥，明东风，候乐峰. 石榴基因组 DNA 的提取及 RAPD 引物筛选[J]. 中国农学通 报，2014，30(13)：142－146.

[2]Ferrara G, et al. Characterization of pomegranate (*Punica granatum* L.) genotypes collected in Puglia region[J]. Southeastern Italy, 2014, 178(0): 70－78.

[3]Ajal, E. A., et al. Efficiency of Inter Simple Sequence Repeat (ISSR) markers for the assessment of genetic diversity of Moroccan pomegranate (*Punica granatum* L.)[J]. Cultivars, 2014, 56(0): 24－31.

[4]张四普，汪良驹. 石榴花青素合成相关基因克隆和表达分析[C]. 中国石榴研究进展(一)，2010，09：17.

[5]Zhao Xueqing, Yuan Zhaohe, Tao Jihan, Yin Yanlei, Feng Lijuan. Cloning and Sequence Analysis of cDNA Fragment of DFR Gene from Red-flower Pomegranate[J]. Shandong Agricultural Sciences, 2012, 44(2): 1－4. 招雪晴，苑兆和，陶吉寒，尹艳雷，冯立娟. 红花石榴二氢黄酮醇还原酶(DFR)基因 cDNA 片段克隆及序列分析[J]. 山东农业科学，2012，44(2)：1－4.

[6]Ono N N, et al. Exploring the Transcriptome Landscape of Pomegranate Fruit Peel for Natural Product Biosynthetic Gene and SSR Marker Discovery[J]. J Integr Plant Biol, 2011.

[7]Ben-Simhon Z, et al. A pomegranate (*Punica granatum* L.) WD40-repeat gene is a functional homologue of Arabidopsis TTG1 and is involved in the regulation of anthocyanin biosynthesis during pomegranate fruit development[J]. Planta, 2011, 234(5): 865－81.

[8]Yang Rongping, Li Wenxiang, Long Wenhong, Yang Zheng, an. Comparison of DNA Extraction Methods and Effect of Antioxidants on Quality of DNA in Pomegranate[J]. Journal of Yunnan Agricu ltural University, 2005, 20(5): 624－626. 杨荣萍，李文祥，龙雯虹，杨正安. 石榴 DNA 提取方法的比较及抗氧化剂对 DNA 质量的影响[J]. 云南农业大学学报，2005，20(5)：624－626.

[9]陈延惠，张四普，胡青霞，等．不同方法对石榴叶片 DNA 提取效果的影响[J]．河南农业大学学报，2005，39(2)：182－186.

[10]巩雪梅．石榴品种资源遗传变异分子标记研究[D]．合肥：安徽农业大学，2004：12－13.

[11]赵丽华．成熟石榴叶片 DNA 方法研究[J]．安徽农业科学，2009，37(31)：15141－15143，15156.

[12]佟兆国，王富荣，章镇，等．一种从果树成熟叶片提取 DNA 的方法[J]．果树学报，2008，25(1)：122－125.

[13]杜欣，叶盛英．石榴叶和石榴皮药理活性研究进展[J]．天津药学，2007，19(2)：64－66.

[14]Nawwar M A M, Hussein S A M, Merfort I. NMR spectral analysis of polyphenols from *Punica granatum*[J]. Phytochemistry, 1994, 36(3): 793－798.

65 个石榴品种的 SRAP 遗传多样性分析和指纹图谱构建

王军　李甦　吴兴恩　洪明伟　杨荣萍　李文祥*
（云南农业大学园林园艺学院，昆明　650201）

摘要：石榴的引种和长期的异地栽培，外界环境条件变化的同时引起石榴的表型也发生了相应的改变，仅以石榴的表型作为依据命名，导致石榴品种资源类型多而杂，给种质资源的保存、利用和新品种选育带来极大不便。因此，很有必要开展石榴遗传资源多样性研究。本文以 65 份石榴种质资源为试材，利用 SRAP 分子标记方法，分析了 65 份石榴种质资源之间的亲缘关系，并建立了指纹图谱。这有助于从分子水平上对石榴种质资源的亲缘关系进行鉴定和系统分类，为新品种选育和资源的开发利用提供理论依据。

关键词：石榴；SRAP；遗传多样性；指纹图谱

Analysis of Genetic Diversity and Construction of Fingerprint of Sixty-five Pomegranate Cultivars by SRAP

WANG Jun, LI Su, WU Xing-en, HONG Ming-wei, YANG Rong-ping, LI Wen-xiang*
(*Faculty of Landscape and Horticulture*, *Yunnan Agricultural University*, *Kunming* 650201, *China*)

Abstract: Due to species introduction and long-term field cultivation, the environmental conditions change and the phenotype of pomegranate has the corresponding change. Only taken pomegranate phenotype as standard, which would make the pomegranate resources disordered in both types and names so that inconvenienced for the preservation of the germplasm resources, breeding and utilization. The thesis takes sixty-five pomegranate varieties as experimental materials and uses SRAP molecular marker method to analysis the relationships between sixty-five varieties and establish corresponding fingerprint. The aim is to lay the foundation of of pomegranate germplasm resources identification and classification system from molecular level that to provide theoretical basis for new species selection and resource utilization.

Key words: Pomegranate; SRAP; Genetic diversity; Fingerprint

作者简介：王军，女，在读硕士生，研究方向为果树分子生物学。E-mail：wangyangjun@ 126. com。
＊通讯作者 Author for correspondence. E-mail：liwenxiang1959@ sina. com。

石榴(*Punica granatum* L.)为石榴科(安石榴科，Punicaceae)石榴属(*Punica*)落叶灌木或小乔木植物[1]。原产伊朗、阿富汗和印度的西北部地区[2]，在我国已有两千多年的栽培历史。石榴品种资源丰富，各地均有种植。据不完全统计。我国石榴栽植总面积共约 8×10^4 hm^2，年产量约 $100\times10^4 t$[3]。石榴既具有较高的经济价值，又具有较好的生态效应。目前，已成为我国的重要栽培果树和云南省的特色经济果树之一。

中国园艺学家把石榴分为月季石榴、墨石榴、白石榴、重瓣红石榴、重瓣白石榴、玛瑙石榴和黄石榴等7个变种。按其用途可分为观赏石榴和食用石榴两大类，也有分为鲜食、加工、观赏和赏食兼用四大类的[4]；根据果实成熟期可分为早、中、晚熟品种；按果实风味的不同可以划分为甜石榴和酸石榴两类；根据果实籽粒软硬可划分为软籽石榴和硬籽石榴；根据果皮颜色可划分为红皮、青皮、黄皮三类等[5]。目前，对石榴的分类多以形态学标记为主要分类方法[6-7]。近年来，随着分子生物学的进一步发展，DNA 分子标记在石榴品种分类方面得到了广泛的应用[8-12]。

遗传图谱是对遗传的模式作图，以确定基因或 DNA 在染色体上的相对位置和遗传距离，是植物遗传育种及分子克隆等应用研究的理论依据和基础。自 1980 年 Bostein 等[13-19]提出用 RFLP 构建遗传图谱以来，现在已构建了很多生物的 RFLP 遗传图谱，但 RFLP 构建图谱的密度较低，利用 RAPD 构图重复性差。而 SRAP 标记具有操作简单、稳定、多态性高等特点，近几年来已广泛应用于构建遗传图谱[20-22]。高丽霞等[23]采用 SRAP 分子标记方法，选用两对多态性较好的引物组合，构建了 16 份姜花属常见花卉种质的分子标记指纹图谱。王强等[24]采用 SRAP 标记，以杂交组合(豫花 4 号×郑 8903)的 F2 群体为材料构建花生栽培种的分子遗传连锁图谱，标记在整个连锁群中分布相对比较均匀，是基于 SRAP 分子标记建立的花生栽培种遗传连锁图谱。

石榴在栽培上只有一个种，由于主要采用无性繁殖，故变异品种和类型很多，品种的命名也得不到统一。在引种和长期的异地栽培中，生态环境条件变化的同时使石榴的表型也发生了相应的改变，仅从石榴的表型作为依据，使得石榴品种资源不仅类型多而且名称乱，给种质资源的保存、育种和利用带来极大不便。因此，开展石榴遗传资源的研究显得尤为重要。采用 SRAP 标记方法对石榴种质资源多样性进行研究，构建 65 个石榴品种的指纹图谱，为从分子水平上对石榴种质资源的亲缘关系鉴定和系统分类奠定基础，为以后选育新品种和资源的开发利用提供理论依据。

1 材料与方法

1.1 材料

采集 65 份石榴品种作为试材，其中 34 份采自于云南省蒙自果树研究所，3 份采自于云南建水，2 份采自于云南农业大学校园内，23 份采自于郑州果树研究所。2012 年 4～7 月采样结束。供试材料信息见表 1。

表 1　品种名称及来源

Table 1　Name and origin of varieties

编号	名称	采集地	编号	名称	采集地
1	泰山红	云南蒙自	34	红皮酸	云南蒙自
2	大青皮甜	云南蒙自	35	红宝石	云南建水
3	净皮甜	云南蒙自	36	红珍珠	云南建水
4	天红蛋	云南蒙自	37	红玛瑙	云南建水
5	甜绿籽	云南蒙自	38	郑引 1 号	云南蒙自
6	玛瑙籽	云南蒙自	39	郑引 2 号	云南蒙自
7	厚皮甜砂籽	云南蒙自	40	郑引 3 号	云南蒙自
8	江石榴	云南蒙自	41	郑引 4 号	云南蒙自
9	水粉皮	云南蒙自	42	月季石榴(观赏)	农大校园
10	重瓣红花	农大校园	43	红麻皮甜	郑州果树所
11	重瓣白花	农大校园	44	大岗麻籽	郑州果树所
12	临选 1 号	云南蒙自	45	巨子蜜	郑州果树所
13	临选 2 号	云南蒙自	46	白皮红籽	郑州果树所
14	墨石榴	云南蒙自	47	冬石榴	郑州果树所
15	红巨蜜	云南蒙自	48	黄色花果石榴	郑州果树所
16	白日雪	云南蒙自	49	突尼斯软籽	郑州果树所
17	酸绿籽	云南蒙自	50	牡丹红甜石榴	郑州果树所
18	甜光颜	云南蒙自	51	驿软	郑州果树所
19	火葫芦	云南蒙自	52	短枝红	郑州果树所
20	大笨籽	云南蒙自	53	糯米	郑州果树所
21	大红皮甜	云南蒙自	54	月亮白	郑州果树所
22	大青皮酸	云南蒙自	55	金红早	郑州果树所
23	大红皮酸	云南蒙自	56	河阴花皮	郑州果树所
24	玉石籽	云南蒙自	57	牡丹江酸石榴	郑州果树所
25	大红袍酸	云南蒙自	58	洒金丝	郑州果树所
26	麻皮糙	云南蒙自	59	月皮	郑州果树所
27	花红皮	云南蒙自	60	红籽甜石榴	郑州果树所
28	会理红皮	云南蒙自	61	红鲁峪	郑州果树所
29	糯石榴	云南蒙自	62	大白甜	郑州果树所
30	谢花甜	云南蒙自	63	青皮软籽	郑州果树所
31	驿榴 1 号	云南蒙自	64	新疆大红	郑州果树所
32	黑籽石榴	云南蒙自	65	晚春红	郑州果树所
33	火炮	云南蒙自			

注：表中品种名单引号省略。下同。

1.2　方法

1.2.1　DNA 的提取和检测

石榴 DNA 的提取参考陈延惠等[25]改良的石榴 CTAB 提取法提取。采用电泳和紫外分光光度计检测法检测提取的 DNA。

1.2.2　SRAP 反应体系

扩增反应在 Eppendorf Mastercycler PCR 仪上进行，扩增程序为：94℃预变性 5min—94℃变性 1min—35℃退火 1min—72℃延伸 1min，5 个循环；94℃变性 1min—50℃退火 1min—72℃延伸 1min，30 个循环—72℃延伸 5min。

反应体系：dNTP 0.12mmol/L、Mg^{2+} 2.0mmol/L、引物 0.48μmol/L、Taq 酶 1.0U、模板 DNA 40ng，总反应体积为 25μL。

表 2　SRAP 引物及其序列

Table 2　SRAP primer and their sequences

名称 Name	正向引物 Forward primer	名称 Name	反向引物 Reverse primer
M1	TGAGTCCAAACCGGATA	e1	GACTGCGTACGAATTTGA
M2	TGAGTCCAAACCGGAGC	e2	GACTGCGTACGAATTTGG
M3	TGAGTCCAAACCGGACC	e3	GACTGCGTACGAATTTGA
M4	TGAGTCCAAACCGGAGT	e4	GACTGCGTACGAATTTAG
M5	TGAGTCCAAACCGGAGG	e5	GACTGCGTACGAATTTCG
M7	TGAGTCCAAACCGGTAC	e6	GACTGCGTACGAATTAGC
M10	TGAGTCCAAACCGGCGT	e8	GACTGCGTACGAATTCGA
		e9	GACTGCGTACGAATTCCA

1.2.3　引物

从 65 份石榴试材中选择 4 个遗传性状差异较大的品种即重瓣白花石榴、红玛瑙、月季石榴(观赏用)、河阴软，对 56 对引物组合进行筛选。筛选出扩增条带清晰的引物组合 30 对，从中选择扩增条带清晰，多态性丰富、稳定性好的 9 对引物组合(M2 + e8、M5 + e4、M3 + e2、M2 + e5、M1 + e8、M4 + e3、M5 + e9、M7 + e3、M10 + e6)对 65 份石榴种质材料进行扩增，见表 2。

1.2.4　SRAP - PCR 扩增

对石榴种质材料进行 SRAP - PCR 扩增，扩增产物采用 6% 非变性聚丙烯酰胺凝胶电泳进行检测，银染后进行观察并扫描保存。

1.3　数据统计与分析

1.3.1　条带的统计

对 SRAP 扩增后产物进行统计，在相同位点上，有条带出现的记为“1”，无条带出现的记为“0”。利用 NTSYS - PC2.11 软件进行分析。

1.3.2　多态性分析

多态性条带是指不同个体有差异的条带，不是所有个体都能扩增出的条带。

多态性比例(%) = (总谱带数 - 共有带数)/总谱带数 × 100%

1.3.3　遗传相似系数

根据 *Nei - Li* 相似系数计算品种 i 和 j 之间的相似系数 S_{ij}，得到材料两两间的遗传相似系数

$$S_{ij} = 2N_{ij}/(N_i + N_j)$$

其中，N_i表示 i 品种中的条带数目；N_j表示 j 品种中的条带数目；N_{ij}表示品种共有的条带数目。

1.3.4　指纹图谱的构建

利用筛选后的引物组合对 65 个石榴品种进行 SRAP－PCR 扩增，将相同位点上条带的有无进行统计，有条带出现的记为“1”，无条带出现的记为“0”。通过多态性分析，获得 SRAP 指纹图谱。

1.3.5　聚类分析

利用 NTSYS－PC2.11 软件对 65 份石榴材料 0、1 统计表数据化的扩增结果计算 Jaccard 遗传相似系数 GS：

$$GS_{ij}=2N_{ij}/(N_i+N_j)$$

其中，N_{ij}指两品种共有的带数；N_i+N_j指两品种所有带数之和。

利用算术平均数的非加权组平均法（Un-weighted pair group method with arithmetic means，简称 UPGMA）进行聚类分析，构建系统发生树聚类图，分析石榴材料间的亲缘关系。

2　结果与分析

2.1　DNA 质量检测

采用改进的 CTAB 法提取石榴基因组 DNA，稀释约 50ng/uL，采用 1.0% 琼脂糖凝胶电泳进行检测，检测结果表明显示采用改良 CTAB 法提取的石榴 DNA 条带清晰明亮，少量品种有拖尾现象，DNA 片段比较完整，基本无降解，说明所提取的 DNA 适合于 SRAP－PCR 扩增的进行。

所提取的 65 份石榴 DNA 稀释后浓度在 37～238ng/μL 之间，浓度最高值和最低值的试材分别是 23 号和 35 号。一般认为 OD260/OD280 比值在 1.6～1.8 之间最好，当 OD 比值高于 1.9 时说明有 RNA 污染，当比值低于 1.6 时有可能是蛋白质污染。检测结果达到实验要求。

2.2　SRAP－PCR 扩增

采用优化后的石榴扩增体系：即 dNTP 0.12mmol/L、Mg^{2+} 2.0mmol/L、引物 0.48μmol/L、Taq 酶 1.0U、模板 DNA 40ng，总反应体积为 25μL。对 65 份石榴试材进行 SRAP－PCR 扩增，采用 6% 非变性聚丙烯酰胺凝胶电泳技术对扩增产物进行检测，并扫描保存。

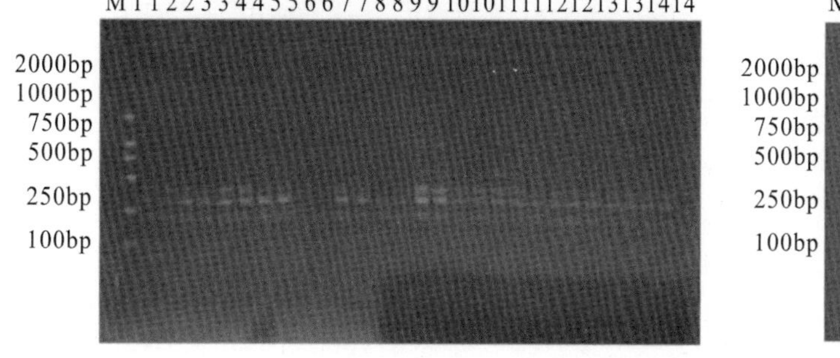

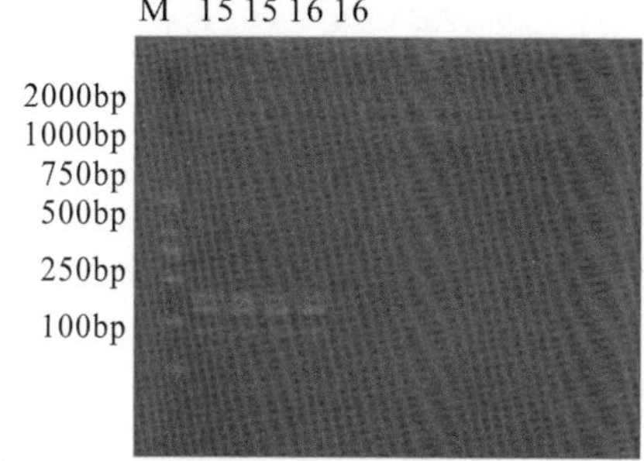

图 1　引物 M3＋e1 对重瓣红花石榴的扩增结果

Fig. 1　The amplificated results of SRAP－PCR based on Primer M3＋e1 of ‘honghua chongban pomegranate’

M：Marker（DL2000）；1～16. 不同因子的处理，两次重复

2.3 石榴品种的SRAP多态性分析

9个引物组合(表2)对65个石榴品种进行SRAP-PCR扩增，共扩增出281个清晰易辨的条带，其中多态性条带有228条，占总条带的81%，65个品种的共有带有53条，平均多态水平为79%，平均每对引物组合产生了31个位点和25个多态性位点，表现出了丰富的遗传多样性。其中M7+e3引物组合扩增的条带最多，为51条，其中仅多态性条带就有46条，多态性比例为92%；M5+e9扩增的条带数为23，多态性条带有11条，多态性比例为48%，是9对引物组合中扩增条带较少的组合。由此可见，SRAP标记方法产生的多态性差异较明显，拥有较强的分辨能力，适于遗传图谱的构建。具体扩增结果见表3。

表3 SRAP引物扩增情况

Table 3 PCR resultsamplified by SRAP primer combinations

序号 Number	引物组合 Primer combination	总条带数(条) Total band	多态性条带数(条) Polymorphic band	多态性比列(%) Polymorphic rate
1	M5+e9	23	11	48
2	M1+e8	22	19	86
3	M4+e3	15	12	80
4	M2+e8	34	29	85
5	M3+e2	31	17	55
6	M10+e6	40	36	90
7	M5+e4	25	22	88
8	M2+e5	40	36	90
9	M7+e3	51	46	92
总计 Total		281	228	—
平均 Average		31	25	79

2.4 石榴品种的遗传图谱构建

对SRAP扩增后的产物进行统计，在相同位点上，有条带出现的记为“1”，无条带出现的记为“0”。在筛选的9对引物组合中，没有一对引物组合可以完全区分所有石榴品种。M5+e9可以区分1、10、11、19、20、21、26、29、31、34、35、36、37、41、42、43、44、46、47、48、50、52、53、55-63、65号(共33个石榴品种)。M1+e8可区分1、3、5、7、10、14、15、17、18、20、21、24、27、29、31-39、44、45、46、48、50-59、63、64、65号(共40个石榴品种)。M4+e3可以区分3、4、5、6、7、9、12、13、17、18、28、31、35、37、38、40、41-65号(共42个石榴品种)。M3+e2可以区分1、2、5、6、7、12、13、14、16、17、18、19、20、21、22、25、26、28-31、33、35-39、43、45、48、50、51、54-59、60-65号(共41个石榴品种)。M5+e4可以区分1、5、8、9、10、12-15、18-27、29、30、33-42、44、45、46、48-55、57、58号(共44个石榴品种)。将这五个引物组合结合起来进行鉴定即可以区分65个石榴品种。本研究结合M5+e9、M1+e8 、M4+e3、M3+e2、M5+e4五对引物组合构建的65个石榴品种的指纹图谱见表4。

2.5 遗传相似系数和聚类分析

品种间亲缘关系的远近可以根据相似系数的大小来反映，65个石榴品种的相似系数在0.615~0.982的范围之内，其中17号‘酸绿籽’和18号‘甜光颜’的相似系数是0.982，说明这两个品种之间的亲缘关系非常相近；51号‘驿软’和14号‘墨石榴’的相似系数是0.615，

说明这两个品种之间亲缘关系较远。

根据 SRAP 扩增结果，采用 NTSYSpc2. 11 软件的 UPMGA 法计算石榴各个品种之间的遗传相似系数并构建聚类图见图 2。从图 2 可看出，65 份石榴种质材料的相似系数在 0. 70 ~ 1. 00 之间，相似系数在 0. 85 时可以将石榴品种划分为 15 类。

表 4 65 个石榴品种的 DNA 指纹图谱

Table 4 DNA fingerprinting of 65 pomegranate cultivars

编号 Code	名称 Name	DNA 指纹库图谱 DNA fingerprinting
1	泰山红	10110110010 – 1100101110111001001 – 001111101110 – 1110111001111001 – 1101011101101011001100
2	大青皮甜	10110110011 – 1100101110011001001 – 001111101111 – 1110111001111001 – 1101011111101111001000
3	净皮甜	10110110111 – 1101101111011001001 – 101111101010 – 1010111001111001 – 1101011111101111001100
4	天红蛋	10110110111 – 1110101110011001001 – 101111101011 – 1010111001111001 – 1101111101101111001100
5	甜绿籽	10110110110 – 1110101111011001001 – 101111101011 – 1111110111111001 – 1101011101101101001100
6	玛瑙籽	10110110011 – 1101101111011010001 – 101111101111 – 1110111011111011 – 1101111101101111001000
7	厚皮甜砂籽	10110110110 – 1110101110111001001 – 101111101011 – 1110011011111011 – 1101111101101111001000
8	江石榴	10110110111 – 1101101011011001001 – 001111101011 – 1011111011111001 – 1101011101101111001100
9	水粉皮	10110110011 – 1101101111011010001 – 101111101111 – 1111111011111111 – 1101011101101111001000
10	重瓣红花	10111110010 – 1101101011011001001 – 001111101110 – 1111111111111111 – 1101011101101111001100
11	重瓣白花	11110110010 – 1101101110011001001 – 001111101011 – 1011111011111001 – 1101011111101111001000
12	临选 1 号	10110110111 – 1101101011011001001 – 101111101011 – 0010111111111001 – 1101011101101111001100
13	临选 2 号	10110110111 – 1101101110011001001 – 101111101011 – 1011111111111111 – 1101011101101011001100
14	墨石榴	10110110011 – 1110101010011010001 – 001111101011 – 1011111011111001 – 1101011101101011001100
15	红巨蜜	10110111010 – 1110101010011001001 – 001111101111 – 1010011011111001 – 1111111111111011101101
16	白日雪	10110111010 – 1101101010011001001 – 001111101011 – 1011111011111001 – 1101111101101111001000
17	酸绿籽	10110111110 – 1010101011011001001 – 101111101011 – 1111111011111011 – 1101111101101111001000
18	甜光颜	10110111110 – 1110101011011001001 – 101111101011 – 1111111011111011 – 1101111101101011001000
19	火葫芦	10111111011 – 1101101010011001000 – 001111101011 – 1111111011111101 – 1101011101101101001100
20	大笨籽	10110111011 – 1101101011011010000 – 001111101111 – 1111111011111111 – 1101011101101111001100
21	大红皮甜	00110111100 – 1100101010011001001 – 001111101111 – 1111111011111001 – 1101011101101111001100
22	大青皮酸	00110111101 – 1101101110011001001 – 001111101111 – 1111101011111001 – 1101011101101111001100
23	大红皮酸	00110111001 – 1100101110011001001 – 001111101111 – 1111111011111111 – 1101011101101001001100
24	玉石籽	00110111001 – 1101101011011010001 – 001111101111 – 1111111011111111 – 1101111101101011001000
25	大红袍酸	10111111101 – 1101101110011001001 – 001111101011 – 1011111011111111 – 1101011101101111001100
26	麻皮糙	00111111001 – 1101101110011001001 – 001111101110 – 1011111001111111 – 1101111101101111101100
27	花红皮	10111111101 – 1101111011111001001 – 001111101011 – 1010111011111001 – 1101011101101111001100
28	会理红皮	00110111111 – 1101101110011001001 – 101111101011 – 1010011101111001 – 1101111101101111001100
29	糯石榴	10111111001 – 1101111011111001001 – 001111101011 – 1010111001111001 – 1101011101101001001100
30	谢花甜	00110111000 – 1110101110011001001 – 001111101111 – 1010011001111001 – 1101011101101001001100
31	峄榴 1 号	00110111001 – 1101101110011010001 – 101111101111 – 1110111001111111 – 1101011111101111001100

(续)

编号 Code	名称 Name	DNA 指纹库图谱 DNA fingerprinting
32	黑籽石榴	00111111111 – 1101101010010001001 – 001111101011 – 10101110011111001 – 1101111101101111001100
33	火炮	00111111111 – 1101110111111101101 – 001111101011 – 11111111011111101 – 1101111101101111001100
34	红皮酸	10111111111 – 1101100111111001001 – 001111101011 – 10101111011111001 – 1101111101101111001100
35	红宝石	10110111111 – 1100100110010001001 – 101111101011 – 01101111011111111 – 1101111101101110101100
36	红珍珠	10110111111 – 1100100110011101101 – 101111101011 – 11101111011111111 – 1101111101101110001000
37	红玛瑙	10110111111 – 1110100110010101101 – 101111101011 – 11101111011111111 – 1101011101101111001100
38	郑引 1 号	00110111101 – 1101100111111101101 – 001111111011 – 10101111011111111 – 1101011101101111001100
39	郑引 2 号	00110111101 – 1101110011011001001 – 001111101011 – 00100111011111111 – 1101011111101111000000
40	郑引 3 号	00111110101 – 1101100010011001001 – 101111111011 – 10100111011111001 – 1101010111101111001000
41	郑引 4 号	00111011111 – 1101100010011001001 – 111111011000 – 10100111011111001 – 1101011101101001001000
42	观赏小石榴	00110111011 – 1110100010011001001 – 011111011000 – 10100111011111001 – 1101011101101111001110
43	红麻皮甜	00110011111 – 1110100010011001001 – 111111011000 – 10001111000000001 – 1101111101101111001110
44	大岗麻籽	00111011111 – 1001110011011001001 – 011111011010 – 11101111011111001 – 1100011000100100000000
45	巨子蜜	00110111011 – 1000100111011001001 – 011111011011 – 10000111000000101 – 1101110101101111001100
46	白皮红籽	00110011011 – 1100100110011001001 – 111111011011 – 11101111011111001 – 1101111101101111001100
47	冬石榴	00110011111 – 1101100110010001001 – 011111011011 – 11101111011111001 – 1101111101101111001010
48	红色花果石榴	00110011011 – 1101100111011010001 – 011111011011 – 11001111011111111 – 1101111111100111001100
49	突尼斯软籽	10110111110 – 1101100110010001001 – 011111011001 – 11101111011111111 – 1101111101100001001100
50	牡丹红甜石榴	10110111001 – 1101000101010001101 – 011111011001 – 10000001000000110 – 0000011100100001101110
51	驿软	00000000001 – 0000101100011001001 – 000000000011 – 11001111011011001 – 1101000101101111001100
52	短枝红	00100110101 – 1001101110011001001 – 001111011011 – 11101111011111101 – 1101011101100111001100
53	糯米	00101110111 – 1001110101011001001 – 001111011011 – 11101111011111101 – 0001011101101111111110
54	月亮白	00000000001 – 1001001100011010011 – 001111011011 – 11101111011111111 – 1101111101000001001100
55	金红早	10101110101 – 1001101101010101101 – 011111011011 – 11111111111111111 – 0011011111100111001100
56	河阴花皮	00110110100 – 1001101101010010101 – 111111011010 – 11000101011111001 – 1111011101101111001100
57	牡丹红酸石榴	00110110100 – 1101100101010001001 – 011111011010 – 11111111111111111 – 0111011101101111101101
58	洒金丝	00110110000 – 1101101101001001011 – 011111011011 – 11111111111111111 – 1111011101101111001110
59	月皮	00110110101 – 1100101101010101101 – 011111011011 – 11101111111111111 – 1111011101101111001100
60	红籽甜石榴	00110110101 – 1100100101010101101 – 111111011001 – 11111111111111101 – 1111011101101111001100
61	红鲁峪	00110110101 – 1100100101010101101 – 111111011001 – 11111111111111101 – 1111011101101111001100
62	大白甜	00110110101 – 1100100101010101101 – 111111011011 – 11100111111111111 – 1111011101101111001100
63	青皮软籽	10111110101 – 1100100100010001101 – 111111011001 – 11111111111111111 – 1111011101101111001100
64	新疆大红	00111110101 – 1100101100010101101 – 011111011001 – 11111111111111111 – 1111011101101111001100
65	晚春红	00110110010 – 1100100100010001001 – 011111011001 – 11111111111111111 – 1111011101101111001100

第 1 类 35 个品种，包括：'泰山红'、'大青皮甜'、'净皮甜'、'甜绿籽'、'天红蛋'、'玛瑙籽'、'水粉皮'、'江石榴'、'重瓣白花'、'重瓣红花'、'厚皮甜砂籽'、'红巨蜜'、'临选 2 号'、'火葫芦'、'酸绿籽'、'甜光颜'、'大红皮甜'、'大青皮酸'、'大红皮酸'、'大笨籽'、'玉石籽'、'大红袍酸'、'麻皮糙'、'峄榴 1 号'、'谢花甜'、'花红皮'、'糯石榴'、'火炮'、'红皮酸'、'黑籽石榴'、'会理红皮'、'红宝石'、'红玛瑙'、'郑引 1 号'、'郑引 2 号'；第 2 类包括：'临选 1 号'、'白日雪'；第 3 类包括：'红珍珠'；第 4 类包括：'郑引 3 号'；第 5 类包括：'郑引 4 号'、'观赏小石榴'；第 6 类包括：'墨石榴'；第 7 类包括：'红麻皮甜'、'巨子蜜'；第 8 类包括：'大岗麻籽'、'白皮红籽'、'冬石榴'；第 9 类包括：'黄色花果石榴'、'突尼斯软籽'；第 10 类包括：'短枝红'、'月亮白'；第 11 类包括：'糯米'；第 12 类包括：'金红早'、'牡丹红酸石榴'、'洒金丝啊'、'月皮'、'红籽甜石榴'、'红鲁峪'、'青皮软籽'、'大白甜'、'新疆大红'、'晚春红'；第 13 类包括：'河阴花皮'；第 14 类包括：'驿软'；第 15 类包括：'牡丹红甜石榴'。

相似系数在 0.78 时可以将石榴品种划分为四大类：第一大类包括第 1 类、第 2 类、第 3 类、第 4 类、第 5 类、第 6 类(共 42 个品种)；第二大类包括第 7 类、第 8 类、第 9 类、第 10 类、第 11 类、第 12 类、第 13 类(共 21 个品种)；第三大类包括第 14 类(1 个)；第四大类包括第 15 类(1 个品种)。

3 讨论

3.1 石榴品种的遗传多样性

采用筛选后的 9 个引物组合对 65 个石榴品种进行 SRAP - PCR 扩增，9 个引物组合共扩增出 281 个清晰易辨的条带，其中多态性条带有 228 条，占总条带的 81%，65 个品种的共有带有 53 条，平均多态水平为 79%，平均每对引物组合产生了 31 个位点和 25 个多态性位点，表现出丰富的遗传多样性。65 个石榴品种的相似系数在 0.615 ~ 0.982 的范围之内，其中 17 号'酸绿籽'和 18 号'甜光颜'的相似系数是 0.982，说明这两个品种之间的亲缘关系非常相近；51 号'驿软'和 14 号'墨石榴'的相似系数是 0.615，说明这两个品种之间亲缘关系较远。

3.2 石榴品种的指纹图谱构建

遗传图谱的构建为利用分子标记技术进行基因定位奠定了坚实的基础，还可以用于数量性状和质量性状的基因定位研究，遗传图谱的构建也将更有利于遗传多样性和物种亲缘关系的研究。利用 SRAP 分子标记方法构建的 65 个石榴品种指纹图谱，为研究石榴遗传多样性和亲缘关系的鉴定提供了一些科学参考。

在筛选的 9 对引物组合中，没有一对引物组合可以完全区分所有的石榴品种。M5 + e9 可以区分 1、10、11、19、20、21、26、29、31、34、35、36、37、41、42、43、44、46、47、48、50、52、53、55 - 63、65 号(共 33 个石榴品种)。M1 + e8 可区分 1、3、5、7、10、14、15、17、18、20、21、24、27、29、31 - 39、44、45、46、48、50 - 59、63、64、65 号(共 40 个石榴品种)。M4 + e3 可以区分 3、4、5、6、7、9、12、13、17、18、28、31、35、37、38、40、41 - 65 号(共 42 个石榴品种)。M3 + e2 可以区分 1、2、5、6、7、12、13、14、16、17、18、19、20、21、22、25、26、28 - 31、33、35 - 39、43、45、48、50、51、54 - 59、60 - 65 号(共 41 个石榴品种)。M5 + e4 可以区分 1、5、8、9、10、12 - 15、18 -

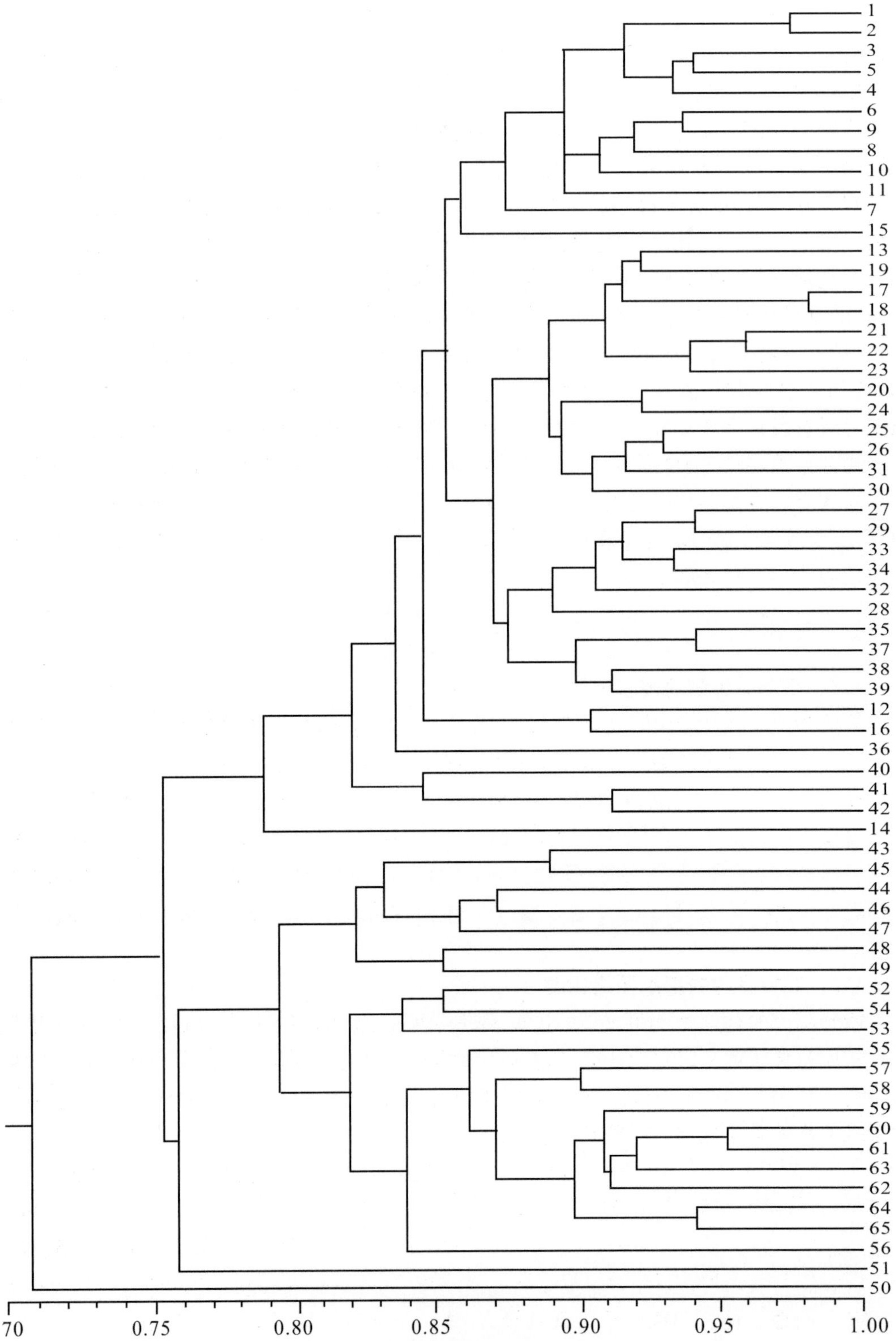

图2　65个石榴品种的聚类图

Fig. 2　Clustering figure of 65 pomegranate varieties

27、29、30、33－42、44、45、46、48－55、57、58 号(共 44 个石榴品种)。将这五个引物组合结合起来进行鉴定即可以区分 65 个石榴品种。

3.3 石榴品种分类

从聚类图(图 2)可以看出，65 个石榴品种的相似系数在 0.70～1.00 之间，在相似系数在 0.85 时可以将石榴品种划分为 15 类；在相似系数在 0.78 时可以将石榴品种划分为四大类。聚类分析图中‘大笨籽’和‘玉石籽’聚在一起，说明两个品种的亲缘关系较为接近，这与徐迎碧等[26－27]通过同功酶与核型分析的研究结果相同；第 1 类的 35 个石榴品种除 11 号重瓣白花的花色为白色以外，其他 34 个品种均为红花。各品种花瓣数目、果实形状、果皮颜色、果粒颜色各不相同，风味也各异。‘花红皮’与‘糯石榴’聚在一起，据报道，‘糯石榴’是‘花红皮’的变异类型，所以这两个品种划分在一起也证明了 SRAP 分子标记适合于石榴分子生物学的研究；‘红籽甜’石榴和‘红鲁峪’是陕西临潼优良品种，属于鲜食类，两个品种的相似系数是 0.953，说明它们之间的遗传关系较近；将观赏类石榴的 14 号‘墨石榴’单独分为一类，与其他品种的亲缘关系较远，也与形态学分类相符；在以 0.78 划分时明显地将云南省品种和郑州果树所采集品种划分开来，这也显示出了石榴栽培的地域特征。

参考文献

[1]杨荣萍，李文祥，龙雯虹，等．云南 25 份石榴资源的 RAPD 分析[J]．果树学报，2007，24(2)：226－229.

[2]孙云蔚，杜澍，姚昆德．中国果树史与果树资源[M]．上海：上海科学技术出版社，1983：13.

[3]李道明，周瑞，王晓琴．我国石榴的研究开发现状及发展展望[J]．农产品加工学刊，2012，10.

[4]冯玉增，宋梅亭，韩德波．我国石榴种质资源概况[J]．中国果树，2006(4)：57－58.

[5]汪小飞，向其柏，尤传楷，等．石榴品种分类研究[J]．南京林业大学学报，2006，30(4)：81－84.

[6]张建成，屈红征，张晓伟．中国石榴的研究进展[J]．河北林果研究，2005(3)：265－268.

[7]侯乐峰，耿道鹏，苏成．峄城石榴种质资源研究[J]．落叶果树，2006(5)：19－21.

[8]巩雪梅．石榴品种资源遗传变异分子标记研究[D]．合肥，安徽农业大学，2004.

[9]卢龙斗，刘素霞，邓传良，等．RAPD 技术在石榴品种分类上的应用[J]．果树学报，2007，24(5)：634－639.

[10]周延清．DNA 分子标记技术在植物研究中的应用[M]．北京：化学工业出版社，2005.

[11]洪明伟．利用 ISSR 分子标记对石榴主要品种和类型的亲缘关系研究[D]．昆明：云南农业大学，2007.

[12]苑兆和，尹燕雷，朱丽琴，等．山东石榴品种遗传多样性与亲缘关系的荧光 AFLP 分析[J]．园艺学报，2008，35(1)：107－11.

[13]Botstein D, White R L, Skolnick M H, Davis R W. Construction of a genetic map in man using restriction fragment length Polymorphisms [J]. Am. J. Hum. Genet, 1980, 32: 314－331.

[14]John G K Williams, Anne R. Kubelik, Kenneth J. Livak, J. Antoni Rafalski and Scott V. Tingey. DNA polymorphisms amplified by arbitrary primers are useful as genetic markers [J]. Nucleic Acid Research, 1990, 18 (22): 6531－6535.

[15]John Welsh and Michael McClelland. Fingerprinting genomes using PCR with arbitrary primers [J]. Nucleic Acid Research 1990, 18(24): 7213－7218.

[16]Zietkiewicze, Rafalskia, Labudad. Genome fingerprinting by simple sequence repeat (SSR) － anchored polymerase chain reaction amplification [J]. Genomics, 1994, 20(2): 176－183.

[17]Li G, Quiros C F. Sequence － related amplified polymorphism (SRAP), a new marker system based on a sim-

ple PCR reaction its application to mapping and gene tagging in Brassica [J]. Theor Appl Genet, 2001, 103: 455 – 461.

[18] Vos P. AFLP: A new technique for DNA fingerprinting[J]. Nucleic Acid Research, 1995, 23(21): 4407 – 4414.

[19] Bartolozzi F. Genetic characterization and relatedness among California almond cultivars and breeding lines detected by random amplified polymorphic DNA(RAPD) analysis[J]. J. Hort. Cultura1. Sci., 1998. 123(3): 381 – 387.

[20]张四普，汪良驹，曹尚银，等.23 个石榴基因型遗传多样性的 SRAP 分析[J]. 果树学报，2008，25(5)：655 – 660.

[21]张四普，汪良驹，吕中伟. 石榴叶片 SRAP 体系优化及其在白花芽变鉴定中的应用[J]. 西北植物学报，2010，30(5)：911 – 917.

[22]郭彩杰，侯丽霞，崔娜，等. 利用正交设计优化番茄 SRAP – PCR 反应体系[J]. 中国蔬菜，2011(2)：48 – 52.

[23]高丽霞，胡秀，刘念，等. 中国姜花属基于 SRAP 分子标记的聚类分析[J]. 植物分类学报，2008，46(6)：899 – 905.

[24]王强，张新友，汤丰收，等. 基于 SRAP 分子标记的栽培种花生遗传连锁图谱构建[J]. 中国油料作物学报，2010，32(3)：374 – 378.

[25]陈延惠，张四普. 不同方法对石榴叶片 DNA 提取效果的影响[J]. 河南农业大学学报，2005，39(2)：182 – 186.

[26]徐迎碧，周先锋，殷彪，等.4 种不同石榴品种同功酶分析[J]. 防护林科技，2006，(2)：17 – 19.

[27]徐迎碧，丁之恩，姚玉每敏，等.4 个不同石榴品种的核型分析[J]. 经济林研究，2008，26(1)：47 – 52.

第三篇

石榴栽培与贮藏加工

建水红玛瑙石榴优质丰产栽培管理技术阐述

赵勇[1] 彭生伟[2] 孙洪芳[1] 孙锡兰[1] 徐淑娟[1]

([1]云南省建水县园艺站，建水 654399；[2]建水县农业技术推广所，建水 654399)

摘要：红玛瑙石榴在建水已有300年以上的栽培历史，是建水种植的传统地方名特果树，曾先后荣获全国优质鲜食石榴评比优质奖、金奖、石榴王称号，已列入国家《特色农产品区域布局规划》，2010年获得农产品地理标志登记保护。红玛瑙石榴酸甜爽口，籽粒饱满，晶莹剔透，似玛瑙赛珍珠，是较好的鲜食品种。因其酸度适中，果汁具天然玫瑰色，其根、茎、叶、花、籽粒、果皮、果实及其加工品具有较高的营养价值、药用价值、保健作用，更是最佳的加工品种，市场开发潜力大，已成为建水助农增收的重要产业。作者根据多年的生产实践经验，简要介绍了'建水红玛瑙'石榴的种植分布及品种特性，从定植、栽培管理要点、病虫害防治等方面对'建水红玛瑙'石榴栽培管理技术进行了简要阐述。

关键词：建水；石榴；栽培管理；技术

The Jianshui Red Agate Pomegranate Cultivation Management Technology

ZHAO Yong[1], PENG Sheng-wei[2], SUN Hong-fang[1], SUN Xi-lan[1], XU Shu-juan[1]

([1]*Yunnan Province Jianshui County Horticultural Station*, *Jianshui* 654399, *China*;
[2]*Jianshui County Agricultural Technology Extension*, *Jianshui* 654399, *China*)

Abstract: Red agate pomegranate cultivation history in Jianshui has more than three hundred years, is the traditional name of special local Jianshui planting fruit trees, has won the national high-quality fresh pomegranate appraisal quality award, gold medal, king of pomegranate title, has been included in the national 'characteristics of agricultural regional planning', in 2010 won the Agricultural Geographical Indications registration protection. Red agate pomegranate sweet and sour taste, plump grain, crystal, agate, Pearl Buck, is a good fresh food variety, because of its moderate acidity, fruit juice with natural rose color, function of its root, stem, leaf, flower, fruit, grain, fruit and its processed products with a high nutritional value, medicinal value, health function other, more is the best processing varieties, market development potential, has become an important industry in Jianshui to help farmers increase income. Based on years of production experience, briefly introduces the distribution of planting and varietal characters of 'Jianshui red agate' pomegranate, pest control, cultivation management points from colonization, and make brief comments on the 'Jianshui red agate' pomegranate cultivation and management techniques.

Key words: Jianshui; Pomegranate; Cultivation and management; Techniques

1 种植与分布

‘建水红玛瑙’石榴主要分布在云南省建水县的南庄、临安、西庄、面甸、岔科等乡镇海拔1200～1500m的区域，分布地多为红壤土，土层深厚，土壤微酸性。2013年全县栽培面积5226.67hm^2，新植面积666.67hm^2，投产面积3266.67hm^2，产量51450t，产值15435万元。栽培管理水平好的部分果农平均亩产值可达8000～10000元，经济效益好。

2 品种特性

树势强健，叶色浓绿，花红色。果实有4～6室，近圆球形，果大，单果重329～573g，最大果重达1000g，果面多棱肋，致横断面略为四方或六角形。皮色红、鲜艳，成熟时果蒂部常有锈斑，俗称沙壳。籽粒大、有棱、鲜红色，形似玛瑙，百粒重66.3～83.9g，种衣厚，汁多，味甘而有适当酸味，食后回甜而爽口，风味浓，品质佳，其可食率51%～67%、出汁率42%～57%，总糖11.7%，总酸1.72%，可溶性固形物15%～16.5%，糖酸比8.72∶1，鲜食加工兼用，加工后果汁呈天然玫瑰色，果实成熟期8～9月，但留树挂果至中秋前后风味更佳。

3 定植

3.1 定植塘开挖与回填

栽植前90天按3.5m×4.5m株行距挖塘，按规格为0.8m×0.8m×0.8m开挖定植塘或沿株距方向开挖深、宽0.8m的定植沟，晾晒60天后，每株用腐熟农家肥50kg与回塘土充分混合后回填入定植塘(沟)中。

3.2 定植时间

营养袋苗在水分有保障的前提下不受时间限制，但以6～8月定值为佳。裸根苗萌芽前栽植为宜。

3.3 定植

在回填完土的定植塘(沟)内按株行距挖定植穴，将苗放入穴中，舒展根系，营养袋苗去除营养袋，带土植入穴中，根际填入细碎土，踩实，做直径60cm的树盘，浇足定根水，复水2～3次后覆盖地膜保墒。气温过高时，可在膜上加盖土、杂草、绿肥降温。

4 栽培管理要点

4.1 土壤管理

4.1.1 幼树期土壤管理

(1)合理间作。选用花生、黄豆等豆科作物及蔬菜、绿肥等间套种。绿肥雨季播种，现蕾期翻犁入土中。间作物应种植在果树滴水线以外，不能影响果树生长。

(2)深翻改土。结合秋施基肥逐年深翻改土，封行前完成全园改土工作。

4.1.2 结果树土壤管理

秋季采果后结合施基肥进行深耕，把基肥施在地下30～40cm处。每年春末夏初和初秋，杂草刚萌出，雨水透地后、杂草结籽前进行2～3次深度10cm的浅耕。夏季高温多雨不宜中耕，可使用草甘膦等化学剂除草。

4.2　肥料管理

4.2.1　幼树施肥

(1)基肥。10～11月，开深30～40cm的环状沟或条状沟每株施入25kg农家肥+0.5kg普钙+0.5kg三元复合肥。

(2)萌芽肥。1月下旬至2月上旬，结合灌水每株施尿素0.3kg。

(3)生长肥。5～7月雨水下地后每株施0.1～0.2kg尿素2次。

4.2.2　结果树施肥

(1)基肥。结果树于采果后至落叶前(10～11月)施入，宜早不宜迟。以优质农家肥为主，每株施50kg农家肥+1kg普钙+1kg复合肥。

(2)萌芽肥。1月下旬至2月上旬，结合灌水每株施0.5kg尿素；也可浇施入粪尿、清粪水、沼液等氮肥。

(3)壮果肥。5月当果实直径有4～5cm时施入，此次以磷钾肥为主，适当加入氮肥，促进果实迅速膨大。每株施硫酸钾0.5kg+普钙0.5kg+尿素0.3kg。

4.2.3　施肥方法

(1)条状沟施法。在树冠滴水线处，沿行或(株)间挖深30～50cm、宽30～40cm、长与行等长的施肥沟。翌年施肥沟换到另外两个外侧。

(2)环状沟施法。在树冠滴水线处挖深30～50cm环状的沟。

(3)放射状浅沟。从距树干30cm处由里向外开挖3～5条沟，要求里浅(10cm左右)、外深(30cm左右)。

(4)穴施。在树冠投影下每隔40～50cm的穴距，开深度20～30cm直径30cm左右的浅穴。

4.3　水分管理

萌芽前、盛花后、果实膨大期需水量较大，此时正值我县旱季，应及时灌水；6～9月雨水季节做好防涝工作。为了防止果实膨大期裂果，5～7月应均衡水分供应，有条件的地块，可采用滴灌、喷灌。

4.4　整形修剪

4.4.1　整形

一般采用“自然开心形”和“三大主枝开心状”的树形。

(1)自然开心形。定植的第一年冬季在距地40～50cm的地方短截主干，并剪除基部的萌蘖，第二年开春萌芽时，在短截部以下20cm的整形带内通过拉、撑、吊，选留按120°均分3个方位角，错落生长的主枝并将水平夹角调整为50°～60°，每个主枝上配1～2个大型侧枝，当主枝长到距主干50cm时，短截主枝，待剪口附近的芽萌发时，留下与主枝方向相同的枝作延长枝，三大主枝各选留一个同一侧的枝，培养为第一侧枝，距第一侧枝30～40cm反方向培养第二侧枝。侧枝长到20～30cm时摘心，促发枝组形成。

(2)三大主枝开心形。从基部选留3个健壮的枝条，通过拉、撑、吊等方法将其方位角调为120°，水平夹角为40°～50°。每个主枝上分别配生3～4个大型侧枝，第一侧枝在主枝上的方向应相同，且距地面60～70cm，其他相邻侧枝间距50～60cm。每个主枝上分别配生15～20个大中型结果枝组，培养侧枝与枝组的方法与自然开心形相同。

4.4.2 修剪

(1)冬季修剪。主要剪除枯枝、病虫枝、交叉枝、重叠枝，疏除过密的徒长枝、营养枝等，刮除树干基部老皮，落叶前完成拉枝工作。

(2)生长季节修剪。春季剪除萌蘖和枯枝，抹去基部、主枝和扰乱树形的萌蘖；夏季剪除影响果实生长的小枝、刺、叶；秋季用拿枝、别枝、撑、吊等开张角度，改善通风透光，延缓树势，调节树势，促进花芽分化。

4.5 花果管理

4.5.1 保花保果

(1)蕾期环割。3月下旬现蕾期，对花量少的旺树或大辅养枝基部环割2~3道，两环间距保持4cm以上，可提高完全花的比例及坐果率。

(2)花期传粉。盛花期果园放养蜜蜂，或喷蜂蜜水引诱昆虫传粉，提高石榴花受粉受精质量，提高坐果率。

(3)花期追肥。开花期4月上中旬叶面喷施0.2%尿素+0.2%磷酸二氢钾或0.3%尿素+0.2%硼砂，可有效提高坐果率。

(4)去除陡长枝。花期及时抹除徒长新梢，控制营养生长，提高坐果率和减少幼果脱落。

4.5.2 疏花疏果

(1)疏花。现蕾期和始花期摘除过多的花蕾、无效花(空花、公花)，摘除三、四茬花，保留一、二茬花，减少养分消耗，提高当年产量。

(2)疏果。1~2茬花坐果后，疏去双果中的小果、病虫果、畸形果、多留头茬果，选留二茬果，三茬果一般全部去掉。

4.5.3 掏花丝

当果实长至乒乓球大小时，用盾形竹片将石榴萼筒内的花丝全部掏除，可减少病虫害的滋生及预防疚果。

4.5.4 铺反光膜

从果实开始着色至采果前，在果树下或树行内铺银色反光膜，可以明显提高树冠内膛和中下部的光照强度，增加果实着色的面积。铺膜后，应适当疏枝和拉枝，使树盘地面光斑分布均匀，以利于反光膜全面反射阳光于树膛内部，改善果实着色。

4.5.5 摘叶转果

摘叶分两次进行，首次摘叶结合疏果定果，摘除果实梗部的小叶和覆盖果面的叶片。第二次摘叶在果实上色前15~20天进行，结合除袋工作，摘掉或疏去遮挡直射果面阳光的叶片或小枝条，达到促果着色的目的；为使果实的背阴面见光，必须进行转果，在果实阳面着色后，通过转、拉、别、吊等方式，调整转动果实或结果母枝的位置，使果实背面见光着色。

5 病虫害防治

5.1 主要病害防治

5.1.1 干腐病

主要危害果实、花、果台、新梢，果和花受害引起落花落果或果实腐烂、形成僵果，枝梢受害形成枯枝。4月后降雨，病害开始发生，进入雨季发病严重。防治方法：萌芽前和开花前各用70%百菌清600~800倍液喷雾预防；发病初期用10%世高水分散粒剂2000倍液、80%大生600~800倍液、70%甲基硫菌灵可湿性粉剂1000倍液喷雾防治。

5.1.2　石榴褐斑病

主要危害叶片、果实，形成叶斑、枯叶、果斑，严重时导致落果。夏季降雨后，高温、高湿及田间通风透光不良、管理粗放、树势衰弱发病严重。防治方法：发病初期用20%硫磺胶悬剂500倍液或10%世高水分散剂1000倍液或50%菌核净600~800倍液喷雾。

5.2　主要虫害防治

5.2.1　石榴绒蚧

以若虫和雌成虫吸食汁液危害石榴茎干、枝条、腋芽，可滋生煤污病、诱发干腐病。一年发生2~4代，世代重叠，以卵、2龄若虫和成虫在枝干缝隙内越冬，若虫孵化期分别为3月中旬、下旬，5月中旬至6月上旬，8月上旬。防治方法：冬季及时剪除有虫枝条，抹除树干上的老翘皮集中销毁，消灭越冬虫源；石榴萌发前喷3°~5°石硫合剂；若虫孵化期3月中下旬，5月中旬至6月上旬，8月上旬，用40%杀扑灵乳油1500倍液、10%高效氯氰菊酯2000倍液、0.9%爱福丁4000~4500倍液喷雾防治。

5.2.2　石榴蚜虫

以成虫和若虫刺吸汁液，受害部位为花蕾、幼嫩叶及生长点，易诱发多种石榴病害。建水一年四季均可生长繁殖，主要在春季造成危害，气候干旱危害更甚。有翅蚜有趋黄性。

防治方法：设置涂有机油或黏性剂的黄板诱杀有翅蚜；3月蚜虫普遍发生危害期用3%的啶虫脒乳油1500倍液、10%吡虫啉可湿性粉剂1500~2000倍液、2.5%溴氰菊酯1000倍液喷雾防治。

5.2.3　咖啡木蠹蛾

以幼虫蛀入枝干危害，致使枝干萎蔫，遇风易折断。建水一年发生一代，以老熟幼虫在树干内越冬。5月下旬至7月下旬，卵孵化，开始新的危害。幼虫4月上旬至6月中旬化蛹，5月上旬开始羽化。防治方法：及时刮除粗老树皮，清洁虫孔周围的木屑，剪除有虫枝条，集中烧毁；用棉球蘸取球80%的敌敌畏乳油100倍液塞入隧道内或用40%的乐果乳油10倍液注入虫道，用黏土封住，毒杀隧道内的幼虫。5月成虫盛发期，利用成虫对光及糖酒液有趋性的特点，在果园设置黑光灯、频振式杀虫灯、糖酒液诱盆诱杀成虫。

5.2.4　大蓑蛾(大袋蛾)

以幼虫危害嫩梢、叶片、啃食叶肉，严重时将叶片吃光，影响植株的生长发育。建水一年发生1代，多以老熟幼虫在蓑囊里越冬。5月下旬羽化为成虫，初龄幼虫诱群居习性，幼虫在3~4龄开始转移，分散危害。雄蛾有趋光性。防治方法：秋冬季节人工摘除树枝上越冬的虫囊集中烧毁；5~6月幼虫孵化危害初期，晴天的傍晚喷90%百虫灵晶体1000倍液、80%敌敌畏乳油800倍液、90%杀螟丹1000倍液防治。

5.2.5　蓟马

以成虫和若虫吸取汁液危害，受害部位为叶片、幼果，使叶片和果实表面形成斑痕，影响树势和果实商品外观。一年中以4~5月危害最为严重。防治方法：虫害发生期用44%速凯乳油1500倍液、10%吡虫啉可湿性粉剂2000倍液、2.5%保得乳油2000倍液防治。

5.2.6 柑橘小实蝇

以成虫产卵和幼虫取食造成危害。成虫用产卵器刺破果实表皮，将卵产在果实内，使果汁外溢，造成伤口引发病菌感染，导致落果。卵孵化后幼虫在果实内取食，造成果实腐烂。防治方法：①人工防治。及时检拾虫害落果，摘除树上的虫害果一并烧毁或投入粪池沤在浸。②诱杀成虫。用糖酒醋液或性诱剂甲基丁香酚加敌百虫诱杀成虫。③化学防治。在幼虫入土化蛹或成虫羽化的始盛期用乐斯本乳油或40%辛硫磷乳油1000～1500倍液地面喷雾防治。

软籽石榴无公害生产中病虫害综合防治技术

胡清坡　刘宏敏　张山林
（平顶山市农业科学院，平顶山　467000）

摘要：在软籽石榴无公害生产中，要综合利用农业的、生物的、物理的防治措施，通过生态技术控制病虫害的发生。根据无公害防治原则，优先采用农业防治措施，比如可选择合适的可抑制病虫害发生的耕作栽培技术。除此以外，平衡施肥、深翻晒土、清洁果园等一系列措施控制病虫害的发生。尽量利用灯光、色彩、性诱剂等诱杀害虫，采用机械和人工除草以及热消毒、隔离、色素引诱等物理措施防治病虫害。病虫害一旦发生，需采用化学方法进行防治时，注意严禁使用国家明令禁止使用的农药、果树上不得使用的农药，并尽量选择低毒低残留、植物源、生物源、矿物源农药。

关键词：软籽石榴；无公害生产；综合防治技术

Integrated Control Technique of Soft-seeded Pomegranate on Pest and Disease Management in Pollution-free Production

HU Qing-po[①], LIU Hong-min, ZHANG Shan-lin
(*Municipal Academy of Agricultural Sciences for Pingdingshan*, *Pingdingshan* 467000, *China*)

Abstract: The paper suggests that it is feasible to control the occurrence of plant diseases and pests under comprehensive utilization of agricultural, biological, physical prevention and control measures in soft-seed pomegranate pollution-free production. According to the principle of pollution-free prevention, it is preferred to choose agricultural control measures, such as choosing the appropriate tillage cultivation techniques of inhibiting occurrence of plant diseases and insect pests. Besides, balancing fertilization, deeply making soil and cleaning orchard also could control the occurrence of pests and diseases. It is better to use lighting, color, sex lures traps to kill pests. And it is viable to use physical measures such as mechanical and manual weeding, heat disinfection, isolation, pigment induce to prevent and control plant diseases and pests. Once disease and pests happens, it is necessary to adopt chemical method. But we should pay attention to the the use of banned pesticides, and try to choose low low-toxic and residual, botanical, biological, and mineral pesticides.

Key words: Soft-seeded pomegranate; Pollution-free production ; Integrated control technique

病虫害防治与无公害生产关系最为密切，其中化学农药的使用是其中的关键因素之一，药剂种类的选择、使用的浓度、方法和时期，都直接决定了生产的果品是否能够达到无公害果品的要求。为此，一方面要对无公害果品标准和包括农药残留在内的无公害软籽石榴安全卫生指标有一个基本的了解，另一方面应该按照病虫害发生规律，以农业防治和物理防治为基础，生物防治为核心，同时最大限度地合理使用农药，从而有效控制病虫危害，降低果品的农药和其他有害物质残留，为无公害软籽石榴生产创造条件。

1　适宜软籽石榴园使用的农药种类及其合理使用原则

无公害软籽石榴生产使用的农药药剂，必须是经国家正式登记的产品，不能使用有致癌、致畸、致突变的危险或有嫌疑的药剂。

1.1　允许使用的部分农药品种及使用要求

在软籽石榴园无公害果品生产中，要根据防治对象的生物学特性和危害特点合理选择允许使用的药剂品种。主要种类有：①植物源杀虫、杀菌素：包括除虫菊素、鱼藤酮、烟碱、苦参碱、植物油、印楝素、苦楝素、川楝素、茴蒿素、松脂合剂、芝麻素等。②矿物源杀虫、杀菌剂：包括石硫合剂、波尔多液、机油乳剂、柴油乳剂、石悬剂、硫黄粉、草木灰、腐必清等。③微生物源杀虫、杀菌剂：如 Bt 乳剂、白僵菌、阿维菌素、中生菌素、多氧霉素和农抗 120 等。④昆虫生长调节剂：如灭幼脲、除虫脲、卡死克、性诱剂等。⑤低毒低残留化学农药包括：主要杀菌剂，有 5% 菌毒清水剂，80% 喷克可湿性粉剂，80% 大生 M-45 可湿性粉剂，70% 甲基托布津可湿性粉剂，50% 多菌灵可湿性粉剂，40% 福星乳油，1% 中生菌素水剂，70% 代森锰锌可湿性粉剂，70% 乙膦铝锰锌可湿性炮剂，834 康复剂，15% 粉锈宁乳油，75% 百菌清可湿性粉剂，50% 扑海因可湿性粉剂等。主要杀虫杀螨剂，有 1% 阿维菌素乳油，10% 吡虫啉可湿性粉剂，25% 灭幼脲 3 号悬浮剂，50% 辛脲乳油，50% 蛾螨灵乳油，20% 杀铃脲悬浮剂，50% 马拉硫磷乳油，50% 辛硫磷乳油，5% 尼索朗乳油，20% 螨死净悬浮剂，15% 哒螨灵乳油，40% 蚜灭多乳油，99.1% 加德士敌死虫乳油，5% 卡死克乳油，25% 扑虱灵可湿性粉剂，25% 抑太保乳油等。允许使用的化学合成农药每种每年最多使用 2 次，最后一次施药距安全采收间隔期应在 20 天以上。

1.2　限制使用的部分农药品种及使用要求

限制使用的化学合成农药主要有 48% 乐斯本乳油，50% 抗蚜威可湿性粉剂，25% 辟蚜雾水分散粒剂，2.5% 功夫乳油，20% 灭扫利乳油，30% 桃小灵乳油，80% 敌敌畏乳油，50% 杀螟硫磷乳油，10% 歼灭乳油，2.5% 溴氰菊酯乳油，20% 氰戊菊酯乳油，乐果乳油等。无公害软籽石榴生产中限制使用的农药品种，每年最多使用 1 次，施药距安全采收间隔期应在 30 天以上，

1.3　禁止使用的农药

在无公害软籽石榴果品生产中，禁止使用剧毒、高毒、高残留、致癌、致畸、致突变和具有慢性毒性的农药，主要包括：①有机磷类杀虫剂，有甲拌磷、乙拌磷、久效磷、对硫磷、甲基对硫磷、甲胺磷、甲基异柳磷、特丁硫磷、甲基硫环磷、治螟磷、内吸磷、氧化乐果、磷胺、灭线磷、硫环磷、蝇毒磷、地虫硫磷、氯唑磷、苯线磷、水胺硫磷。②氨基甲酸酯类杀虫剂，有克百威、涕灭威、灭多威。③二甲基甲脒类杀虫剂，有杀虫脒。④取代苯类杀虫剂，有五氯硝基苯、五氯苯甲醇。⑤有机氯杀虫剂，有滴滴涕、六六六、毒杀芬、二溴

氯丙烷、林丹。⑥有机氯杀螨剂，有三氯杀螨醇、克螨特。⑦砷类杀虫、杀菌剂，有福美砷、甲基砷酸锌、甲基砷酸铁铵、福美甲、砷酸钙、砷酸铅。⑧氟制类杀菌剂，有氟化钠、氟化钙、氟乙酰胺、氟铝酸钠、氟硅酸钠、氟乙酸钠。⑨有机锡杀菌剂，有三苯基醋酸锡、三苯基氯化锡。⑩有机汞杀菌剂，有氯化乙基汞(西力生)、醋酸苯汞(赛力散)。⑪二苯醚类除草剂，有除草醚、草枯醚。除此之外，还有国家规定无公害果品生产禁止使用的其他农药。

2 无公害病虫害综合防治技术

2.1 病虫害防治的基本原则

无公害病虫害综合防治的基本原则是综合利用农业的、生物的、物理的防治措施，创造不利于病虫类发生而有利于各类自然天敌繁衍的生态环境，通过生态技术控制病虫害的发生。优先采用农业防治措施，本着"防重于治"、"农业防治为主、化学防治为辅"的无公害防治原则，选择合适的可抑制病虫害发生的耕作栽培技术，平衡施肥、深翻晒土、清洁果园等一系列措施控制病虫害的发生。尽量利用灯光、色彩、性诱剂等诱杀害虫，采用机械和人工除草以及热消毒、隔离、色素引诱等物理措施防治病虫害。病虫害一旦发生，需采用化学方法进行防治时，注意严禁使用国家明令禁止使用的农药、果树上不得使用的农药，并尽量选择低毒低残留、植物源、生物源、矿物源农药。

2.2 病虫害防治的基本措施

2.2.1 农业防治

农业防治是根据农业生态环境与病虫发生的关系，通过改善生态环境，调整品种布局，充分应用品种抗病、抗虫性以及一系列的栽培管理技术，有目的地改变果园生态系统中的某些因素，使之不利于病虫害的流行和发生，达到控制病虫危害，减轻灾害程度，获得优质、安全的果品的目的。农业防治方法是果园生产管理中的重要部分，不受环境、条件、技术的限制，虽然不像化学防治那样能够直接、迅速地杀死病虫害，却可以长期控制病虫害的发生，大幅度减少化学药剂的使用量，有利于果园长期的可持续发展。

(1)植物检疫。即凡是从外地引进或调出的苗木、种子、接穗等，都应进行严格检疫，防止危险性病虫害的扩散。

(2)清理果园，减少病原。石榴园中多数病虫潜藏在病枝或残留在园中的病叶、病果上越冬、越夏，及时清理果园，可以破坏病虫越冬的潜藏场所和条件，有效地减少病害侵染源，降低害虫发生基数，可以很好地预防病害的流行和虫害的发生。

(3)合理整形修剪，改善果园通风透光条件。果园在密闭条件下病虫害发生严重，过于茂盛的枝叶常成为小型昆虫繁衍的有利场所。合理整形修剪，使树体枝组分布均匀，改善了树冠内通风透光条件，可以有效地控制病虫害的发生。

(4)科学施肥，合理灌溉。加强肥、水管理对提高树体抵抗病虫害能力有明显的效果，特别是对具有潜伏侵染特点的病害和具有刺吸口器害虫的抵抗作用尤其明显。施肥种类及用量与病虫害发生有密切关系，应当注意勿施用过量氮肥，避免引起枝叶徒长、树冠内郁闭而易诱发病虫。厩肥堆积过多，常成为蝇、蚊、金龟子幼虫等土栖昆虫的栖息繁殖场所。因此，提倡配方施肥、平衡施肥，多施有机肥、增施磷钾肥，以提高植株抗病性，增强土壤通透性，改善土壤微生物群落，提高有益微生物的生存数量，并保证根系发育健壮。此外，减

少氮肥，增施磷钾肥，能增强树体对病害侵染的抵抗力。

果园湿度过大，易导致真菌类病害疫情的发生，湿度越大病害越重。而果树生长中、后期灌水过多，易使果树贪青徒长，枝条发育不充实，冬季抵抗冻害的能力差。因此，果园浇水尽量避免大水漫灌，以免造成园内湿度过大，诱发病害发生，宜尽量采用滴灌等节水措施。利用滴灌技术、覆盖地膜技术可以有效地控制空气湿度，防止病害的发生。遇大雨后应及时排水，避免影响石榴生长和降低石榴抵抗病虫害能力。

(5)刮树皮，刮涂伤口，树干涂白。危害石榴的多种害虫的卵、蛹、幼虫、成虫及多种病菌孢子隐居在树体的粗翘皮裂缝里休眠越冬，而病虫越冬基数与来年危害程度密切相关，应刮除枝、干上的粗皮、翘皮和病疤，铲除腐烂病、干腐病等枝干病害的菌源，同时还可以促进老树更新生长。刮皮一般以入冬时节或第 2 年早春 2 月间进行，不宜过早或过晚，以防止树体遭受冻害以及失去除虫治病的作用。幼龄树要轻刮，老龄树可重刮。操作动作要轻，防止刮伤嫩皮及木质部，影响树势。一般以彻底刮去粗皮、翘皮，不伤及白颜色的活皮为限。刮皮后，皮层集中烧毁或深埋，然后用石灰涂白剂，在主干和大枝伤口处进行涂白。一般既可以杀死潜藏在树皮下的病虫，还可以保护树体不受冻害。石灰涂白剂的配制材料和比例为：生石灰 10kg，食盐 150 ~ 200g，面粉 400 ~ 500g，加清水 40 ~ 50kg，充分溶化搅拌后刷在树干伤口，不流淌、不起疙瘩即可。由虫伤或机械伤引起的伤口，是最容易感染病菌和害虫喜欢栖息的地方，应将腐皮朽木刮除，用小刀削平伤口后，涂上 5 波美度石硫合剂或波尔多液消毒，促进伤口早日愈合。

(6)刨树盘。刨树盘是石榴树管理的一项常用措施，该措施既可起到疏松土壤、促进石榴树根系生长作用，还可将地表的枯枝落叶翻于地下，把土中越冬的害虫翻于地表。

(7)树干绑缚草绳，诱杀多种害虫。不少害虫喜在主干翘皮、草丛、落叶中越冬，利用这一习性，于果实采收后在主干分枝以下绑缚 3 ~ 5 圈松散的草绳，诱集消灭害虫。草绳可用稻草或谷草、棉秆皮拧成，但必须松散，以利于害虫潜入。

(8)人工捕虫。许多害虫有群集和假死的习性，如多种金龟子有假死性和群集为害的特点，可以利用害虫的这些习性进行人工捕捉。再如黑蝉若虫可食，在若虫出土季节，可以发动群众捕而食之。

(9)园内种植诱集作物，诱集害虫集中危害而消灭。利用桃蛀螟、桃小食心虫对玉米、高粱趋性更强的特性，园内种植玉米、高粱等，诱其集中危害而消灭。

(10)利用家禽。园内放养鸡、鸭等家禽，啄食害虫，减轻危害。

2.2.2 物理机械防治

是根据害虫的习性进而采取的机械方法防治害虫技术。

(1)黑光灯诱杀。常用 20W 或 40W 黑光灯管做光源，在灯管下接一个水盆或一个大广口瓶，瓶中放些毒药，以杀死掉进的害虫。此法可诱杀许多晚间出来活动的害虫，如桃蛀螟、黄刺蛾、茎窗蛾等。

(2)糖醋液诱杀。许多成虫对糖醋液有趋性，因此，可利用该习性进行诱杀。方法是在害虫发生的季节，将糖醋液盛在水碗或水罐内制成诱捕器，将其挂在树上，每天或隔天清除死虫。糖醋液用酒、水、糖、醋按 1∶2∶3∶4 的比例制成，放入盆中，盆中放几滴毒药，并不断补足糖醋液。

(3)性外激素诱杀。昆虫性外激素是由雌成虫分泌的用以招引雄成虫来交配的一类化学

物质。通过人工模拟其化学结构合成的昆虫性外激素已经进入商品化生产阶段。性外激素已明确的果树害虫种类大约有30多种。目前，国内外应用的性外激素捕获器有5大类型(黏着型、捕获型、杀虫剂型、电击型和水盘型)20多种。我国在果树害虫防治上已经应用的有桃蛀螟、桃小食心虫、桃潜蛾、梨小食心虫、苹果小卷叶蛾、苹果褐卷叶蛾、梨大食心虫、金纹细蛾等昆虫的性外激素。捕获器的选择要根据害虫种类、虫体大小、气象因素等，确定捕获器放置的地点、高度和用量。

利用性外激素诱杀：在果园放置一定数量的性外激素诱捕器，能够大量诱捕到雄成虫，雌、雄成虫的比例失调，减少了自然界雌、雄虫交配的机会，从而达到治虫的目的。

干扰交配(成虫迷向)：在果园内悬挂一定数量的害虫性外激素诱捕器诱芯，作为性外激素散发器。这种散发器不断地将昆虫的性外激素释放到田间，使雄成虫寻找雌成虫的联络信息发生混乱，从而失去交配的机会。在果园的试验结果表明，在每亩内栽植110棵石榴树的情况下，每棵树上挂3~5个桃小食心虫性外激素诱芯，能起到干扰成虫交配的作用。打破害虫的生殖规律，使大量的雌成虫不能产下受精卵，从而极大地降低幼虫数量。

(4)水喷法防治。在石榴树休眠期(11月中下旬)用压力喷水泵喷枝干，喷到流水程度，可以消灭在枝干上越冬的介壳虫。

(5)果实套袋。果实套袋栽培是近几年我国推广的优质果品技术。果实套袋后，除了能增加果实着色、提高果面光洁度、减少裂果以外，还能防止病菌和害虫直接侵染果实，减少农药在果品中的残留。

2.2.3 生物防治

运用有益生物防治果树病虫害的方法称为生物防治法。生物防治是进行无公害石榴生产有效防治病虫害的重要措施。在果园自然环境中有400多种有益天敌昆虫资源和能促使石榴害虫致病的病毒、真菌、细菌等微生物。保护和利用这些有益生物，是开展石榴病虫无公害治理的重要手段。生物防治的特点是不污染环境，对人、畜安全无害，无农药残留问题，符合果品无公害生产的目标，应用前景广阔。但该技术难度比较大，研究和开发水平比较低，目前应用于防治实践的有效方法还较少。各果园可以因地制宜，选择适合自己的生物防治方法，并与其他防治方法相结合，采取综合治理的原则防治病虫害。

(1)利用天敌昆虫防治虫害。害虫天敌分为寄生性天敌和捕食性天敌两大类。寄生性天敌昆虫是将卵产在害虫寄主的体内或体表，其幼虫在寄主体内取食并发育，从而引起害虫的死亡。如寄生卷叶虫的中国齿腿姬蜂、卷叶蛾瘤姬、卷叶蛾绒茧蜂；寄生梨小食心虫的梨小蛾姬蜂、梨小食心虫聚瘤姬蜂；寄生潜叶蛾、刺蛾的刺蛾紫姬蜂、刺蛾白跗姬蜂、潜叶蛾姬小蜂等寄生蜂类。寄生鳞翅目害虫幼虫和蛹的寄生蝇类，如寄生梨小食心虫的稻苞虫赛寄蝇、日本追寄蝇；寄生天幕毛虫的天幕毛虫追寄蝇、普通怯寄蝇等。

捕食性天敌昆虫靠直接取食猎物或刺吸猎物体液来杀死害虫，致死速度比寄生性天敌快得多。如捕食叶螨类的深点食螨瓢虫(北方)、腹管食螨瓢虫(南方)、大草蛉、中华通草蛉、食蚜瘿蚊等；捕食介壳虫的黑缘红瓢虫、红点唇瓢虫等。此外，还有螳螂、食蚜蝇、食虫椿象、胡蜂、蜘蛛等多种捕食性天敌，抑制害虫的作用非常明显。我国常见的天敌昆虫有如下几种：

瓢虫：为鞘翅目瓢虫科昆虫。常见的有七星瓢虫、小红瓢虫和异色瓢虫。均捕食蚜虫和介壳虫，其食量很大，如异色瓢虫的1龄幼虫每天捕食桃蚜数量为10~30头，4龄幼虫为

每天 100 ~ 200 头，成虫食量更大。而深点食螨瓢虫能捕食果树、蔬菜、花卉及林木等多种螨类的成虫、若虫和卵。它的成虫和幼虫发生时期长，世代重叠，食量大，对果树上的螨类有较好的控制作用。

草蛉（草青蛉）：分布广，种类多，食性杂。我国常见的有 10 余种，其中主要是中华草蛉、大草蛉、丽草蛉等。草蛉的捕食范围包括蚜虫、叶蝉、介壳虫、蓟马、蛾类和叶甲类的卵、幼虫以及螨类。中华草蛉一年发生 6 代左右，在整个幼虫期的捕食量为：棉蚜 500 多头，棉铃虫卵 300 多粒，棉铃虫幼虫 500 多头，棉红蜘蛛 1000 多头，斜纹夜蛾 1 龄幼虫 500 多头，还有其他害虫的幼虫，由此可见，中华草蛉控制害虫的重要作用。

蜘蛛：种类多，种群的数量大。寿命较长，小型蜘蛛半年以上，大型蜘蛛可达多年。蜘蛛抗逆性强，耐高温、低温和饥饿，为肉食性动物，专食活体。蜘蛛分结网和不结网两类，前者在地面土壤间隙做穴结网，捕食地面害虫；后者在地面游猎捕食地面和地下害虫，也可从树上、植株、水面或墙壁等处猎食。蜘蛛捕食的害虫种类很多，是许多害虫如蚜虫、花弄蝶、毛虫类、椿象、大青叶蝉、飞虱、斜纹夜蛾等的重要天敌。

食蚜蝇：主要捕食果树蚜虫，也能捕食叶蝉、介壳虫、蛾蝶类害虫的卵和初龄幼虫。其成虫颇似蜜蜂，喜取食花粉和花蜜。黑带食蚜蝇是果园中较常见的一种，一年发生 4 ~ 5 代，幼虫孵化后即可捕食蚜虫，每头幼虫每天可捕食蚜虫 120 头左右，整个幼虫期可捕食 840 ~ 1500 头蚜虫。

捕食螨：捕食螨又叫肉食螨，是以捕食害螨为主的有益螨类。我国有利用价值的捕食螨种类有东方钝绥螨、拟长毛钝绥螨、植绥螨等。在捕食螨中以植绥螨最为理想，它捕食凶猛，具有发育周期短、捕食范围广、捕食量大等特点，1 头雌螨能消灭 5 头害螨在半个月内繁殖的群体，同时还捕食一些蚜虫、介壳虫等小型害虫。

食虫椿象：食虫椿象是指专门吸食害虫的卵汁或幼（若）虫体液的椿象，为益虫。它与有害椿象有区别：有害椿象有臭味，而食虫椿象大多无臭味。食虫椿象是果园害虫天敌的一大类群，主要捕食蚜虫、叶螨、蚧类、叶蝉、椿象以及鳞翅目害虫的卵及低龄幼虫等，如桃小食心虫的卵。

螳螂：螳螂是多种害虫的天敌，食性很杂，可捕食蚜虫类、桃小食心虫、蛾蝶类、甲虫类、椿象类等 60 多种害虫，自春至秋田间均有发生。1 只螳螂一生可捕食害虫 2 000 头。

（2）利用食虫鸟类防治虫害。鸟类在农林生物多样性中占有重要地位，它与害虫形成相互制约的密切关系，是害虫天敌的重要类群。我国以昆虫为主要食料的鸟约有 600 种，如大山雀、大杜鹃、大斑啄木鸟、灰喜鹊、家燕、黄鹂等主要或全部以昆虫为食物。捕食害虫的种类很多，主要有叶蝉、叶蜂、蛾类幼虫等，果园内有害虫都可能被取食，对控制害虫种群作用很大。

大山雀：山区、平原均有分布，它可捕食果园内多种害虫，如桃小食心虫、天牛幼虫、天幕毛虫幼虫、叶蝉以及蚜虫等。1 头大山雀 1 天捕食害虫的数量相当于自身体重，在大山雀的食物中，农林害虫数量约占 80%。

大杜鹃：杜鹃在我国分布很广，以取食大型害虫为主，特别喜食一般鸟类不敢啄食的毛虫，如刺蛾等害虫的幼虫，1 头成年杜鹃 1 天可捕食 300 多头大型害虫。

大斑啄木鸟：啄木鸟主要捕食鞘翅目害虫、椿象、茎窗蛾蛀干幼虫等。啄木鸟食量很大，每天可取食 1000 ~ 1400 头害虫幼虫。

灰喜鹊：灰喜鹊可捕食金龟子、刺蛾、蓑蛾等30余种害，1只灰喜鹊全年可吃掉1.5万头害虫。

保护鸟类的措施有：①禁止破坏鸟巢、杀死鸟卵和幼雏。②禁止人为捕猎、毒害鸟类，可以人工为鸟类设置木板箱等居住场所招引鸟类。③避免频繁使用广谱性杀虫剂，以免误伤鸟类。④人工饲养和驯化当地鸟类，必要时可操纵其治虫。

(3)利用寄生性昆虫类防治虫害。寄生性昆虫又称为天敌昆虫，数量最多的是寄生蜂和寄生蝇。其特点是以雌成虫产卵于寄主(昆虫或害虫)体内或体外，以幼虫取食寄主的体液摄取营养，直到将寄主体液吸干死亡。而它的成虫则以花粉、花蜜等为食或不取食。除了成虫以外，其他虫态均不能离开寄主而独立生活。

赤眼蜂：是一种寄生在害虫卵内的寄生蜂，体型很小，眼睛鲜红色，故名赤眼蜂。它能寄生400余种昆虫卵，尤其喜欢寄生鳞翅目昆虫卵，如果树上的梨小食心虫、刺蛾等，是果园害虫的一种重要天敌。赤眼蜂的种类很多，果树上常见的有松毛虫赤眼蜂等。在自然条件下，华北地区一年可发生10~14代，每头雌蜂可繁殖子代40~176头。利用松毛虫赤眼蜂防治果园梨小食心虫，每亩放蜂量8万~10万头，梨小食心虫卵寄生率为90%，虫害明显降低，其效果明显好于化学防治。

蚜茧蜂：是一种寄生在蚜虫体内的重要天敌。蚜茧蜂在4~10月份均有成虫发生，但以6~9月份寄生率较高，有时寄生率高达80%~90%，对蚜虫种群有重要的抑制作用。

甲腹茧蜂：寄主为桃小食心虫，寄生率一般可达25%，最高可达50%。

跳小蜂和姬小蜂：旋纹潜叶蛾的主要天敌，均在寄主蛹内越冬。寄生率可达40%以上。

寄生蝇：是果园害虫幼虫和蛹期的主要天敌，如卷叶蛾赛寄蝇寄主为梨小食心虫。

姬蜂和茧蜂：可寄生多种害虫的幼虫和蛹。石榴树上主要有桃小食心虫自茧蜂和花斑马尾姬蜂。

(4)利用病原微生物防治病虫害。目前，国内应用病原微生物防治病虫害的制剂主要有以下几种：①苏云金杆菌。它是目前世界上产量最大的微生物杀虫剂，又叫Bt。已有100多种商品制剂。防治的害虫主要是刺蛾、卷叶蛾等鳞翅目害虫。②白僵菌制剂。白僵菌是虫生真菌，对桃小食心虫的自然寄生率可达20%~60%。据调查，用白僵菌高效菌株B-66处理地面，可使桃小食心虫出土幼虫大量感病死亡，幼虫僵死率达85.6%，同时还可显著降低蛾、卵数量。③病原线虫。其特点是能离体大量繁殖。在有水膜的环境中能蠕动寻找寄主，能在1~2天内致死寄主。已成功防治的害虫有桃红颈天牛、桃小食心虫等，对鳞翅目幼虫尤为有效。

利用病原微生物防治害虫：在自然界中，有一些病原微生物，如细菌、真菌、病毒、线虫等，在条件合适时能引发流行病，致使害虫大量死亡。利用病原微生物防治虫害主要有细菌、真菌、病毒三大类制剂。目前比较实用的制剂是可防治刺蛾类低龄幼虫的苏云金杆菌和防治卷叶蛾、食心虫、刺蛾、天牛的白僵菌等。

利用病原微生物防治病害：主要是利用某些真菌、细菌和放线菌对病原菌的杀灭作用防治病害。方法是直接把人工培养的抗病菌施入土壤或喷洒在植物表面，控制病菌发育。目前，国外已制成对部分病原微生物有抑制作用的微生物产品，如美国生产的防治根癌病的放射性土壤杆菌菌系K84，应用广泛效果显著。国内也已分离了一些菌株。在土壤中多施用有机肥，促进多种天然存在的抗生菌的大量繁殖，可以有效地防治果树根系病害，也是利用病

原微生物防治病害的可行措施。

(5)利用昆虫激素防治害虫。利用昆虫激素防治害虫主要采取预防策略，在害虫发生早期使用。对害虫相对简单的关键害虫，以及对世代较长、单食性、迁移性小、有抗药性、蛀茎蛀果害虫更为有效。昆虫激素主要有保幼激素、蜕皮激素、性信息激素三大类，前两者属于内激素，后者属于外激素，保幼激素的杀虫机理是通过阻止幼虫的正常转变形态，如使幼虫期延长或不能变为蛹，或者导致害虫的不育和杀卵消灭害虫。蜕皮激素是调节昆虫的蜕皮和变态机制，使之不能完成幼虫到成虫的老化过程，生长发育异常而死亡。利用性外激素不仅可以诱杀成虫、干扰交尾，还可以根据诱虫时间和诱虫量指导害虫防治，提高防治质量。例如，用桃小性信息素橡胶芯载体，制成水碗式诱捕器悬挂在石榴园内，诱杀雄蛾，一个诱捕器一晚上诱捕雄蛾量可达 100 头以上。

2.2.4　化学防治

使用化学药剂防治病虫害具有作用迅速、见效快、方法简便的特点，在现阶段果品生产中仍然具有不可替代的作用。然而化学药剂的长期使用，存在着引起害虫抗性、污染环境、减少物种多样性、在果品中残留有危害人类健康有毒物质等多方面的副作用。尤其随着人民生活水平的提高，消费者越来越注重食品安全问题的今天，如何科学合理、正确地使用化学药剂，生产无公害果品日益受到重视。

无公害果品生产并非完全禁止使用化学药剂，使用时应当遵守有关无公害果品生产操作规程和农药使用标准，合理选择农药种类，正确掌握用药量。加强病虫测报工作，经常调查病虫发生情况，选择有利时机适时用药。选择对人畜安全、不伤害天敌、不污染环境，同时又可以有效杀死病虫害的农药品种。严禁使用一切汞制剂农药以及其他高毒、高残留、致畸、致癌、致残农药，严禁使用未取得国家农药管理部门登记和没有生产许可证的农药。

无公害软籽石榴保花保果技术

胡清坡[1] 曹冬青[2] 韩慧丽[3] 李延龙[1]
([1]平顶山市农业科学院，平顶山 467000；[2]平顶山市林业局，平顶山 467000；[3]许昌学院后勤，许昌 461000)

摘要：本文分析了软籽石榴落花落果的6个因素：授粉受精不良、激素平衡水平不适、树体营养不良、水分过多或不足、光照不足、病虫和其他自然灾害。着重介绍了软籽石榴的无公害保花保果技术措施：辅助授粉、应用生长调节剂、疏花疏果、加强果园综合管理、加强病虫害防治等。

关键词：无公害；软籽石榴；保花保果技术

The Pollution-free Techniques of Flower and Fruit Rretention in Soft-seeded Pomegranate (*Punica granatum* L.)

HU Qing-po[1], CAO Dong-qing[2], HAN Hui-li[3], LI Yan-long[1]
([1]*Municipal Academy of Agricultural Sciences for Pingdingshan*, *Pingdingshan* 467000, *China*; [2]*Pingdingshan Municipal forestry Bureau*, *Pingdingshan* 467000, *China*; [3]*Logistics Management Department of Xuchang University*, *Xuchang* 461000, *China*)

Abstract: In this paper analyzes six factors for soft seeds (Punica granatum L.) falling flower and fruit. such as: poor pollination and Fertilization , hormone levels improper, poor nourishment, water excessive or insufficient, being illumination insufficient, worms and other natural disasters. This paper emphatically describes technical measures for pollution-free soft-seed pomegranate. The result as follows: aided pollination, application of growth regulators, thinning blossom and fruit, enhance orchard management, pest control.

Key words: Pollution-free; Soft-seeded pomegranate; Flower and fruit retention technique

软籽石榴落花现象严重，雌性退化花脱落是正常的，但两性正常花脱落和落果现象也很严重。其落花落果可分为生理性和机械性两种。机械性落花落果往往因风、雹等自然灾害所引起；而生理性落花落果的原因很多，在正常情况下都可能发生，落花落果有时高达90%以上。

1 落花落果的原因分析

1.1 授粉受精不良

授粉受精良好对提高软籽石榴坐果率有重要作用，如果授粉受精不良，则会导致大量落

花落果。套袋自花授粉的结实率仅为 3.3%，而经套袋并人工辅助授粉的结实率高达 83.9%。因此，保证授粉受精是提高软籽石榴结实率的重要条件。

1.2 激素平衡水平不适

软籽石榴体内含有生长素、赤霉素等多种内源激素，虽然它们含量极少，但对软籽石榴的花芽分化及萌发和果实的生长发育起到极其重要的调控作用。受精后的胚和胚乳也可合成生长素、赤霉素和细胞分裂素等激素，由于不同激素共存于同一软籽石榴体中，它们出现的时间和含量不同，其作用是协同(synergism)或拮抗(antagoism)，是错综复杂的，而且受外界条件的影响，各种激素相克相成的结果就会产生一种平衡状态，只有当这一平衡状态达到某一水平时才有利于软籽石榴的坐果。因此，在软籽石榴盛花期使用赤霉素处理花托，可明显提高坐果率。

1.3 树体营养不良

只有在软籽石榴树体营养较好的条件下，胚的发育以及果实的发育才好。否则就差，严重的营养不良会导致落花落果现象发生。

1.4 水分过多或不足

开花时阴雨连绵则落花严重，若雨后放晴则有利于坐果，原因与授粉受精有关。当阴雨连绵时，限制了昆虫活动及花粉的风力传播，不利于软籽石榴授粉受精；雨后放晴，不但有利于昆虫活动，而且有利于器官的发育，给授粉受精创造了良好的条件，故而能提高软籽石榴的坐果率。

1.5 光照不足

光是通过树冠外围到达内膛的，而软籽石榴树枝条冗繁，叶片密集，由于枝叶的阻隔，光到达内膛逐次递减，其递减率随枝叶的疏密程度，由冠周到内膛的距离而有所不同。枝叶紧凑较稀疏光照强度递减率要大，品种不同枝叶疏密程度不同，修剪与否，修剪是否合理都影响进光率。合理修剪，树体健壮，通风透光条件好，其坐果率可以提高 3~6 倍。在光照不足的内膛，坐果少且小，发育慢，成熟时着色也不好，这和内膛叶片的光合作用强度的低下有关。

1.6 病虫和其他自然灾害

桃蛀螟是软籽石榴的主要蛀果害虫，高发生年份虫果率达 90% 以上，蛀于害虫茎窗蛾将枝条髓腔蛀空，使枝条生长不良甚至死亡，遇风易扭断等，加之其他如桃小食心虫、黑蝉、黄刺蛾及果腐病等都是危害软籽石榴花、果比较严重的病虫，对软籽石榴产量影响很大，严重者造成绝收。造成软籽石榴落果的自然灾害也很多，诸如花期阴雨阻碍授粉受精，大风和冰雹吹(打)落花果等。

2 无公害保花保果技术

2.1 辅助授粉

2.1.1 放蜂

放(蜜)蜂是提高软籽石榴坐果率的有效措施，一般 5~8 年生软籽石榴树，每 150~200 株树放置一箱蜜蜂(约 1.8 万头蜜蜂)，即可满足传粉的需要。软籽石榴园放置蜂箱数量，视株数而定。蜜蜂对农用杀虫剂非常敏感，因此，软籽石榴园放蜂时切忌喷洒农药。阴雨天放蜂效果不好，应配合人工辅助授粉。

2.1.2 人工授粉

软籽石榴雌性败育花较多，但花粉发育正常，可于园内随采随授。方法是摘取花粉处于生命活动期(花冠开放的第2天，花粉粒金黄色)的败育花，掰去萼片和花瓣，露出花药，直接点授在正常柱头上，每朵可授8~10朵花。此法费工，但效果好，一般坐果率在90%以上，是提高软籽石榴前期坐果率的最有效措施。

2.1.3 机械喷粉

把花粉混入0.1%的蔗糖液中(糖液可防止花粉在溶液中破裂，如混后立即喷，可减少糖量或不加糖)利用农用喷雾器喷粉。配制比例为：水10kg，蔗糖0.01kg，花粉50mg，再加入硼酸10g(可增加花粉活力)。

花粉在果园随采随用，一般先将花粉抖落在事先铺好的纸上，然后除去花丝、碎花瓣、萼片和其他杂物，即可使用。花粉液随配随用，以防混后时间久了花粉在液体中发芽影响授粉能力。

软籽石榴花期较长，在有效花期内都可人工授粉，但以盛花期(沿黄地区6月15日)前辅助授粉为好，以提高软籽石榴前期坐果率，增加果实的商品性。每天授粉时间，在天气晴朗时，以上午8：00~10：00花刚开放、柱头分泌物较多时授粉最好。连阴雨天昆虫活动少，要注意利用阴雨间隙时间抢时授粉。

花期每1~2天辅助授粉1次。花量大时每个果枝只点授一个发育好的花，其余蕾花全部疏除。对授过粉的正常花可用不同的方法做标记，以免重复授粉增加工作量。机械喷粉无法控制授粉花朵数，很容易形成丛生果，要注意早期疏果。

2.2 应用生长调节剂

软籽石榴落花落果的直接原因是离层的形成，而离层形成与内源激素(如生长素等)平衡状态有关。应用生长调节剂和微量元素，防止果(花)柄产生离层对防止落花落果有一定效果，其作用机理是改变果树内源激素的水平和不同激素间的平衡关系。于软籽石榴盛花期用脱脂棉球蘸取激素类药剂涂抹花托可明显提高坐果率，如用5~30mg/L赤霉素处理，坐果率可提高17.7%~22.9%。

初冬对4~5年生软籽石榴树，施多效唑有效成分1g能促进花芽的形成，单株雌花数提高80%~150%，雌雄花比例提高27.8%，单株结果数增加25%，增产幅度为47%~65%。夏季现蕾初期对2年以上软籽石榴树叶面喷施500~800mg/L的多效唑溶液，能有效控制枝梢徒长，增加雌花数量，提高前期坐果率，单株结果数和单果重分别增加17.5%和13.2%，单株产量提高25.6%。使用多效唑要特别注意使用时期、剂量和方法，如因用量过大，树体控制过度，可用赤霉素喷洒缓解。

2.3 疏(蕾)花、疏果

软籽石榴花期长，花量大，且雌性败育花占很大比例，从现蕾、开花、脱落，消耗了软籽石榴树体大量有机营养。及时疏蕾疏花，对调节树体营养，增进树体健壮，提高果实的产量和品质有重要作用。

从花蕾膨大能用肉眼分辨出正常蕾与退化蕾时开始，摘除结果枝顶端果位下部分尾尖瘦小的退化蕾或花，保留正常蕾(花)，直至盛花期结束。连续进行，避免漏疏花同时进行。疏果视载果量在果实坐稳后进行，首先疏掉病虫果、畸形果、丛生果的侧位果。结果多的幼树、老弱树、大果品种树适当多疏；健壮树、小果品种树适当少疏，使果实在树冠内外、上

下均匀分布，充分合理利用软籽石榴树体营养。一般径粗 2.5cm 左右的结果母枝，留果 3～4 个。

2.4 加强果园综合管理

凡可以促进光合作用，保证树体正常生长发育，使树体营养生长和生殖生长处于合理状态，增加软籽石榴树养分积累的综合管理措施的合理运用，都有利于提高软籽石榴坐果率的。

2.4.1 修剪

除了保持中心主干和各级主侧枝的生长势外，要多疏旺枝，留中庸结果母枝；根际处的萌蘖，结合夏季抹芽、冬季修剪一律疏除。软籽石榴树进入盛果期后，随着树龄的增长，结果母枝老化，枯死枝逐渐增多，特别是 50～60 年生树，树冠下部和内膛光秃，结果部位外移，产量大大下降，结果母枝瘦小细弱，老干糟空，上部焦梢。此时要进行更新改造修剪，方法是：①缩剪衰老的主侧枝。次年在萌蘖旺枝或主干上发出的徒长枝中选留 2～3 个，有计划地逐步培养为新的主侧枝和结果母枝，延长结果年限。②一次进行更新改造。第 1 年冬将全株的衰老主干从地上部锯除；第 2 年生长季节根际会萌生出大量根蘖枝条，冬剪时从所有的枝条中选出 4～5 个壮枝作新株主干，其余全部疏除；第 3 年在加强肥水管理和防病治虫的基础上，短枝可形成结果母枝和花芽，第 4 年即可开花结果。③逐年进行更新改造。适宜于自然丛干形，主干一般多达 5～8 个。第 1 年冬季可从地面锯除 1～2 个主干；第 2 年生长季节可萌生出数个萌蘖条，冬季在萌生的根蘖中选留 2～3 个壮条作新干，余下全部疏除，同时再锯除 1～2 个老干；第 3 年生长季节从第 2 年更新处又萌生数个蘖条，冬季再选留 2～3 个壮条留作新干，其余疏除。第 1 年选留的 2～3 个新干上的短枝已可形成花芽。第 3 年冬再锯除 1～2 个老干，第 4 年生长季节又从更新处萌生数个萌蘖条，冬季选留 2～3 个萌条作新干。第 1 年更新后的短枝已开花结果，第 2 年更新枝已形成花芽。这样更新改造衰老石榴园，分年分次进行，既不绝产，4 年又可更新复壮，恢复果园生机。

2.4.2 肥水管理

(1)施肥。施肥可分为土壤施肥和根外(叶面)追肥 2 种形式，施肥的原则是以土壤施肥为主，根外追肥为辅。

土壤施肥是将肥料施于软籽石榴根际，以利于吸收。施肥效果与施肥方法有密切关系，应根据地形、地势、土壤质地、肥料种类，特别是根系分布情况而定。软籽石榴树的水平根群一般集中分布于树冠投影的外围，因此，施肥的深度与广度应随树龄的增大由内及外、由浅及深逐年变化。常用的施肥方法环状沟施法、放射状沟施法、穴状施肥法、条沟施肥法、全园施肥法、灌溉式施肥法等。采用何种施肥方法，各地可结合软籽石榴园具体情况加以选用。采用环状、穴状、条沟状、放射沟施肥时，应注意每年轮换施肥部位，以便根系发育均匀。

根外(叶面)追肥是将一定浓度的肥料液均匀地喷布于软籽石榴叶片上，一可增加树体营养、提高产量和改进果实品质，一般可提高软籽石榴坐果率 2.5%～4.0%，果重提高 1.5%～3.5%，产量提高 5%～10%；二可及时补充一些缺素症对微量元素的需求。叶面施肥的优点表现在吸收快、反应快、见效明显，一般喷后 15min 至 2h 可吸收，10～15 天叶片对肥料元素反应明显，可避免许多微量元素施入土壤后易被土壤固定、降低肥效的可能。

(2)灌溉。正确的灌水时期是根据软籽石榴树生长发育各阶段需水情况，参照土壤含水量、天气情况以及树体生长状态综合确定。依据软籽石榴树的生理特征和需水特点，要掌握4个关键时期的灌水，即萌芽水、花前水、催果水、封冻水。黄淮流域早春3月萌芽前应灌一次萌芽水；5月上中旬灌一次花前水，为开花坐果做好准备，以提高结果率；催果水要依据土壤墒情保证灌水2次以上，第1次灌水安排在盛花后幼果坐稳并开始发育时进行，一般在6月下旬，第2次灌水，一般在8月中旬，果实正处于迅速膨大期；土壤封冻前结合施基肥耕翻管理灌封冻水。

2.5 加强病虫害防治

2.5.1 防治桃蛀螟

桃蛀螟是危害软籽石榴的主要害虫之一，在自然状态下，此虫危害的虫果率在70%以上，严重年份在90%以上，群众流传有“十果九蛀”及“石榴吃着好，就是怕虫咬”的说法。桃蛀螟一年发生四代：5月初第一代幼虫开始危害，7月上旬第二代，7月下旬为第三代，9月下旬第四代以老熟幼虫越冬休眠。防治办法为：①搞好软籽石榴园卫生，清除残枝病叶，刮老树皮，进行集中销毁。②果实套袋。在果实受粉后用果实专用套袋，如日本小林双层袋套住果实，直到果实成熟前10天，去袋着色。可有效防止桃蛀螟的危害。③果筒塞药棉或药泥。用100倍敌百虫药液浸蘸的棉花团或黄泥塞软籽石榴萼筒。④诱杀成虫。4月底5月初用糖醋液用盒子装着挂在树上诱杀成虫。

2.5.2 防治果腐病

软籽石榴果腐病是由真菌引起的危害软籽石榴果实的一种最常见病害，在自然状态下，病果率在30%以上，果实受侵害后产生淡褐色水渍状斑，迅速扩大，以后病部出现灰褐色霉层，雨季到来时极易发生。防治办法为：5月底6月初连续(间隔一周)喷波尔多液3次，最好与50%的甲基托布津配合使用。

无公害软籽石榴园施肥技术

胡清坡　周威

（平顶山市农业科学院，平顶山　467000）

摘要：无公害软籽石榴生产中，施肥技术是选择关键之一。允许使用什么肥料，什么时间施，施肥量如何确定，选用什么方法施肥，本文作出了详细的讲解。这些内容为软籽石榴的无公害高效生产提供了重要的技术依据。

关键词：无公害；软籽石榴；施肥技术

Fertilization Technology of Soft-seeded Pomegranate in Pollution-free Orchard

HU Qing-po, ZHOU Wei

(*Municipal Academy of Agricultural Sciences for Pingdingshan*, *Pingdingshan* 467000, *China*)

Abstract: In the pollution-free production of soft seeds pomegranate, fertilization technology is one of the key. This paper made a detailed explanation of what allows the use of fertilizer, what time, how do you determine the fertilizer rate and choose what method apply. It provides an important technical basis for efficient production of soft-seeded pomegranate in pollution-free orchard.

Key words: Pollution-free; Soft-seeded pomegranate; Fertilization technology

软籽石榴因其含糖量高、可食率高，成为石榴中的优良品种。目前，已成为石榴的主栽品种。但由于缺乏无公害生产技术，特别是在施肥时期、施肥种类、施肥用量等环节上把握不准，致使果品产量低、质量差、效益不高。无公害软籽石榴园施肥技术要结合两个方面：软籽石榴的生长、生殖规律和石榴无公害生产技术规程。

1　无公害软籽石榴生产肥料使用的基本原则

1.1　施肥原则

以有机肥为主、化肥为辅，保持或增加土壤肥力及土壤微生物活性。所施用的肥料不应对果园环境和果实品质产生不良影响。

1.2　允许使用的肥料种类

无公害生产允许使用的肥料种类有：有机肥（包括各种农家肥、绿肥、微生物肥）、无机肥（包括经过化学方法合成或物理方法加工而成的各种矿质肥料）、其他肥料（不含有毒物质的食品、鱼渣、牛羊毛废料、骨粉，氨基酸残渣、骨胶废渣、家禽家畜加工废料、糖厂废

料等有机物料制成的，经农业部门登记允许使用的肥料)。

1.3 禁止使用的肥料

无公害生产禁止使用的肥料包括：未经无害化处理的城市垃圾或含有金属、橡胶和有害物质的垃圾；硝态氮肥和未腐熟的人粪尿；未获准登记的肥料产品等。

2 施肥时期

合理确定适宜施肥时期，才能及时满足软籽石榴树生长发育的需要，最大限度地获得施肥的效果。选择什么时间施肥，应根据软籽石榴的需肥期和肥料的种类及性质综合考虑。软籽石榴树的需肥时期，与根系和新梢生长、开花坐果、果实生长和花芽分化等各个器官在一年中的生长发育动态是一致的。几个关键时期供肥的质和量是否能够满足以及是否供应及时，不仅影响当年产量，还会影响翌年产量。

2.1 基肥

基肥以有机肥为主，是较长时期供给软籽石榴树多种养分的基础性肥料。基肥的施用时期，分为秋施和春施。春施时间在解冻后到萌芽前。秋施在软籽石榴落叶前后，即秋末冬初结合秋耕或深翻施入，以秋施效果最好。因此时根系尚未停止生长，断根后易愈合并能产生大量新根，增强了根系的吸收能力，所施肥料可以尽早发挥作用；地上部生长基本停止，有机营养消耗少，积累多，能提高软籽石榴树体贮藏营养水平，增强抗寒能力，有利于树体的安全越冬；能促进翌年春新梢的前期生长，减少败育花比率，提高坐果率，软籽石榴施基肥工作量较大，秋施相对是农闲季节，便于进行。

2.2 追肥

追肥又称补肥，是在软籽石榴年生长期中几个需肥关键时期的施肥，是满足生长发育的需要，使当年树壮、高产、优质及来年继续丰产的基础。追肥宜用速效肥，通常用无机化肥或腐熟人畜粪尿及饼肥、微肥等。追肥包括土壤施肥和叶面喷肥，追肥针对性强，次数和时期与树势、生长结果情况及气候、土质、树龄等有关。软籽石榴追肥一般掌握 3 个关键时期。

2.2.1 花前追肥

春季地温较低，基肥分解缓慢，难以满足软籽石榴春季枝叶生长及现蕾开花所需大量养分，需以追肥方式补给。此次追肥(沿黄地区 4 月下旬至 5 月上旬)以速效氮肥为主，辅以磷肥。追肥后可促使营养生长及花芽萌芽整齐，增加完全花比例，减少落花，提高坐果率，特别对提高早期花坐果率(构成产量的主要因子)效果明显。对弱树、老树、土壤肥力差、基肥施的少，应加大施肥量。对树势强、基肥数量充足者可少施或不施，花前肥也可推迟到花后，以免引起徒长，导致落花落果加重。

2.2.2 盛花末和幼果膨大期追肥

软籽石榴花期长达 2 个月以上，盛花期 20 天左右，由于软籽石榴大量营养生长，大量开花同时伴随着幼果膨大、花芽分化，此期消耗养分最多，要求补充量也最多，此期追肥可促进营养生长，扩大叶面积，提高光合效能，有利于有机营养的合成补充，减少生理落果，促进花芽分化，既保证当年丰产，又为下年丰产打下基础。此次追肥要氮、磷配合，适量施钾。一般花前肥和花后肥互为补充，如果花前追肥量大，花后也可不施。

2.2.3 果实膨大期和着色期追肥　时间在软籽石榴果实采收前的 15 ~ 30 天进行，这时

正是石榴果实迅速膨大期和着色期。此期追肥可促进软籽石榴果实着色、果实膨大、果形整齐、提高品质、增加果实商品率，可提高树体营养物质积累，为9月下旬第2次花芽分化高峰的到来做好物质准备；可提高软籽石榴的抗寒越冬能力。此次追肥以磷、钾肥为主，辅以氮肥。

3 施肥量

软籽石榴树一生中需肥情况，因树龄的增长，结果量的增加及环境条件变化而不同。正确地确定施肥量，是依据软籽石榴生长结果的需肥量、土壤养分供给能力、肥料利用率三者来计算。一般每生产1000kg软籽石榴果实，需吸收纯氮5~8kg。

土壤中一般都含有软籽石榴树需要的营养元素，但因其肥力不同供给软籽石榴可吸收的营养量有很大差别。一般山地、丘陵、沙地软籽石榴园土壤瘠薄，施肥量宜大；土壤肥沃的平地果园，养分含量较为丰富，可释放潜力，施肥量可适当减少。土壤供肥量的计算，一般氮为吸收量的1/3，磷、钾约为吸收量的1/2(表1)。

表1 黄淮地区适宜发展石榴主要土壤耕作层化学性

Table 1 Chemical of main soil magnetism suitable for pomegranate growth in Huanghuai area

土壤类型	pH	有机质(%)	全N(%)	全P(%)	全K(%)
棕壤	5.8~6.3	0.319~0.898	0.01~0.143	0.160~0.233	0.62~0.79
褐土	7.2~7.8	0.47~0.50	0.029~0.030	0.089~0.099	1.82~1.83
碳酸盐褐土	7.8~8.5	0.31~0.67	0.024~0.045	0.105~0.117	1.95~1.98
黄垆土	6.5~6.8	0.671~1.047	0.019~0.035	0.121~0.163	2.38~2.76
黄棕壤	6.2~6.3	0.408~0.759	0.017~0.040	0.078~0.087	2.58~2.66
黄刚土	7.2~7.6	0.48~0.78	0.041~0.064	0.021~0.104	2.12~2.84
沙土	9.0	0.17~0.23	0.017~0.023	0.016	2.0~2.6
淤土	8.5~8.8	0.68~0.91	0.055~0.071	0.154	2.38
两合土	8.7~8.8	0.48~0.72	0.035~0.044	0.153	2.0~2.6
沙姜黑土	6.6~7.0	0.596~1.060	0.050~0.072	0.02~0.049	2.01~2.35

施入土壤中的肥料由于土壤固定、侵蚀、流失、地下渗漏或挥发等，不能被软籽石榴完全吸收。肥料利用率一般氮为50%、磷为30%、钾为40%。表2列出了各种有机肥料主要养分含量，以供计算施肥量时参考。无机肥料的主要养分含量见包装袋。

不同的肥料种类，肥效发挥的速度不一样，有机肥肥效释放的慢，一般施后的有效期可持续2~3年，故可实行2~3年间隔使用有机肥，或在树行间隔行轮换施肥。无机肥，养分含量高，可在短期内迅速供给软籽石榴吸收。有机肥料、无机肥料要合理搭配。

软籽石榴园施肥还受着树龄、树势、地势、土质、耕作技术、气候情况等方面的影响。据各地丰产经验，施肥量依树体大小而定，随着树龄增大而增加，幼龄树一般株施优质农家肥8~10kg，结果树一般按结果量计算施肥量。每生产1000kg果实，应在上年秋末结合深耕一次性施入2000kg优质农家肥，配合适量氮、磷肥较为合适，并在生长季节的几个关键追肥期，追施相当于基肥总量10%~20%的肥料，即200~400kg，并适量追施氮肥。根外追肥用量很少，可以不计算在内。

表 2　石榴园适用有机肥料的种类、成分

Table 2　Types and composition applicable of organic fertilizer in pomegranate orchard

肥类	水分(%)	有机质(%)	氮(N)(%)	磷(P)(%)	钾(K)(%)
人粪尿	80 以上	5~10	0.5~0.8	0.2~0.4	0.2~0.3
猪厩粪	72.4	25.0	0.45	0.19	0.60
牛厩粪	77.4	20.3	0.34	0.16	0.40
马厩粪	71.3	25.4	0.58	0.28	0.53
羊厩粪	64.6	31.8	0.83	0.23	0.67
鸽粪	51.0	30.8	1.76	1.73	1.00
鸡粪	56.0	25.5	1.63	1.54	0.85
鸭粪	56.6	26.2	1.00	1.40	0.62
鹅粪	77.1	13.4	0.55	0.54	0.95
蚕粪	-	-	2.64	0.89	3.14
大豆饼	-	-	7.00	1.32	2.13
芝麻饼	-	-	5.80	3.00	1.33
棉籽饼	-	-	3.41	1.63	0.97
油菜饼	-	-	4.60	2.48	1.40
花生饼	-	-	6.32	1.17	1.34
茶籽饼	-	-	1.11	0.37	1.23
桐籽饼	-	-	3.60	1.30	1.30
玉米秆	-	-	0.60	1.40	0.90
麦秆	-	-	0.50	0.20	0.60
稻草	-	-	0.51	0.12	2.70
高粱秸	-	-	1.25	0.15	1.18
花生秸	-	-	1.82	0.16	1.09
堆肥	60~70	12~25	0.4~0.5	0.18~0.26	0.45~0.70
泥肥	-	2.45~9.37	0.20~0.44	0.16~0.56	0.56~1.83
墙土	-	-	0.19~0.28	0.33~0.45	0.76~0.81
鱼杂	-	69.84	7.36	5.34	0.52

4　施肥方法

可分为土壤施肥和根外(叶面)追肥两种形式，以土壤施肥为主，根外追肥为辅。

4.1　土壤施肥

土壤施肥是将肥料施于软籽石榴的根际，以利于吸收。施肥效果与施肥方法有密切关系，应根据地形、地势、土壤质地、肥料种类，特别是根系分布情况而定。软籽石榴树的水平根群一般集中分布于树冠投影的外围，因此，施肥的深度与广度应随树龄的增大由内及外、由浅及深逐年变化。常用的施肥方法如：环状沟施法、放射状沟施法、穴状施肥法、条沟施肥法、全园施肥、灌溉式施肥。各地可结合软籽石榴园具体情况加以选用。

4.1.1 环状沟施肥法

此法适于平地软籽石榴园，在树冠垂直投影外围挖宽50cm左右、深25~40cm的环状沟，将肥料与表土混匀后施入沟内覆土。此法多用于幼树，有操作简便、经济用肥等特点，但挖沟易切断水平根，且施肥范围较小。

4.1.2 放射状沟施肥法

在树冠下面距离主干1m左右的地方开始以主干为中心，向外呈放射状挖4~8条至树冠投影外缘的沟，沟宽30~50cm、深15~30cm，肥土混匀施入。此法适于盛果期树和结果树生长季节内追肥采用。开沟时顺水平根生长的方向开挖，伤根少，但挖沟时要躲开大根。可隔年或隔次更换放射沟位置，扩大施肥面，促进根系吸收。

4.1.3 穴状施肥法

在树冠投影下，自树干1m以外挖施肥穴施肥。有的地区用特制施肥锥，使用很方便。此法多在结果树生长期追肥时采用。

4.1.4 条沟施肥法

结合软籽石榴园秋季耕翻，在行间或株间或隔行开沟施肥，沟宽、深、施肥法同环状沟施法。第二年施肥沟移到另外两侧。此法多用于幼园深翻和宽行密植园的秋季施肥时采用。

4.1.5 全园施肥

成年树或密植果园，根系已布满全园时采用。先将肥料均匀撒布全园，再翻入土中，深度约20cm。优点是全园撒施面积大，根系都可均匀地吸收到养分。但因施得浅，长期使用，易导致根系上浮，降低抗逆性。如与放射沟施肥法轮换使用，则可互补不足，发挥最大肥效。

4.1.6 灌溉式施肥

即灌水与施肥相结合，肥料分布均匀，既不伤根，又保护耕作层土壤结构，节省劳力，肥料利用率高。树冠密接的成年果园和密植果园及旱作区采用此法更为合适。

4.2 根外(叶面)追肥

即将一定浓度的肥料液均匀地喷布于石榴叶片上，一可增加树体营养、提高产量和改进果实品质，一般可提高软籽石榴坐果率2.5%~4.0%，果重提高1.5%~3.5%，产量提高5%~10%；二可及时补充一些缺素症对微量元素的需求。叶面施肥的优点表现在吸收快、反应快、见效明显，一般喷后15min至2h可吸收，10~15天叶片对肥料元素反应明显，可避免许多微量元素施入土壤后易被土壤固定、降低肥效的可能。叶面施肥喷洒后25~30天叶片对肥料元素的反应逐渐消失，因此只能是土壤施肥的补充，石榴树生长结果需要的大量养分还是要靠土壤施肥来满足。

叶面施肥主要是通过叶片上气孔和角质层进入叶片，而后运行到树体的各个器官。叶背较叶面气孔多，细胞间隙大，利于渗透和吸收；叶面施肥最适温度为18~25℃，所以喷布时间于夏季最好是上午10:00以前和下午4:00以后，喷时雾化最好，喷布均匀，特别要注意增加叶背面着肥量。

石榴种子催芽及储藏方法初探

武冲　尹燕雷*　杨雪梅　冯立娟
(山东省果树研究所，泰安　271000)

摘要：【目的】探索掌握石榴种子储藏及催芽方法。【方法】本试验以‘峄城大青皮甜’石榴种子为材料，采用浓硫酸1、5、10、15、20、30、60min浸泡处理，热水100、80、60℃处理，储藏温度-20、-4、0、4℃，露天沙藏、土藏和常温储藏等方法，研究石榴种子的适宜催芽及储藏方法。【结果】浓硫酸处理种子时，经过5~10min的处理发育效果最好，在27℃下发芽率达到70%~73%；热水处理种子时，经过100℃的处理发芽效果最好，在27℃下发芽率达到72%。【结论】石榴种子半年储藏较理想温度为-4℃；当年石榴种子翌年播种，选择露天沙藏和土藏，均能保证70%以上发芽率。

关键词：石榴；种子；催芽；储藏

The Preliminary Study of Pomegranate (*Punica granatum* L.) Seed Sprouting and Storage

WU Chong, YIN Yan-lei*, YANG Xue-mei, FENG Li-juan
(*Shandong Institute of Pomology*, *Tai'an* 271000, *China*)

Abstract:【Objective】The aim of the paper is to explore and grasp the method of pomegranate seed storage and sprouting.【Method】Seeds of ‘Yichengdaqingpitian’ were soaked in both concentrated sulfuric acid respectively for 1, 5, 10, 15, 20, 30min and 60min and hot water under temperatures of 100, 80, 60℃ to find the best method of sprouting. Meanwhile, seeds were placed in 5 different temperatures and 3 different places to find the optimum storage condition.【Result】The results showed that at 27℃, the best seeds sprouting condition were soaked both in concentrated sulfuric acid for 5~10min and in hot water under 100℃, in which the germination percentage was 70%~73% and 72%.【Conclusion】Pomegranate seeds' ideal storage half year temperature was -4℃. The first-year seeds sown in the following year were stored in sand and soil, could ensure more than 70% germination rate.

Key words: *Punica granatum* L.; Seed; Sprouting; Storage

基金项目：山东省国际科技合作项目(2013GHZ31003)，科技部科技基础性工作专项子课题(2012 FY110100-4)。
作者简介：武冲，男，博士，研究方向为果树种质资源与遗传多样性。E-mail: wuchongge@163.com。
*通讯作者 Author for correspondence. E-mail: yylei66@sina.com。

石榴（*Punica granatum* L.）属石榴科（Punicaceae）石榴属（*Punica*）植物。其果实具有抗细菌、抗寄生、抗病毒和抗癌等作用，花具有很高的观赏价值，是集生态、经济、社会效益、观赏价值与保健功能于一身的优良果树。石榴是海涂盐浸土地果树开发的先锋树种之一，可在含盐量 0.3% 左右土壤上正常生长[1]。目前，石榴的研究主要集中在新品种选育、果实组分分析、果色形成机理[2-5]等方面。有关石榴种子储藏及催芽方面的研究还未见报道，本试验采用浓硫酸和热水两种处理石榴种子，研究其萌发特性，并设置不同温度梯度及不同方式储藏石榴种子，筛选出适宜石榴种子的储藏条件。

1　材料与方法

1.1　试验材料

供试材料为 2013 年 9 月采集的‘峄城大青皮甜’石榴果实。于 2013 年 11 月取出果实内的种子，用纱布反复搓洗干净备用。种子千粒重 28.53g。

1.2　试验方法

1.2.1　种子储藏

2013 年 11 月 5 日将晾干的石榴种子装入纱布袋中，分别置于 4℃、0℃、-4℃和 -20℃储藏，常温作对照。露天沙藏、土藏。2014 年 5 月 25 日将种子取出，用 3 层湿纱布包裹，置于 25℃培养室内催芽 7 天。催芽时，每天用清水冲洗种子，保证种子萌发所需水分。每个处理 50 粒种子，3 次重复。

1.2.2　浓硫酸处理

用 98% 浓硫酸对种子分别处理 1、5、10、15、20、30、60min，取出后立即用自来水冲洗 5min。催芽方法同上。之后进行发芽试验，以浸泡自来水作为对照。每个处理 50 粒种子，3 次重复。

1.2.3　热水处理

将 50 粒种子分别浸泡在盛有 100℃、80℃、60℃热水的小烧杯中浸泡 20min，催芽方法同上，每组 3 次重复。以浸泡自来水作为对照。

1.2.4　发芽试验

在直径 15cm 培养皿中置两层滤纸，用无菌水浸润，将不同处理的石榴种子整齐摆放其中。在光照培养箱中萌发，光照强度为 1200lx，每天光照 8h，黑暗 16h，培养温度为 27℃。

1.2.5　测定项目与方法

（1）发芽能力指标。参照《国际种子检验规程》，计算发芽率、发芽势、发芽指数和活力指数：

发芽率（%）= 种子发芽数/供试种子数 ×100%；

发芽势（%）= 发芽达到高峰期的种子发芽数/供试种子数 ×100%；

发芽指数 $GI = \sum(Gt/Dt)$，其中 Gt 为第 t 天发芽数，Dt 为发芽的天数（t）；

活力指数 $Vi = GI \times L$，其中 L 为幼苗长度（cm）。

（2）幼苗形态指标。发芽试验结束后，在每个处理的 3 次重复中分别随机抽取幼苗 10 株，测定其胚根、胚轴长度。

1.3　数据处理

Excel2007 计算各指标的平均值，并绘制图表，采用 SAS 统计软件中的 ANOVA 方法对

测量数据进行方差分析，Duncan 法进行多重比较(LSD)[6]。

2 结果与分析

2.1 种子吸水特性

从表 1 可以看出，未经任何处理的石榴种子，水浸 6h 的吸水率为 2.9%，水浸 12～24h 吸水率上升较快，从 2.9% 上升到 9.9%，之后随水浸时间的延长，吸水率呈缓慢小幅增长趋势，水浸 72h 时的吸水率为 14.9%。而浓硫酸酸蚀 10min 的石榴种子，水浸 6h 的吸水率为 24.3%，12h 达到 58.5%，24h 达 65.8%，36h 达 76.2%，之后吸水率几乎不再增加，所以，石榴种子经浓硫酸浸泡 10min 后，用水浸泡 36h 就可达到最大吸水量。

表 1 石榴种子吸水特性

Table **1** *Punica granatum* seeds water absorption characteristics

吸水时间(h)	未经任何处理		浓硫酸酸蚀 10min	
	重量(g)	吸水率(%)	重量(g)	吸水率(%)
0	2.000	0.0	2.000	0.0
6	2.058	2.9	2.486	24.3
12	2.115	5.8	3.169	58.5
24	2.198	9.9	3.315	65.8
36	2.224	11.2	3.523	76.2
48	2.271	13.6	3.536	76.8
72	2.297	14.9	3.552	77.6

2.2 浓硫酸不同时间处理对石榴种子萌发影响

硫酸、硝酸等强腐蚀性酸，可以增加种皮的通透性，降低种子的硬实率[7]。从表 2 可看出，经浓硫酸浸泡 5min 和 10min 的石榴种子发芽率和发芽势均显著高于对照($p<0.05$)。随着浓硫酸浸泡时间的延长，种子发芽率和发芽势呈下降趋势，浸泡 20min、30min 和 60min 石榴种子发芽率和发芽势显著低于对照，说明石榴种子在浓硫酸中长时间浸泡对种子有伤害作用。

发芽指数和活力指数作为种子活力的综合指标，它们同每粒种子的相应发芽时间及其整齐度均发生关系[8]。由表 2 可知，随着浓硫酸处理时间的延长，石榴种子发芽指数和活力指数均呈先升高后下降的趋势，当处理时间为 10min 时，达到最大值，处理 15min 时发芽指数和活力指数显著低于对照，说明浓硫酸处理 15min 对种子胚已经造成伤害。

比较不同处理间萌发幼苗的形态指标差异发现，石榴幼苗的胚根和胚轴均随着浓硫酸处理时间的增长呈先上升高后下降的趋势，处理 5min 和 10min 差异不显著，但与其他处理间差异显著($p<0.05$)。当浓硫酸浸泡超过 20min 时，胚根、胚轴生长受到显著抑制作用，说明，长时间浓硫酸浸泡对种胚有伤害作用，影响到胚根和胚轴生长。

表 2 不同催芽方式对种子萌发能力的影响

Table 2 Effect of differentsprouting ways on germination capacity

	处理	发芽率	发芽势	发芽指数	活力指数	胚根	胚轴
硫酸处理	CK	52.5 ±10.3B	15.0 ±3.7ABC	1.96 ±0.6ABC	8.02 ±1.1B	3.07 ±1.2CD	4.09 ±1.4AB
	1	57.5 ±8.3AB	16.7 ±2.4AB	2.08 ±0.3ABC	8.55 ±2.2B	3.19 ±1.3BC	4.11 ±1.2AB
	5	70.8 ±11.6A	22.5 ±3.2A	2.68 ±0.4AB	11.44 ±2.4A	3.44 ±0.8AB	4.27 ±1.5A
	10	73.3 ±12.3A	20.8 ±4.1A	2.74 ±0.8A	11.77 ±1.8A	3.52 ±0.6A	4.36 ±1.3A
	15	46.6 ±6.9BC	10.0 ±2.4BC	1.87 ±0.4BCD	7.19 ±1.4C	3.08 ±0.9CD	3.85 ±1.8B
	20	35.0 ±5.4CD	12.5 ±3.9ABC	1.42 ±0.7CD	4.74 ±0.9D	3.06 ±1.1CD	3.34 ±0.6C
	30	34.2 ±5.8CD	6.7 ±1.6C	1.51 ±0.3CD	4.41 ±0.8D	2.86 ±0.8D	2.92 ±0.8D
	60	25.0 ±3.6D	7.5 ±2.2C	1.11 ±0.3D	2.36 ±0.4E	1.61 ±0.5E	2.13 ±0.9E
热水处理	CK	52.5 ±10.3B	15.0 ±3.7B	1.96 ±0.6B	8.02 ±1.1C	3.07 ±1.2B	4.09 ±1.4A
	60℃	55.8 ±9.6B	20.0 ±3.2AB	2.04 ±0.4AB	8.45 ±1.6C	3.21 ±1.1B	4.14 ±1.6A
	80℃	60.8 ±7.2AB	25.0 ±4.6A	2.18 ±0.6AB	9.31 ±0.9B	3.46 ±0.8A	4.27 ±0.8A
	100℃	71.6 ±6.3A	22.5 ±5.6AB	2.7 ±0.7A.	11.97 ±1.3A	3.56 ±0.9A	4.43 ±0.9A

注：同列中大写字母表示相同处理间在0.05水平上差异显著。

Note: Values in each column with different uppercase letters are significantly different at 0.05 level in the same time of treatment.

2.3 热水处理对石榴种子萌发影响

热水浸种可以软化种皮，去掉种皮表层的蜡质和油脂，提高种子透性和浸出种子内的发芽抑制物，是提高种子发芽率的常用方法[9]。由表2可知，热水处理石榴种子100℃浸种发芽率最高为71.6%，且种子活力指数最大，与对照呈显著性差异($p<0.05$)，80℃热水处理种子发芽势最大，说明80℃热水处理能促进种子整齐萌发；60℃热水浸种种子发芽率、发芽势、发芽指数和活力指数与对照差异不显著。热水处理对石榴幼苗上胚轴生长有促进作用，但差异不显著；80℃以上热水处理可显著促进胚根生长。

2.4 不同储藏条件对石榴种子萌发的影响

由图1可知，石榴种子储藏在-4℃条件下的发芽率为72.7%显著($p<0.05$)高于其他

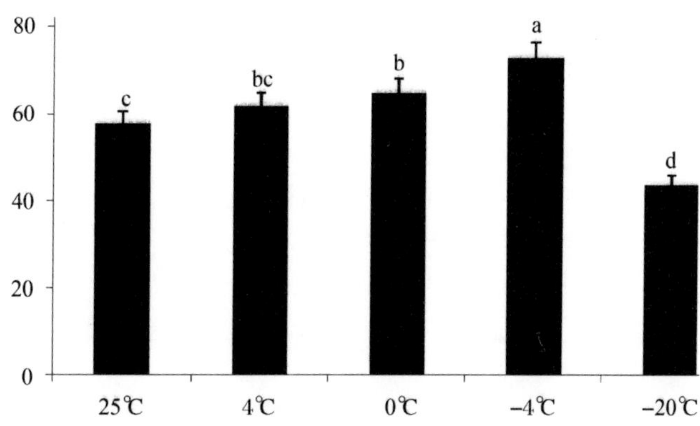

图1 不同储藏温度对种子发芽率的影响

Fig. 1 Effect of different storage temperature on seed germination

温度处理，随着储藏温度的降低，种子发芽率也受到显著影响，－20℃低温下，种子发芽仅为43.7%，从储藏时间来看，短时间的储藏没有降低石榴种子的发芽力，但给其一定的低温处理可以提高种子的发芽率，－20℃储藏温度降低了种子发芽率。

露天沙藏(76.3%)和土藏(72.3%)对石榴种子影响差异不显著，均显著($p<0.05$)高于对照。但沙藏和土藏只能作为短时间3~4个月的储藏，因石榴种子在沙藏或土藏条件下在3个月时就有种子开始萌发。

3 结论与讨论

种子萌发是植物生活史中最重要的环节[10,11]，种子能否顺利萌发是植物繁殖、扩散、增加变异、提高适应性的主要途径[12]。影响种子萌发的因素很多，除种子自身结构外，环境因素也是影响其萌发的重要因素。在环境因素中，储藏条件(温度、湿度)和时间是影响种子萌发的重要外界因素。储藏条件可以影响种子的休眠和萌发活力[13,14]，稗(*Echinochloa crusgalli*)种子在常温储藏12个月可以打破休眠，而0~5℃储藏的稗种子一直处于休眠状态[15]。储藏时间也能影响种子的休眠和萌发活力[16]，结缕草(*Zoysia japonica*)种子储藏45个月后，其萌发力和活力指数显著低于储藏9个月的种子[17]；普通野生稻(*Oryza rufipogon*)、野荸荠(*Heleocharis plantagineiformis*)和小慈姑(*Sagittaria potamogetifolia*)的种子储藏在干—冷条件下，其发芽率随储藏时间的延长显著提高[18]。本试验中，石榴种子储藏在－4℃条件下发芽率最高，而与其他种子一般储藏在4℃有差异，作者认为石榴种皮较厚，短时间的低温储藏没有影响种子内部水分变化，但这是否为石榴种子最佳长期储藏条件，以及不同储藏时间、不同品种间储藏条件差异还需在今后试验中继续探讨。翌年需要播种石榴种子，将当年新鲜种子搓洗干净晾干，选择露天沙藏或土藏均能保证较高发芽率。

种子催芽不仅可以解除休眠，而且可以促使种子发芽，提高出苗整齐度。本试验采用两种催芽方法：浓硫酸浸种和热水浸种。结果表明，浓硫酸浸种5min和10min的石榴种子发芽率和发芽势均显著高于其他处理，而且幼苗生长也优于其他处理。长时间的浓硫酸处理对石榴种子会造成伤害，甚至杀死种胚。热水浸种以100℃效果最佳，且有利于壮苗形成。

参考文献

[1]汪良驹，马凯，姜卫兵，等. NaCl胁迫下石榴和桃植株Na^+、K^+含量与耐盐性的研究[J]. 园艺学报，1995，22(4)：336－340.

[2]Lansky E P，Newman R A. Punica granatum (pomegranate) and its potential for prevention and treatment of in flammation and cancer[J]. Journal of Ethnopharmacology，2007，109(3)：177－206.

[3]Aviram M，Volkova N，Coleman R，et al. Pomegranate phenolics from the peels ，arils and flowers areantia-therogenic[J]. Journal of Agricluture and Food Chemistry，2008，56(4)：1148－1157.

[4]Mehta R，Lansky E P. Breast cancer chemorpreventive properties of pomegranate fruit extracts in a mouse mammary organ culture[J]. Eur J Cancer Prev，2004，13(4)：345－348.

[5]Lansky E P，Harrison G，Froom P. Pomegranate pure chemicals show possible synergistic inhibition of human PC-3 prostate cancer invasion across Matrigel[J]. Invest New Drugs，2005，23(2)：121－122.

[6]黄少伟，谢维辉. SAS编程与林业试验数据分析[M]. 广州：华南理工大学出版社，2001.

[7]郭学民，肖啸，梁丽松，等. 白刺花种子硬实与萌发特性研究[J]. 种子，2010，29(12)：38－41.

[8]武冲，张勇，唐树梅，等．盐胁迫对木麻黄种子萌发的影响[J]．种子，2010，29(4)：30－32.

[9]杨文秀，杨忠仁，李红艳．促进植物种子萌发及解除休眠方法的研究[J]．内蒙古农业大学学报，2008，29(2)：221－224.

[10]赵晓英，任继周，王彦荣，等．3种锦鸡儿种子萌发对温度和水分的响应[J]．西北植物学报，2005，22(2)：211－217.

[11]杨逢建，张衷华，王文杰，等．八种菊科外来植物种子形态与生理生化特征的差异[J]．生态学报，2007，27(2)：442－449.

[12]高蕊，魏岩，严成．角果藜的地上地下结果性与种子萌发行为[J]．生态学杂志，2008，27(1)：23－27.

[13]Beardmore T，Wang B S P，Penner M，et al. Effects of seed water content and storge temperature on the germination parameters of white spruce，black spruce and lodgepole pine seed[J]. New Forests，2008，36(2)：171－185.

[14]Leinonen K. Effects of storage conditions on dormancy and vigor of *Picea abies* seeds[J]. New Forests，1998，16(3)：231－249.

[15]吴声敢，王强，赵学平，等．稗草休眠特性及其解除[J]．浙江农业学报，2007，19(3)：225－228.

[16]申建红，曾波，施美芬，等．储藏方式和时间对三峡水库消落区一年生植物种子萌发的影响[J]．生态学报，2010，30(23)：6571－6580.

[17]聂朝相，宋淑明，申斯迎．结缕草种子预处理反应与耐藏性的探讨[J]．草业科学，1993，10(1)：27－35.

[18]刘贵华，袁龙义，苏睿丽，等．储藏条件和时间对六种多年生湿地植物种子萌发的影响[J]．生态学报，2005，25(2)：371－374.